汽車感測器原理(修訂版)

李書橋、林志堅　編著

全華圖書股份有限公司

序

為因應日趨嚴格的污染、油耗、噪音等法規，並提高車輛效能，汽車工業無所避免的必將朝電子控制系統方向發展，而其中又以引擎為主。一般而論，引擎控制所涵括的項目為：電子噴油、點火提前、惰速調整，以及廢氣再循環，針對各功能單元所提供的輸入訊號則牽涉到：進氣流量、引擎轉速、氧感測器、節流閥位置，引擎冷却液溫度、車速、電瓶電壓；系統內的微電腦就是根據由感測器傳入的最新數據以計算下一次燃油噴量與點火提前角度，由此可知感測器的重要性。

本書資料取自美、日近年來相關的論文與技術報告，經搜集彙整後凡分：溫度、壓力、曲軸角、流量、廢氣控制、扭力、爆震、車速、路面高度、航行、剎車、雨滴、濕度、液面指示等主題，常見之車用感測器均已包羅文內，另將專用術語解釋獨立一章，以便利學習參考之用。

最後要感謝全華公司陳先生的魄力與遠見而促使這本書的推出，作者衷心希望對有志於感測器研發或應用的讀者有所助益。撰寫過程雖力求審慎，誤漏缺失在所難免，尚祈先進不吝指正。

李書橋・林志堅　謹誌

編輯部序

「系統編輯」是我們的編輯方針，我們所提供給您的，絕不只是一本書，而是關於這門學問的所有知識，它們由淺入深，循序漸進。

本書係針對汽車感測器做深入而詳盡的介紹，收羅了日本及美國近年來相關的論文及技術報告，內容均爲各學者專家多年苦心研究的心得，舉凡有關溫度、壓力、車速、濕度、廢氣控制等之感測器均加以分門別類，有理論分析，亦有實例介紹，並配合圖片解說，誠然爲一本好書，最適合各大專院校師生、各研究機關、公司之工程師參考之用。

同時，爲了使您能有系統且循序漸進研習相關方面的叢書，我們以流程圖方式，列出各有關圖書的閱讀順序，以減少您研習此門學問的摸索時間，並能對這門學問有完整的知識。若您在這方面有任何問題，歡迎來函連繫，我們將竭誠爲您服務。

相關叢書介紹

書號：0395002
書名：現代汽車電子學（第三版）
編著：高義軍
16K/776 頁/680 元

書號：0609602
書名：油氣雙燃料車－LPG 引擎
編著：楊成宗.郭中屏
16K/248 頁/333 元

書號：0258201
書名：汽車故障快速排除（修訂版）
大陸：石　施
20K/312 頁/300 元

書號：0555302
書名：汽車煞車系統 ABS 理論與實際（第三版）
編著：趙志勇.楊成宗
20K/408 頁/380 元

書號：0556603
書名：汽車防鎖定煞車系統（第五版）
編著：吳金華
20K/240 頁/320 元

書號：0556904
書名：現代汽油噴射引擎（第五版）
編著：黃靖雄.賴瑞海
16K/368 頁/450 元

書號：0587301
書名：汽車材料學（第二版）
編著：吳和桔
16K/552 頁/580 元

書號：0606001
書名：現代低污染省油汽車的排放管制與控制技術（第二版）
編著：黃靖雄.賴瑞海
16K/496 頁/520 元

◎上列書價若有變動，請以最新定價為準。

流程圖

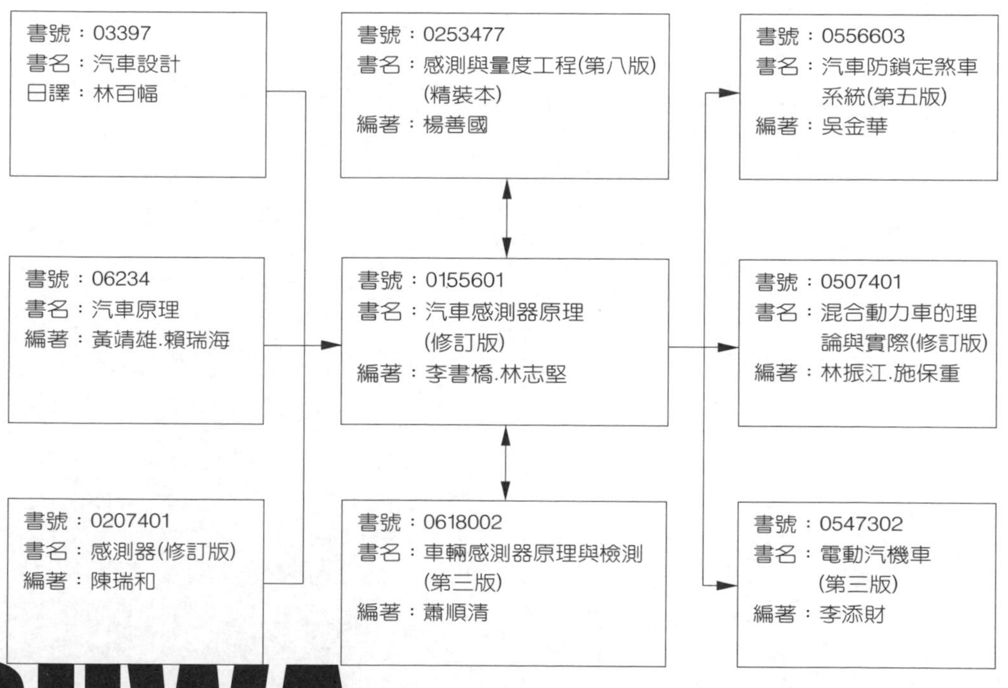

CHWA

目　錄

第10章　路面高度感測器　177

第11章　雨滴感測器　185

第1章 緒論

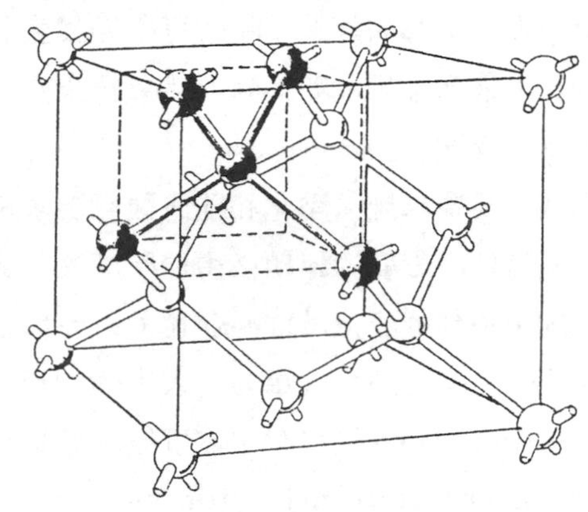

§本章內容重點

一、介紹感測器在汽車上的應用

二、感測器技術簡介

三、感測器的設計與製造

四、感測器的規格與測試方法建立

近年來由於汽車排氣污染公害（ emission pollution ）的問題，嚴重破壞人類的生活環境，於是世界各國環境保護意識普遍興起，紛紛訂定汽車排氣污染法規（emission regulation），防制排氣污染。我國環境保護署亦將於民國 77 年實施排氣污染限制法規，解決空氣污染問題。此外，中東地區產油國家由於政治不安定，烽火連連，隨時可能再發生石油危機，消費者對汽車耗油量亦是日趨要求嚴苛。因此如何降低排氣污染及減少燃油消耗，已成爲近代汽車設計者的兩大課題。

從環境保護立場要求排氣淨化和經濟觀點要求節省燃料消耗，兩者截然不同，而且互相具有負面影響的課題必須同時解決。故勢必將汽車上各個控制要素綜合考慮，配出最佳的空氣燃油混合比（air-fuel ratio），使排氣污染可通過法規限制範圍內，得到最大馬力、最小燃油消耗。爲達此目的，唯有微處理機（micro-computer）實用化才有可能。於是電子控制燃油噴射系統（electronic control fuel injection system）的開發，使上列問題迎刃而解。然而，能使電子控制燃油噴射系統發揮最大功能必須依靠感測器（sensor）提供詳實正確的情報，供中央控制單元（CPU）作車況判斷，使汽車的行駛、轉彎、利車等機能更爲優異。

1.1 感測器在汽車上的應用

圖1.1 所示爲電子控制系統和必要的感測器，表1.1 爲汽車常用感測器的作動原理和式樣。由於微處理機電子控制機件的適用範圍擴大，新的感測器需求量亦隨之增加，量測對象也愈來愈趨向多元化。

以前感測器的開發著重於引擎控制方面，今後對於高機能、高性能化的感測器、燃燒狀態和傳動扭力等情報檢知感測器、車輛的駕駛性能與操作情報檢知的感測器、路面狀況與障礙物等行走環境檢知感測器、乘坐舒適的人體工學（ergonomics）評量感測器等需求亦逐漸受重視。此外，感測器的經濟化，小型、輕量化，出力特性的安定化等的要求也愈來愈嚴格。特別是經濟化的要求最爲業者所重視，也是上述各種感測器實用化的最大阻力因素。新機能且價格低廉的感測器仍有待開發的必要。

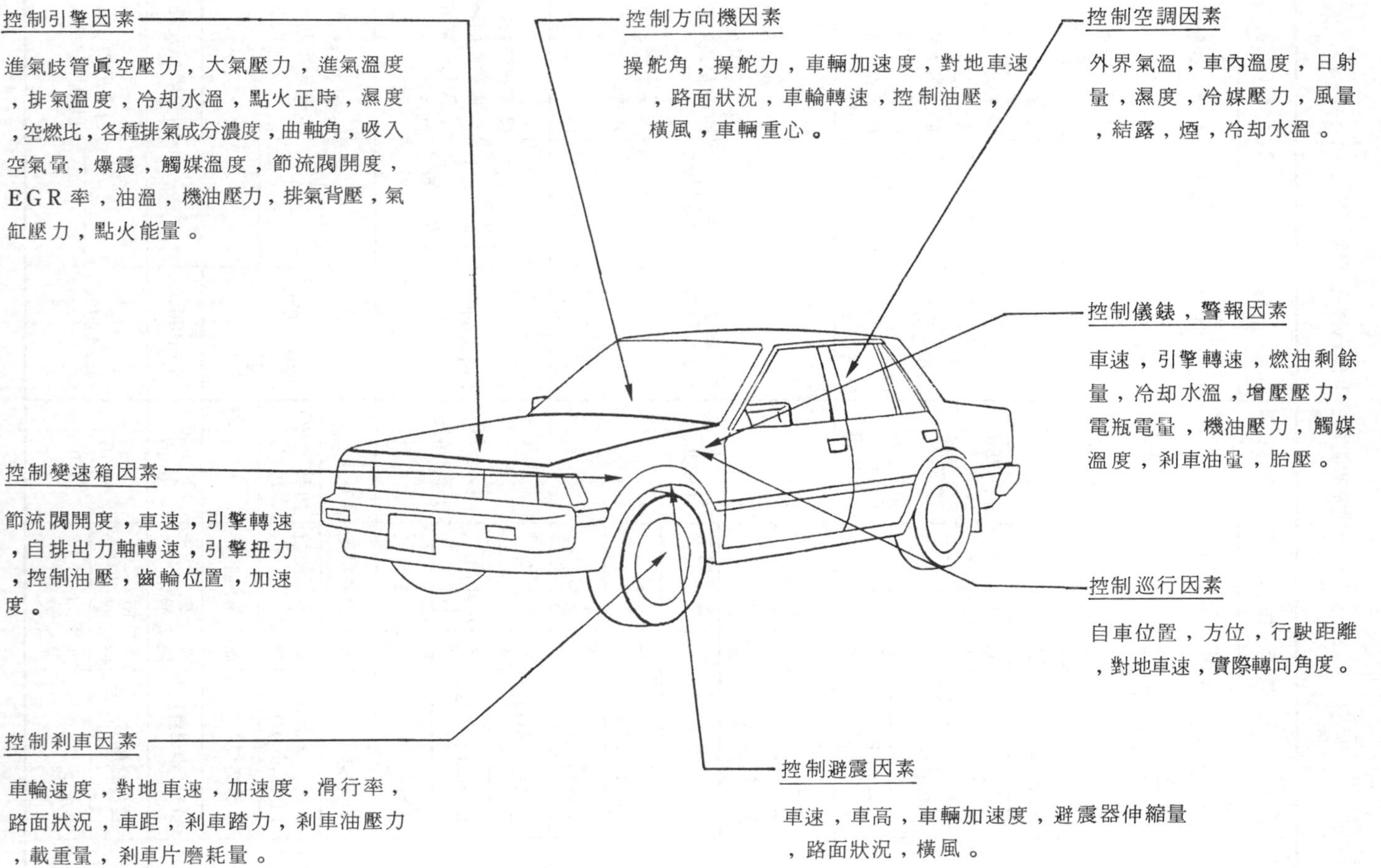
控制引擎因素
進氣歧管眞空壓力，大氣壓力，進氣溫度，排氣溫度，冷却水溫，點火正時，濕度，空燃比，各種排氣成分濃度，曲軸角，吸入空氣量，爆震，觸媒溫度，節流閥開度，EGR率，油溫，機油壓力，排氣背壓，氣缸壓力，點火能量。
控制方向機因素
操舵角，操舵力，車輛加速度，對地車速，路面狀況，車輪轉速，控制油壓，橫風，車輛重心。
控制空調因素
外界氣溫，車內溫度，日射量，濕度，冷媒壓力，風量，結露，煙，冷却水溫。
控制儀錶，警報因素
車速，引擎轉速，燃油剩餘量，冷却水溫，增壓壓力，電瓶電量，機油壓力，觸媒溫度，剎車油量，胎壓。
控制變速箱因素
節流閥開度，車速，引擎轉速，自排出力軸轉速，引擎扭力，控制油壓，齒輪位置，加速度。
控制巡行因素
自車位置，方位，行駛距離，對地車速，實際轉向角度。
控制剎車因素
車輪速度，對地車速，加速度，滑行率，路面狀況，車距，剎車踏力，剎車油壓力，載重量，剎車片磨耗量。
控制避震因素
車速，車高，車輛加速度，避震器伸縮量，路面狀況，橫風。

圖 1.1 電子控制系統和必要的感測器

表 1.1　汽車常用感測器的動作原理和式樣

檢出量	感測器種類	動作原理	動作範圍	使用溫度範圍	精度	用途(系統)
溫度	熱阻體(一般用)(MnCoNi系)	電力阻抗的	-50-130°C	-40-120°C(水溫)	±1.5°C(±0.5°C)	冷却水溫，吸氣溫，底盤溫
	熱阻體(高溫用)(Al_2O_3, ZrO_2系)	溫度變化	600-1000°C	-40-900°C(觸媒溫)		觸媒溫
	PTC	阻抗-溫度急變特性	60-100°C	-40-120°C	±5°C	水溫，液面自動阻風解除
	熱鐵酸鹽	磁力變化			±2°C	水溫
壓力	LVDT	風箱＋差動變壓器	100-780 Torr(吸氣壓)	-40-120°C	±1%以下(±0.1Torr 吸氣壓)	吸氣壓，大氣壓(空燃比控制，點火正時控制)引擎機油壓力，刹車油壓力
	半導體式	壓電抵抗效果				
	靜電容量式	膜片位移變化量	500-780 Torr(大氣壓)		±5%以下(大氣壓)	
迴轉數	電磁發電式	磁石凸起＋接收線圈	0-360°	-40-120°C	±0.5°以下	曲軸角，節流閥角(點火正時控制,EGR控制)引擎迴轉數車速
	磁力抵抗式	磁力抵抗效果異方性				
	霍爾元素式	半導體的霍爾效果				
	威根式(Wiegand)	威根效果				
	光學式	槽孔＋發光受光元件				
空氣流量	迴轉板＋電位計	流體壓迫板子迴轉	0.1-10 m^3/min	-40-120°C	±1%以下(0.1%)	吸入空氣量(空燃比控制，點火正時控制)
	karman渦流式	karman渦發生頻率				
	熱線式	流體的冷却效果				
排氣成份	Zr(鋯)	氧氣濃度電池	$\lambda = 1$ 檢出	-40-900°C	±1%以下	排氣空燃比(空燃比控制)
	O_2(半導體式:TiO_2, Nb_2O_5)	氧化還元阻抗變化	$10^{-20} < PO_2 < 10^{-1}$			
	稀薄燃燒	臨界電流特性	$1 < \lambda < 2$			
	NOx(半導體式)	吸著量阻抗變化	10-1000 ppm	-40-300°C		排氣中NOx量
扭力	磁力偏位式	磁性體偏位效果	$10-10^3$ N·m	-40-120°C	±4%	引擎扭力(驅動系控制)
	光學式	光學的偏位檢出				

表 1.1 （續）

檢出量	感測器種類	動作原理	動作範圍	使用溫度範圍	精度	用途（系統）
爆震	壓電式	壓電材料壓力效果		-40-120°C		爆震檢出（點火正時控制）
	磁力偏位式	強磁性體偏位效果				
方位	電磁式	線圈地磁檢出	0-360°	-40-80°C		車輛位置表示
	迴轉儀	氣體流體迴轉				

1.1-1 汽車感測器的必要條件

汽車的駕駛條件必須經得起各種嚴苛路況及天候環境的考驗，因此汽車上的感測器必須具備下列條件，才能發揮其功用。

一、體積小，重量輕，價格低廉。
二、高溫及低溫的耐久性。
三、耐震動、加速性。
四、耐濕氣及腐蝕。
五、耐噪音及廢氣污染。
六、精度及重複性佳。
七、具擴充性及撓性。
八、耐老化性，安全性佳。
九、應答性佳。

陶瓷材料由於具有相當好的耐熱性、耐腐蝕性、耐磨耗性等優點，並具有良好的電磁、光學機能等潛在特點，加上近來製造技術的進步，舉凡精密的化學成份、粒子大小等原料調整，良好的控制、成型、燒結等物理、化學的合成方法，配合良好的設計、精密的構造、精確的尺寸，前述感測器應具備的條件，以陶瓷製作的感測器幾乎均能滿足，是新開發的感測器不可或缺的重要材料。以陶瓷作成的感測器如表 1.2 所示。

1.1-2 感測器與系統控制

表 1.3 所示為感測器與汽車各個系統控制的關係，每一種感測器可用於數種系統中，而每個系統亦同時需要數種感測器提供情報資料。在汽車的控制系統中，計有空燃比控制系統，點火時期控制系統，廢氣再循環控制系統，二次空氣控制系統，惰速控制系統，可變氣缸控制系統，燃燒控制系統，排氣控制

表 1.2　用陶瓷爲材料製作的感測器

感測對象	動力	效果		材料	應用於汽車的感測器
溫度	阻力變化	介質的溫度變化	NTC	NiO, CoO, MnO, FeO CoO-Al_2O_3, ZrO_2, SiC	各種溫度感測器（排氣，冷却水）液面感測器
			PTC	半導性 $BaTiO_3$	感測器內藏式電熱器
		半導體-金屬相轉移		VO_2, V_2O_3	
	磁性變化	鐵磁性-常磁性移轉		Mn-Zn 系鐵鹽	溫度開關
排氣成分	阻力變化	可燃氣燃燒反應熱		白金觸媒／鋁／白金線	
		氧化物半導體的氣體吸收脫離電荷移動		SnO_2, γZnO, In_2O_3, WO_3 TiO_2, γ-Fe_2O_3, $LaNiO_3$ $(La,Sr)CoO_3$, $(Ba,Ln)TiO_3$	排氣感測器,（HC, CO, NOx）酒精感測器
		熱傳溫度變化		節熱電阻	
		氧化物半導體的化學量變化		TiO_2, CoO-MgO, SnO_2, Nb_2O_5	氧氣感測器
	超電力	高溫固體電解質氧氣濃淡電池		安定化鋯（ZrO_2-CaO, Y_2O_3 , Yb_2O_3）, ThO_2, CeO_2	氧氣感測器，一氧化碳感測器不完全燃燒感測器
	電量	庫命滴定，臨界電流		安定化鋯	稀薄燃燒用氧氣感測器
濕度	阻力變化	吸濕離子傳導		LiCl, P_2O_5	
		氧化物半導體	質子傳導	$MgCr_2O_4+TiO_2$, $TiO_2-V_2O_5$	濕度感測器，結露感測器
			化學吸收	$SrSnO_3$, $SrTiO_3$	高溫用濕度感測器
	容量變化	吸濕電容變化		Al_2O_3, Ta_2O_5	積體電路式濕度感測器
壓力	超電力	壓電效果		PZT, $PbTiO_3$, $BaTiO_3$	爆震感測器，加速度感測器機油感測器，雨滴感測器
震動	阻力變化	承壓阻力效果		Si, ZnO	進氣壓力感測器
位置	反射波波形變化	壓電效果		PZT, $PbTiO_3$, SiO_2 $(Na,K)NbO_3$	超音波感測器（路面，障礙物偵測，防止追撞）
速度	超電力	焦電效果		$LiNbO_3$, PZT, $LiTaO_3$	紅外線感測器（障礙物偵測，車速）
光	光吸收			SiO_2-CdO	太陽屋頂
	可見光	日光		ZnS(Cu, Al), Y_2O_2S(Eu)	
	阻力變化	光導電性		CdS, CdTe, PbS, As-Te-Se 玻璃	光子（光控制，防眩光鏡子）

表 1.3 感測器與控制系統

控制對象 ＼ 感測器種類		溫度	壓力	位移，迴轉速度	振動加速度	流量	排氣	其他
引擎控制	空燃比控制	冷却水溫 進氣溫	進氣壓	節流閥位置		空氣流量 燃料流量	O_2	
	點火時期控制	冷却水溫 進氣溫	進氣壓 燃燒壓	引擎轉速，曲軸角，節流閥位置	爆震	空氣流量	濕度	
	EGR控制	冷却水溫 進氣溫	進氣壓 大氣壓	節流閥位置，曲軸角		EGR量		
	2次空氣控制	冷却水溫 觸媒溫	進氣壓				O_2	
	惰速控制	冷却水溫		曲軸角，回轉數				
	可變氣缸控制	引擎溫度						引擎負荷
	燃燒控制	排氣溫 氣缸壁溫	燃燒壓					
	排氣控制	引擎溫度				空氣流量 燃料流量 EGR量	CO，NOx HC，O_2	觸媒狀況 引擎扭力
行駛控制	齒輪比控制（自動變速）			車速，節流閥位置				
	無段變速	冷却水溫		迴轉數，節流閥位置				引擎扭力
	自動定速			車速				
	障礙物閃避			車速	加,減速度			雷達
	滑行控制			車速	加速度			路面摩擦
診斷、警報、其他	異常現象監控	輪胎溫,油溫,排氣溫	油壓，胎壓，吸氣壓	冷却水量，剎車油量			CO	電瓶容量 剎車線
	安全帶咬合				加,減速度			座椅開關
	空氣袋				加,減速度			雷達
	酒精檢測						酒精	
	行駛狀態	冷却水溫，油溫，排氣溫	油壓	迴轉數，車速，燃料量		燃料流量		
	位置表示			車速				方位
	空調	車室內溫，室外溫，日射					CO，煙，濕度	

系統，齒輪比控制系統，無段變速控制系統，自動定速控制系統，障礙物閃避控制系統，滑行控制系統，異常現象監控系統，安全帶咬合控制系統，空氣袋控制系統，酒精檢測系統，行駛狀態監控系統，位置顯示系統，空調控制系統等，這些控制系統的操作需由感測器提供溫度，壓力，位移，迴轉速度，震動加速度，流量，排氣成份等資料，方能發揮其功能。

1.1-3 感測器偵測參數

有關於控制引擎性能的參數如表1.4所示，本表所列控制參數自1980年迄今很少改變。扭力感測器配合曲軸角速度的變化，是現今頗受重視的偵測參數。亦就是說爾後對感測器的發展已逐漸將數個參數合併考慮，製造更有效率的感測器。

表1.4　引擎性能控制參數

- 曲軸位置
- 壓力（絕對壓力、錶壓力、壓力差）
- 空氣流量
- 燃油流量
- 氧氣濃度
- 爆震訊號
- 位置（線性位置、角位置）
- 扭力
- 溫度（進氣溫度、大氣溫度、冷卻水溫）
- 微粒子
- 點火正時
- 氮氧化合物濃度
- 噪　音

1.1-4 感測器與環境

一般而言，汽車引擎控制系統的電子元件仍然放置於較溫和的環境，但是仍有些組件仍免不了要放置於引擎室或引擎本體上（如含氧量感測器必須放在排氣歧管上）；即使包含電子元件亦不例外。因此感測器的開發就必須要求在惡劣環境下的耐用性。如微體電子學常用的矽，溫度極限即是主要的障礙。表1.5所列爲感測器放在轎車引擎室內必須克服的代表性因素。表1.6所列爲感

表1.5 轎車引擎感測器環境

環境參數	耐用範圍
振 動	15 g／50-2000 Hz／3 軸方向（無共振情況下）
衝擊力	100 g 的衝擊力可忍受 11 ms
溫度（初期精度）	0～50°C
溫度（操作溫度）	-40-120°C
溫度（極限值）	-40-150°C
濕度	相對濕度 10-100 %（-40～120°C 下）
鹽及不潔物	耐鹽霧及有機溶液，油類浸漬
熱衝擊	-40° 至 120°C 下各放置 30 分鐘（重複 800 次）

表1.6 重型卡車感測器的環境

環境參數	耐用範圍
振 動	15 g／50-2000 Hz／噪音／3 軸方向
衝擊力	100g 的衝擊力可忍受 11 ms
溫度（初期精度）	0-85°C
溫度（操作溫度）	-40-125°C
溫度（極限值）	-40-150°C
鹽及不潔物	耐鹽霧及有機溶液、油類浸漬
蒸 氣	170°C，100 psi 的蒸氣下耐用 25 分
熱衝擊	-40-125°C 下各放置 30 分鐘（重複 800 次）
濕 度	相對濕度 10-100 %（-40-125°C 下）

表1.7 轎車與卡車感測器可靠度與耐久性比較

比較因子	轎 車	卡 車
保用里程（km）	80000	160000-320000
設計耐用里程（km）	160000	800000
設計耐用時間（hr）	2000	10000
零件更換	滿足 EPA/DOT 要求	滿足 EPA 要求
年產量	大於 10^6	100000-200000

測器放在重型卡車上必須克服的環境因素。兩種不同車輛所要求感測器耐用條件差別在於可靠度和耐久度如表1.7所示。無論如何，有關引擎控制的感測器，必須在規定的時間內，精確地表現出應有的性能。

1.2 感測器技術簡介

感測器係為了要得到待測對象的資料，執行訊號轉換的最原始要素。舉凡待測對象所具有的物理量和化學量，都是感測器所要偵測的信號，亦就是感測器原動力的來源，因此這些物理量和化學量稱之為感測器的輸入信號。同時感測器將此輸入信號轉換成電子量輸出，稱之為感測器的輸出信號。此信號需經過放大，傳送，計算等信號處理方法整理後，將必要的資料取出記錄成為簡單的輸出訊號，供微處理機採用。

1.2-1 人體的感覺與機械的感覺

一、五官和感測器

感測器猶如人體五官的替代品，機械的感測器技術水準與人體五官感覺的基準比較，可分為三個時期，即表1.8所示。

就測定範圍、精度、敏感度等項目比較，有關視覺、聽覺方面；機械的感測器較人體五官好。有關觸覺方面；機械感測器與人體五官兩者相當。有關味覺、嗅覺等方面；機械感測器比人體五官劣。此外感測器可察覺到的紅外線、紫外線、放射線、磁場等為人體五官所無法察覺到。

表1.9所示為人體五官對應的半導體感測器，半導體的適當使用，可將人體所具有的各個感官功能全部含括。尤以現代發達的科技，半導體的奧秘亦逐漸為人類發掘，半導體開發的技術雖然深奧，在日後感測器的發展佔著極為重要的地位，不容忽視。

表1.8 感測器技術水準發展三階段

發展的階段		與生物機能的比較
第一階段	模仿生物機能和構造，無機械技術體系	生物性能＞機械性能
第二階段	具有獨立的生物機能，機械技術體系建立	生物性能＝機械性能
第三階段	知識累積、設計理論確立，技術發展蓬勃	生物性能＜機械性能

表1.9 人體的五官與半導體感測器

感 覺	器 官	相關的物理量、現象	半導體感測器
視 覺	眼 睛	可見光	光電變換材料： 光導電材料 光電池 光電晶體 光二極體
聽 覺	耳	音 波	壓力電氣變換材料： 壓電材料 壓電二極體
觸 覺	皮 膚	位移，壓力	位移電氣變換材料： 位移規 壓電材料
溫 覺	皮 膚	溫度，放射線	熱電氣變換材料： 紅外光二極體 紅外光導電材料 熱阻器
嗅 覺	鼻	擴散、吸著	氣體感測器 濕度感測器
味 覺	舌	溶解、吸著	離子檢測FET

二、感知與認識

有關視覺與聽覺的感測器雖較優於人類的感覺，但有些感覺如形狀的區分，什麼人的聲音等識別，感測器就遠不如人類。

利用電腦處理形狀和聲音辨識的感測器，目前研究風氣很盛。為何電腦的能力仍遠不及人類的辨識能力，此乃感覺器官的先端和感測器在信號的檢知狀態與對象的識別之間有很大的差距。此差距要由電腦能力的高速化，大容量化去填補恐怕不太可能。其理由如下：

1. 人體對識別機構並不十分了解，尚無法把識別原理以特殊處理方法交由電腦行之。
2. 填補感知與認識之差距的訊號處理，其硬體與軟體兩者具有不同的性質。

人體的五官和感測器的技術比較，由於待測對象並非只是單一條件，而需配合時間與空間的變化。因此對於狀態認識的感測器技術水準仍在表 1.8 所列的第一階段。

1.2-2 感測器的輸出訊號

感測器的輸出訊號有類比信號(analog)和數位信號(digital)兩種。早期的感測器信號大都是類比信號，數位信號大都是 on-off 的接點式信號。

一、類比信號

通常類比信號輸出形式大都為電壓、電流、阻抗等電子訊號。由信號的變換和能量的關係考慮，感測器大部份都以類比訊號輸出是很自然的事，因為受量測物的物理量是連續的類比量。

二、數位信號

數位輸出信號是離散的數值和符號。類比信號大都經過類比——數位轉換器(A-D converter)變換成數位信號輸出。最簡單的形式是 on-off 形的感測器，由開關接點的狀態 on 或 off 輸出訊號。

1.2-3 感測器的材料

目前感測器使用的材料，計有金屬、半導體、陶瓷、液晶、高分子材料、生物材料等。

一、金屬、半導體：感測器使用的金屬和半導體材料大都是非結晶質(amorphous)材料。使用的形狀為線狀或薄片狀，用以檢測變形量，磁力、溫度、壓力等物理量。

二、陶瓷：陶瓷是由很多的結晶粉粒燒結而成，具有多孔性及密緻性，使用的形狀是膜狀，用以檢測壓力，濕度、溫度、氣體等物理量。

三、液晶：液晶材料的光學特性變化很大，以格囊(cell)的方式製作很容易，使用的形狀大都是薄膜狀，可用來檢測溫度、紅外線、加速度等資訊。

四、高分子：高分子材料的特性是可以大面積的方式製作，使用的形狀亦是膜片狀，可用來量測壓力，帶電粒子，紫外線，X 射線等。

五、生物材料：生物材料大都用於醫療檢查技術使用，酵素，抗原抗體，荷爾蒙等的生物活性物質予以膜片化，用於免疫感測器，酵素免疫感測器的生化信號量測。

1.3 感測器的設計與製造

為因應日益嚴格的污染和油耗法規標準，汽車製造業者勢必走向精密電子控制系統，而其構成的三個主要部份是：邏輯控制器（logic controller）、致動系統（actuator system）與感測器，尤以大量生產、品質穩定的感測器佔有關鍵地位。往昔汽車感測器多應用於標示冷却水溫度、機油壓力，和燃油存量；而當今精密、且高信賴度的感測器技術一日千里，故於本節將說明其設計與製造時之開發流程與考慮因素。

1.3-1 開發流程

圖1.2所示為典型的感測器開發流程與涵括項目，執行需要的時間從幾個月至二、三年不等，端視其修正次數而定，一般研發種類常以溫度、迴轉位置、磁性曲柄軸位置以及線位置感測器（見圖1.3、1.4、1.5、1.6）為多。

流程圖的第一步是顧客會同承製廠商訂定使用之需求規格，隨後賣方設計師根據上述協議提出原始設計圖並做相對的模型可行性分析（analysis of feasibility models），備妥完整資料後即交由顧客覆審，注意在發展過程中此步驟將一抽象概念（規格）落實成具體的物理模型，當然其尚未成熟，仍有許多問題猶待深入挖掘、克服。

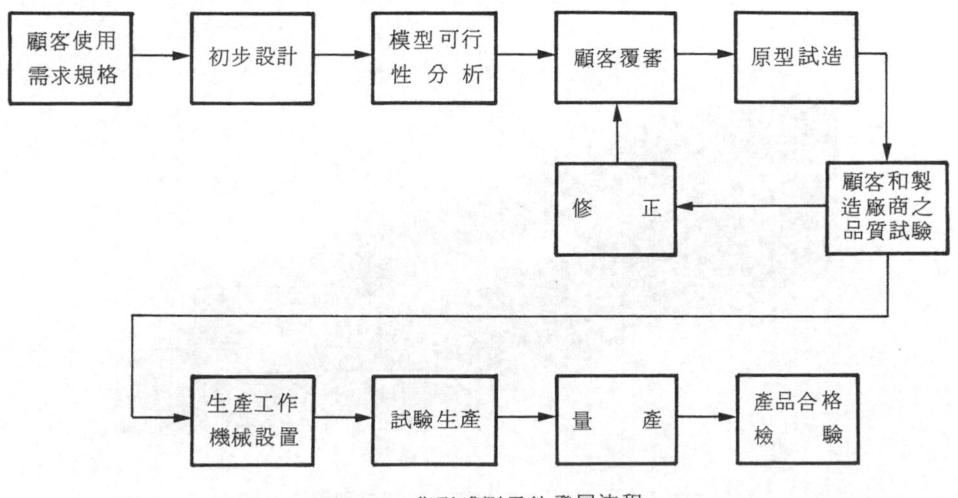

圖1.2 典型感測元件發展流程

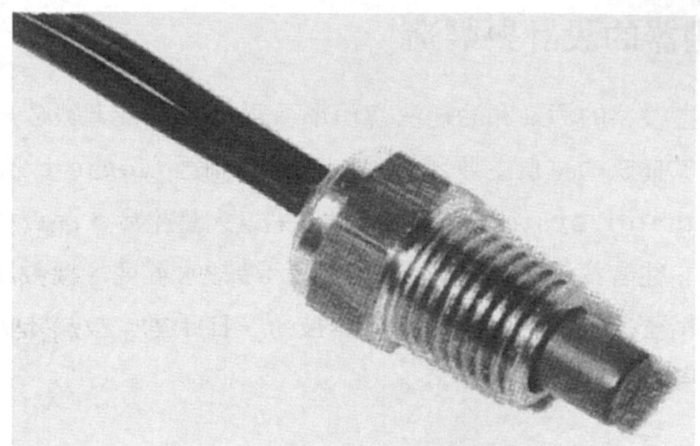

圖 1.3　溫度感測器

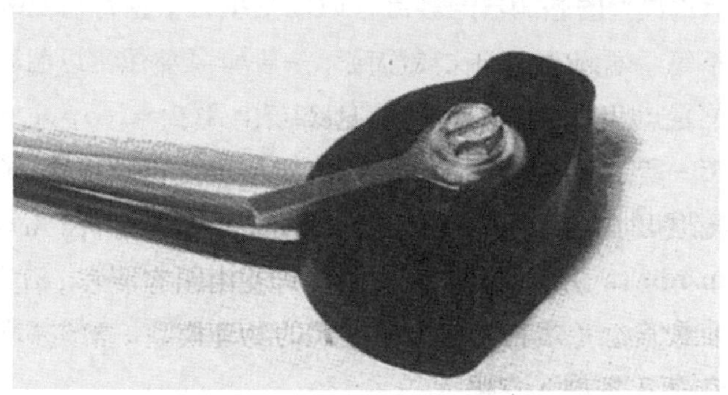

圖 1.4　迴轉位置感測器

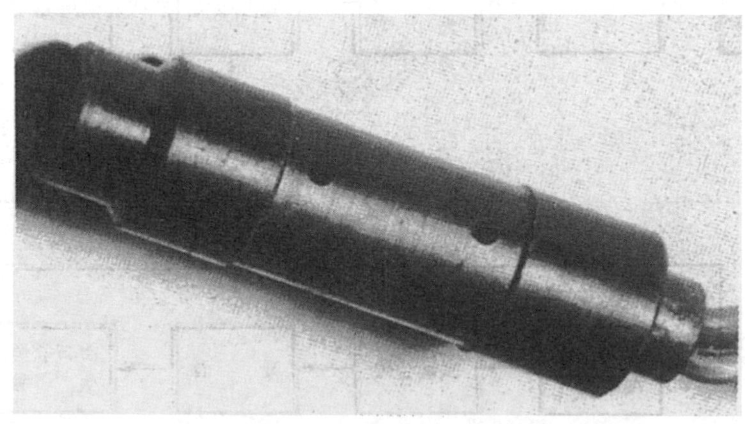

圖 1.5　磁性曲柄軸位置感測器

圖 1.6　線位置感測器

接著，在完成若干必要的變更，即行籌措適當的工具與材料，以著手原型（prototype）試造，同時一些特殊工程測試裝備和組合設施亦開始作業，以爲性能檢測之用。

另一改善產品品質的重要方法就是損壞模式與影響分析（Failure Mode and Effect Analysis，FMEA），此檔案搜集了組件與生產裝配步驟中所有可能引致損壞的原因及其影響程度評估，根據調整資料即掌握品管部門應在作業線上的那一個位置設立檢核點（inspection）與產品該執行何種測試項目，當然其內容不斷地隨設計變動而漸次更新（update）。

取得原型試造之初級實驗成品，即由顧客和業者共同做品質測試，通常涵括環境（environmental）與耐久（durability）測試等兩部份，對於無法滿足規格之缺點，都將予以修正，直到符合標準爲止。

至此，將邁向生產階段，在完成了工作機械的設置後，即行試驗生產（pilot production），一旦備妥所有裝備、原料，並確定操作程序無誤，就進入量產階段。

最終產品的檢驗尤爲重要，除設定規格外，諸如耐久性，信賴度（reliability）均需予嚴格的品質管制。

1.3-2 設計考慮因素

欲討論設計考慮因素，莫過於從一般感測器規格著手最爲實際，表 1.10、1.11、1.12、1.13 所示分別爲溫度、迴轉位置、磁性曲柄軸位置、線位置等四種常用汽車感測器的規格，仔細比較其共通點，可歸納設計時應予衡量的項目爲：

- 設定性能
- 成本費用
- 使用環境條件
- 基本感測元件的背景技術
- 產量規模大小
- 計劃時程

以迴轉位置感測器而言，(118° ± 4 °) 的機械行程 (mechancial travel) 即屬於其設定性能之一；而抗汽油、化油器清潔劑、機油腐蝕，則係基於使用環境條件的考慮。

大致上說，欲滿足性能、環境需求，且同時便宜，的確是不容易的事，以往由於產量有限，更使成本無法下降，故其降格爲現行售價的 10～20 倍；再者，低成本塑膠材料的改良，亦爲費用節省的主因。

表 1.10　溫度感測器規格

參　　數	規　　　　格
電阻 (25°C)	1000 ohms ± 1.0%
溫度係數精度	± 1.0 %
響應時間常數	15 sec
扭　力	15 ft-lb(Min.)*
漏洩性	40 psig*(-40°C- +150°C)
引線拉力強度	15 lb (Min.)
機械衝擊	100G*(6msec)
熱衝擊	900 hr. (−40 °C)
	900 hr. (+125°C)
熱衝擊	614 hr. (+ 25°C- +125°C)

* 註：Min ：最小値
psig：錶壓力
G ：重力加速度，指承受 100 G 衝擊不可超過 6 msec

表 1.11 迴轉位置感測器規格

參　　數	規　　格
機械行程	118° ± 4°
電感測角度	90°（Max.）*
驅動扭力	4～15 in-oz
止動強度	6 in-lb.（Min.）
指示角度（10％電壓比）	20° ± 4°
電　阻	4K ohms ± 20％
線性容差	± 2.0％
操作溫度範圍	-40°C～+135°C
使用壽命	
0°～100° 迴轉（4Hz 週率）	10^6 週波
50° ± 1％迴轉（50Hz 週率）	5×10^6 週波
耐蝕性	汽油，化油器清潔劑，機油

＊註：Max：最大值

表 1.12 磁性曲柄軸位置感測器規格

參　　數		規　　格
輸出電壓		
6.5 in直徑之激磁器		
轉速（RPM）	間隙（in）	
30	0.075	150 mV
30	0.015	600 mV
5000	0.075	12 V
5000	0.015	35 V
遲延（相位偏移）		
轉速（RPM）	間隙（in）	
30	0.075	0.3°
5000	0.075	1.25°
操作溫度範圍		-40°C～+150°C
熱週波（-40°C～+150°C）		200 週波
耐蝕性		機油，汽油，化油器清潔劑，齒輪箱油

表1.13　線位置感測器規格

參　　數	規　　格
總電阻	4000 ohms ± 20 %
指示電壓精度	± 0.5 %
線性精度	± 2.0 %
感測範圍	0.500 inch
操作電壓範圍	19 V (Max.)
操作溫度範圍	-40°C ～ +150°C
使用壽命	
0.5 in 週波 (2 Hz 週率)	10^6 週波
0.02 in 週波 (30 Hz 週率)	5×10^6 週波
耐蝕性	汽油，化油器清潔劑，機油

1.3-3 品質與信賴度

應用於汽車引擎控制的感測器常長期處於惡劣的工作環境，諸如：高溫、高壓、或各種油類、燃氣的污染腐蝕，故其品質與信賴度備受考驗。

依前所述，於設計過程期間即需持續接受完整的環境和功能測試（functional test），此時在各實驗條件下，感測器若均能正確作動，才算初步合格，然需進而確認其信賴程度。

除試驗生產時之成品需再經性能與信賴度測試以保證工作機具和製程符合品管標準外，正式量產時，尚需根據損壞模式與影響分析檔案設立線上檢核點，並每日應抽取適當比例樣品做臨界環境測試以搜集合格率資料，此係用以了解線上檢核作業是否發揮效果。

最後尚需選擇一批感測器做長達一至三個月的各項性能實測，以了解其耐久性。

1.3-4 感測器生產

圖1.7所示為典型感測器生產過程，溫度感測器事實上是由電纜線（cable）、端子接頭組合、外殼（housing）組合以及感測元件組合等部份構成，三者合而為一經封裝步驟後方為完整個體，其中詳細製造程序規劃與監控（monitoring）系統的適當與否居於關鍵地位。

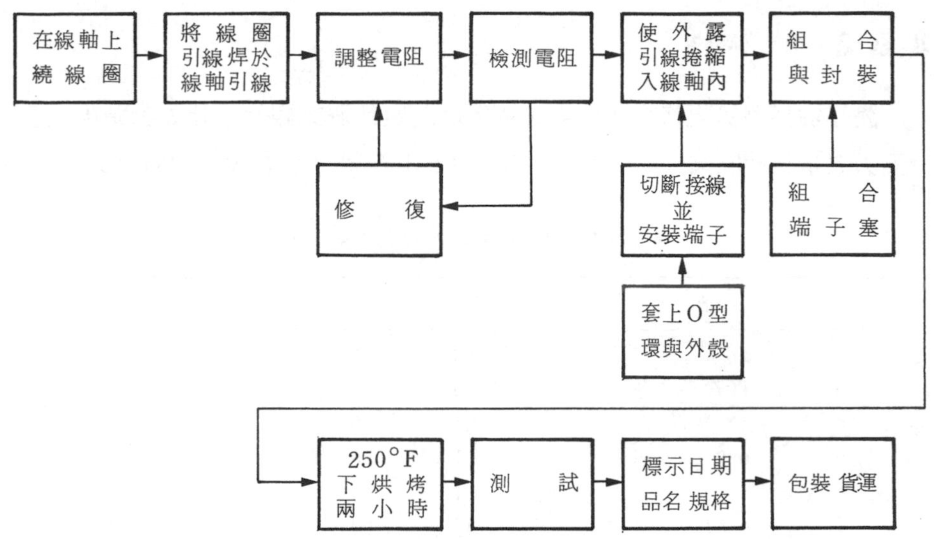

圖 1.7　典型感測器生產過程

比如說，由損壞模式分析可知微細的鎳質感測接線與端子接頭（terminals)間的焊接步驟（welding）就是需要特別考慮的部份，爲確保其順利進行，我們應探討影響焊接的參數以決定最佳操作製程與各個參數對總體效果的敏感度（sensitivity），由實驗知每焊接二十次即需清潔電極（electrodes）方能確保其品質，即爲其中重要因素。

另者，依據經驗拉力測試（pull-test）與目視檢驗（visual inspection）被認爲是決定焊接合格與否的有效方法，現已廣爲採用。

1.4 感測器規格與測試方法建立

前幾節中，已分別介紹感測器在汽車上的應用項目、技術原理、以及製造與生產方法，本節將進而提出規格與測試程序的建立。爲便於說明，特別舉歧管絕對壓力轉換器(Manifold Absolute Pressure transducer，簡稱M.A.P.)的“如何訂定規格”，又“怎樣去完成元件校準與性能測試、確認”爲例，名稱雖不同，但仍具其共通性，唯有藉標準規範，以達到節省設計、採購時間，並降低人力與材料成本目的。此外，表 1.10、1.11 所示分別爲M.A.P.規格與測試相關的典型數據值，以下將規格分成電子特性、輸出要求作進一步的討論。

1.4-1 電子特性

欲了解感測器規格特性前需先精確地設定其測試條件，比如說此處歧管絕對壓力之量測範圍為a kPa～b kPa（a、b等字母典型代表數值參見表1.14

表1.14 歧管絕對壓力轉換器規格典型值

符號	典 型 值	符號	典 型 值
a	16	ee	120
b	107	ff	60
c	12	gg	10
d	0.2	hh	10
e	9	ii	100
f	0.01	jj	10
g	100	kk	20
h	10	ll	2000
i	0.016 volts/kPa	mm	5
j	0.5 volts	nn	72
k	0.0018/kPa	oo	95
l	0.05	pp	50
m	1000	qq	$10^6(10^{10})$
n	±12 或接地	rr	40(60)
o	0.5 volts	ss	100(63)
p	6.5 volts	tt	$3600(1.5\times10^6)$
q	10	uu	100
r	1	vv	120
s	20	ww	-50
t	20	xx	60
u	40	yy	1
v	100	zz	5
w	5	aaa	72
x	0.4	bbb	120
y	five		±0.4 kPa, 40 kPz to 80 kPa
z	500		$K=2\ (3)$; $T_1=50°C$, $T_2=25°C$, $T_3=80°C$, $T_4=120°C$
aa	0.3		
bb	ten		$x_1=5$ cm, $x_2=3$ cm, $z=3$ cm
cc	1000		
dd	500		

），則其配合的正常操作供電電壓（supply voltage）爲 c ± d volts（直流），且標稱參考電壓係 e ± f volts（直流）；注意供電電壓應避免暫態（transients）與反向（reversals）狀況發生，而感測器本身亦需定義於何種暫態條件下仍可維持其性能不致損壞，另如有可能應附帶提供一測試電路（test circuit）以爲參考，並備註“對於額定負荷之最大允許電流爲 g mA，

表1.15 歧管絕對壓力感測器測試方法典型值

符號	典型值	符號	典型值
a	23	bb	95
b	±3	cc	3
c	50	dd	80
d	15	ee	72
e	12	ff	10^6
f	0.5	gg	1
g	0.1	hh	76
h	0.01	ii	2
i	20	jj	14000
j	±5	kk	5
k	5	mm	1
qq	0.5	nn	100
rr	30	oo	1
l	0.25	pp	10
m	1	qq	120
n	100	rr	75
o	10	ss	900
p	10	tt	0.1
q	2	uu	0.1
r	20	vv	30
s	2	ww	0.5
t	20	xx	30
u	0.5 inch	yy	40
v	20	zz	100
w	200		
x	15 g		
y	200		
z	2000		
aa	10 g		

且其最大允許之參考供電電流是 h mA”等說明。

轉換器輸入／輸出間的函數關係可依下列兩種方法表示：(Y_0 為輸出參數，且 Y 代表伏特、歐姆、亨利、法拉、赫茲、秒等單位）

(1) $Y_0 = AP + B$

P：壓力，單位為 kPa 。

$A =$ i Y 單位／kPa；$B =$ j Y 單位。

(2) $Y_0 = V_r(AP + B)$

P：同上；V_r：電源供電電壓或參考電壓

$A =$ kY/volt/kPa；$B =$ l Y volt 。

若感測器呈現一非線性(non-linear)輸入／輸出關係亦應比照上述方式再予設定，其中以冪級數(power series)表示較佳。

1.4-2 輸出要求

當轉換器接上 m Ω 負載與 n 電源時仍需滿足其精度要求，對於設定之壓力量測範圍其相對應的最大和最小輸出參數區間表為 O X 單位至 P X 單位，這些單位需與原規格設定相符合。

參考圖1.8、1.9所示之輸出誤差於 P_2 與 P_2 內可限制在某區域(此處之誤差包括系統以及隨機等所有誤差源)，超出其外，則明顯呈現漸擴增趨勢；

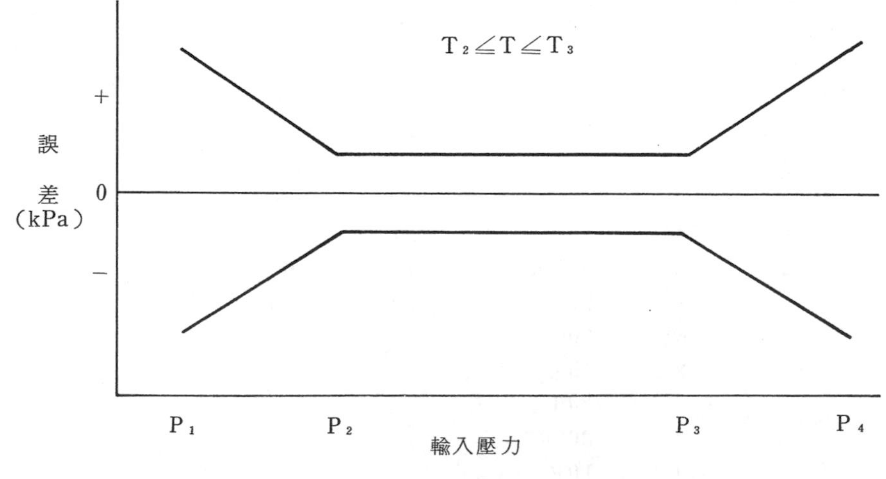

圖1.8 誤差＝指示壓力－實際壓力

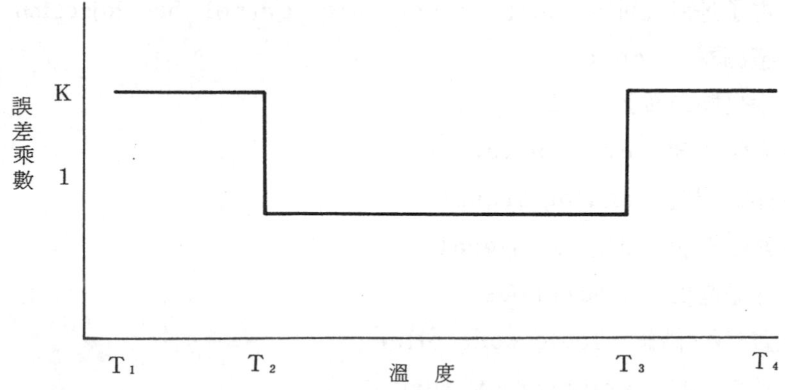

圖 1.9　於某段溫度範圍之誤差乘積因數

另者，感測器通常對溫度效應甚爲敏感，工作溫度一旦偏離額定之 T_2 和 T_3 範圍，誤差乘數（error multiplier）立即升爲 k ，故需予注意。

此外，規格應訂出接上電源後 q 秒內轉換器就需於允許誤差範圍維持正常操作，並由圖 1.10 所列輸出雜訊（noise）與漣波（ripple）亦應有所限制。

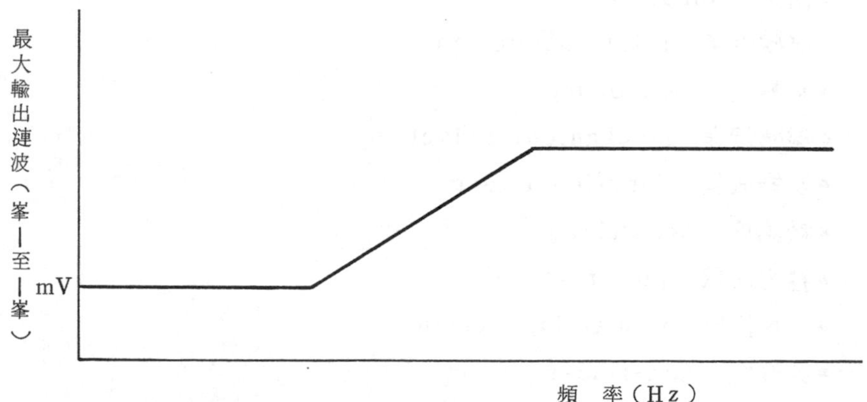

圖 1.10　最大輸出漣波與頻率關係

關鍵字

- 排氣污染公害　emission pollution
- 排氣污染法規　emission regulation
- 空燃比　air-fuel ratio
- 微處理機　micro-computer

- 電子控制燃油噴射系統 electronic control fuel injection system
- 感測器 sensor
- 中央控制單元 CPU
- 人體工學 ergonomics
- 類比訊號 analog signal
- 數位訊號 digital signal
- 非結晶質 amorphous
- 邏輯控制器 logic controller
- 致動系統 actuator system
- 模型可行性分析 analysis of feasibility models
- 原型 prototype
- 損壞模式與影響分析 failure mode and effect analysis
- 檢核點 inspection
- 環境 enviromental
- 耐久 durability
- 試驗生產 pilot production
- 信賴度 reliability
- 機械行程 mechanical travel
- 功能測試 functional test
- 敏感度 sensitivity
- 拉力測試 pull-test
- 目視檢驗 visual inspection
- 非線性 non-linear

參考文獻

1. 森村正直，山崎弘郎，センサ工學，朝倉書店，東京，1986年，第3刷。
2. 日本の最新技術ミリーズ(12)——センサ百科，日刊工業新聞社，東京，1983。
3. 谷上隆彥，"自動車用各種センサ"，自動車技術，Vol.25，NO.11，1971。

4. 喜多徹，“自動車センサ 動向”，自動車技術，Vol.40，NO.2，1986。

5. William J. Fleming “Engine Sensors: state of the art”，SAE paper 820904。

6. 小林哲二，“自動車用各種センサ”，自動車技術，Vol.37 NO.2，1983。

7. K.C.Wiemer，“Planar semiconductor temperature Sensor for automotive application”，SAE paper 770395。

8. R.N.Lesnick，“A new temperature Sensor”，SAE paper 790145。

9. W.G.Wolber，“Automotive engine control Sensor's 80.”，SAE paper 800121。

10. 五十嵐，“センサ，アワチユエータ”，電氣學會雜誌，56(12)，1981。

11. 出井，“エンジン制御”，電氣學會雜誌，101(12)，1981。

12. F.A.Russo and B.E.Walker，“Automotive Sensors Design/production”，SAE paper 790141。

第2章

溫度感測器

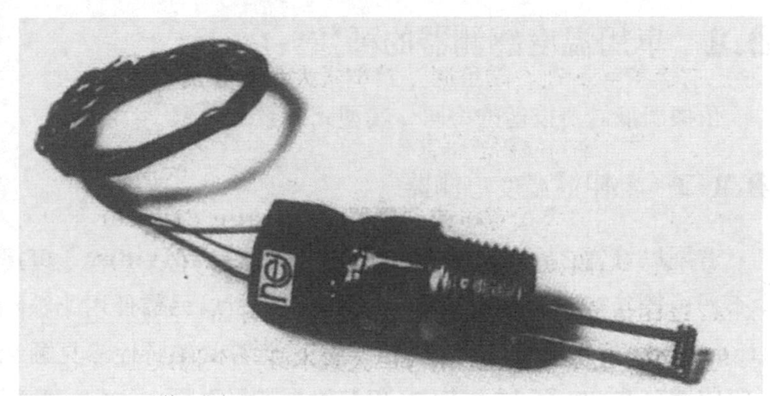

比率式車用溫度感測器

§ 本章內容重點

溫度量測爲控制系統中必備的一環，尤其是“如何在高溫，化學腐蝕條件下滿足額定功能”，更係努力目標，文中主題涵括：

- 車用溫度感測器的種類
- 車用溫度感測器的應用
- 溫度感測器的設計
- 性能要求

爲了滿足更嚴格污染法規與油耗限制，即需採用各種先進的控制系統與感測器，其中應用較爲廣泛的就是溫度感測器。老式溫度感測器所表現的非線性、應答時間緩慢、低輸出電壓，以及易受高溫環境影響而不穩定等缺失均不符合性能要求，唯目前對上述問題已漸次獲得改善。

2.1 車用溫度感測器的種類

依據溫度計測技術的不同，其型式大致可分爲：

2.1-1 熱阻體溫度感測器

若配以適當之橋式電路或分壓器（voltage divider）可提供高輸出訊號，不過由於其電阻與溫度間爲非線性關係，所以另需使用“線性化網路”（linearizing network），經處理後的應答曲線特性參見圖 2.1 。一般而言，電阻體可在 320°C以上操作，但裝置本身呈不穩定趨勢。此類感測器應用於空氣流量測時其應答時間常數約爲 8 秒（於模擬歧管流速條件 20 ft/sec 狀況下），若犧牲機械防護外殼，則可縮短至 4 秒左右。

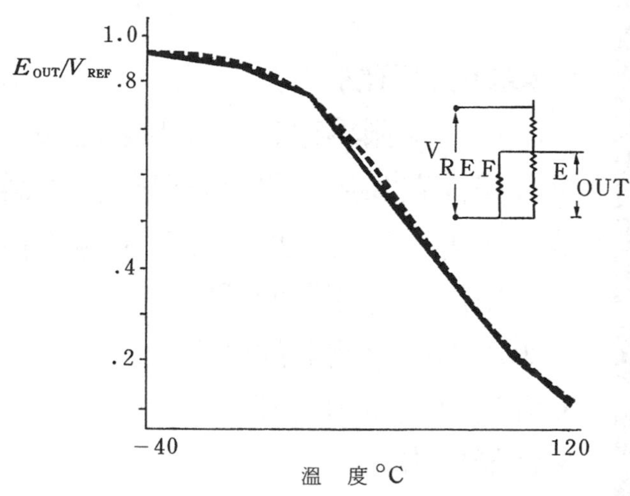

圖 2.1 電阻體感測器應答曲線

2.1-2 熱偶感測器

可提供迅捷之應答時間常數，唯因輸出訊號過小，故需放大器處理，表

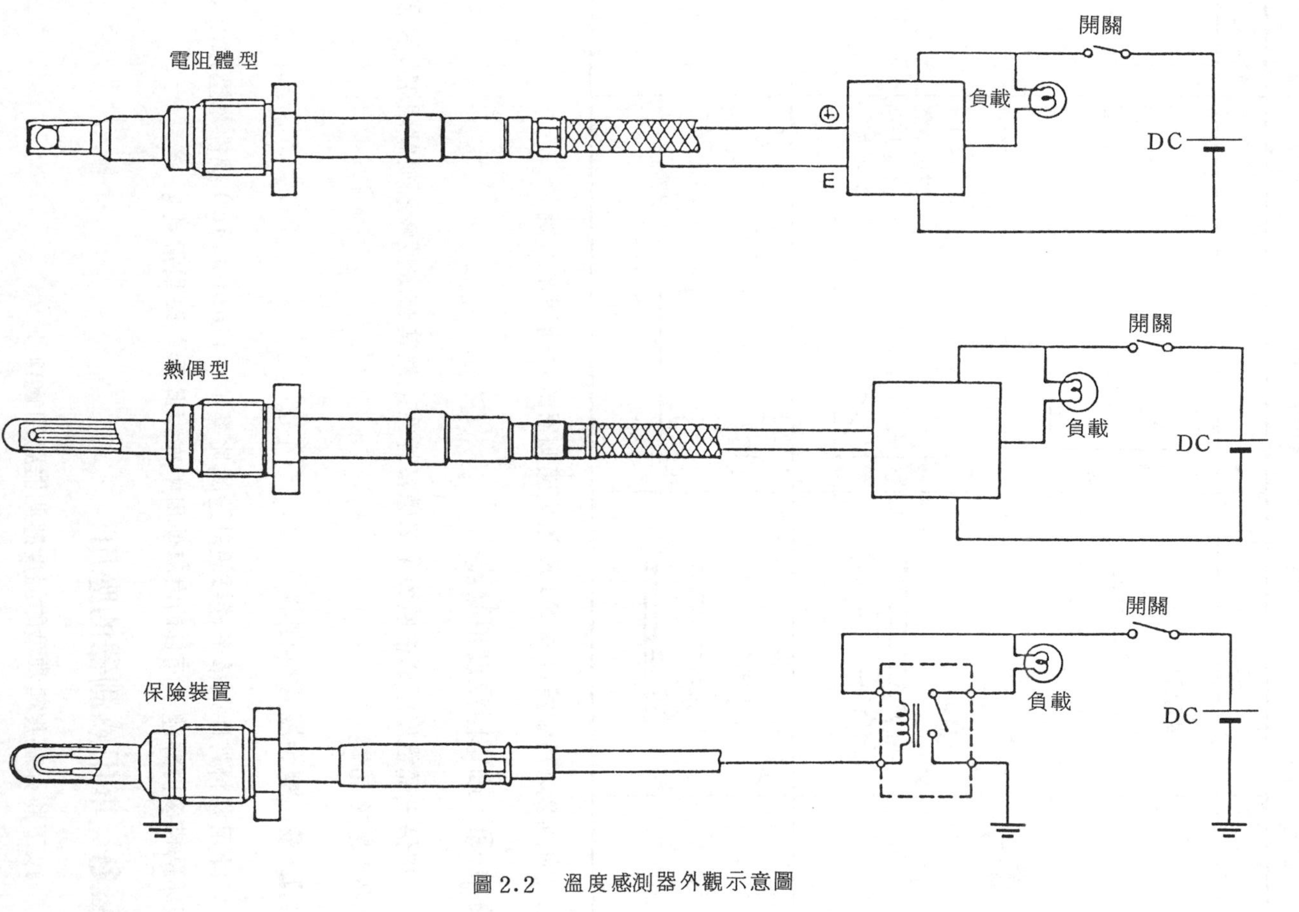

圖 2.2 溫度感測器外觀示意圖

表 2.1 溫度感測器特性

	感測元件	特性	放大電路
一般型式（恢復型）	電阻體：	電阻／溫度；溫度升高電阻降低	需要
	熱偶：	電動勢／溫度；電動勢隨溫度升高而增加	需要
非恢復型	保險絲：	電阻／溫度；當溫度到達金屬熔點即熔斷	不需要

2.1 與圖 2.2 所示爲日本 NTK 溫度感測器的特性與示意圖。

2.1-3 鉑電阻溫度偵測器

提供一隨溫度近似線性變化之應答特性，然其靈敏度較遜於電阻體，主要缺點是價格昂貴。

2.1-4 雙金屬式感測器

運用材料特性與精密機械設計達成比率（ratiometric）線性電壓輸出，細部結構後再詳述，而目前汽車使用中亦以此型式較爲常見。

2.2 車用感測器的應用

以下將介紹幾種典型的溫度感測器應用實例：

2.2-1　節流閥位置感測器

（圖2.3）其輸出電壓直接相關於節流閥的碟形角（butterfly angle），且精確度可維持在±3%內，至於跨距（span）一般大於供電電壓的70%。

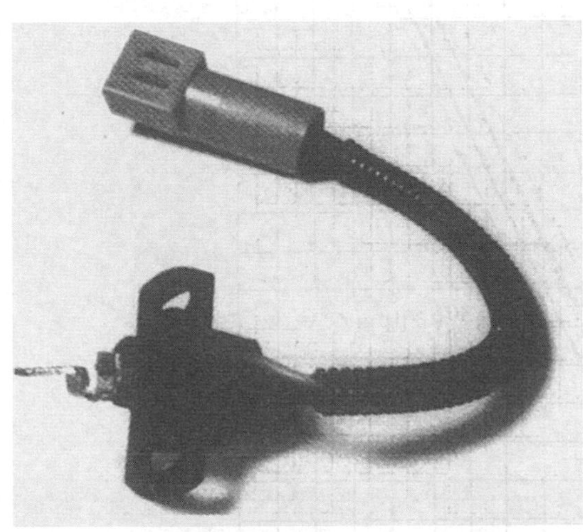

圖2.3　節流閥位置感測器（TPS）

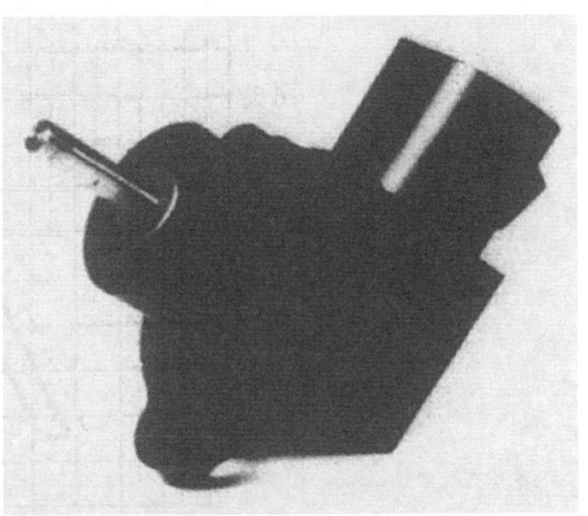

圖2.4　廢氣再循環閥位置感測器（EVP）

2.2-2　廢氣再循環閥位置感測器

輸出電壓直接相關於廢氣再循環（EGR）閥軸位置（外觀見圖2.4），當其值為供電電壓的16.5%時，EGR全閉；若升至86.5%，則EGR全開，且精確度約為±1.5%內。

其餘尚有冷却水溫度與進氣溫度感測器，均為引擎控制系統所必須。

2.3　溫度感測器的設計

此處介紹係以應用最為廣泛的雙金屬式為主，雖然感測元件作動機構各有不同，但均是以溫度變化與輸出電壓呈線性關係為目標，而其種類依形狀可分為螺旋（spiral）、懸臂樑（cantilever）以及圓盤等。

圖2.5所示為螺旋雙金屬元件接於電位計之輸出對溫度特性，我們可清楚

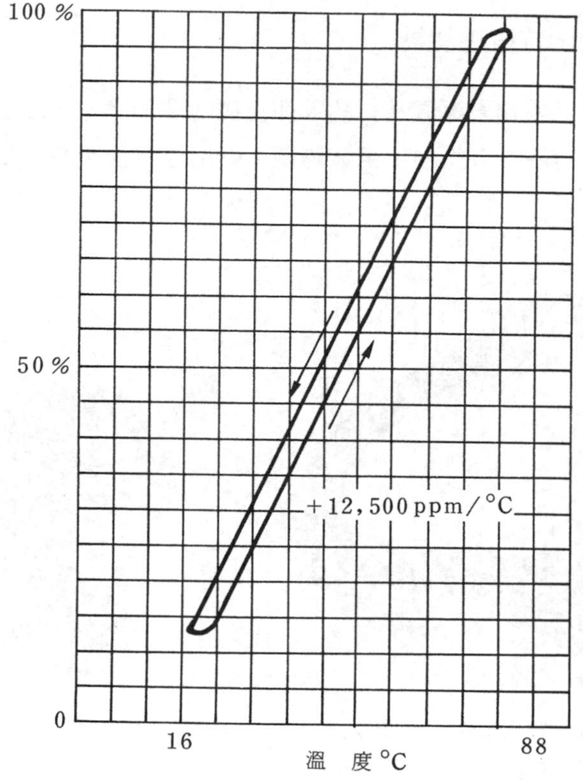

圖 2.5　螺旋雙金屬TPS溫度感測器之輸出與溫度變化關係

看出其對溫度變化顯現良好線性輸出，然而其遲滯性與應答速度均不符合使用需求。

事實上，如果雙金屬元件的質量儘可能減小，且表面積對體積儘量增大，即能增快其應答速度，依此觀點，懸臂樑式元件相當適合。由於雙金屬元件需帶動一沿電阻軌道(resistor track)之接帚(wiper)，故需注意掃帚行程(travel)愈長，則電位計精密度愈高。

圖2.6所示爲一對偶雙金屬感測元件(dual bimetallic element)示意圖，其中左側薄片的熱膨脹係數較右側高，兩者係以剛性連結(rigid link)。當溫度高時，左側薄片膨脹(伸長)較右側快，由於受到束縛，故往右傾，而右側薄片透過樞軸(pivot)使接帚位置向左移；溫度低時，運動方向相反，經校準後，即爲一合乎規格的溫度感測器。

還有一種雙金屬感測元件爲盤式(外觀示意圖參考圖2.7)，其機械動作

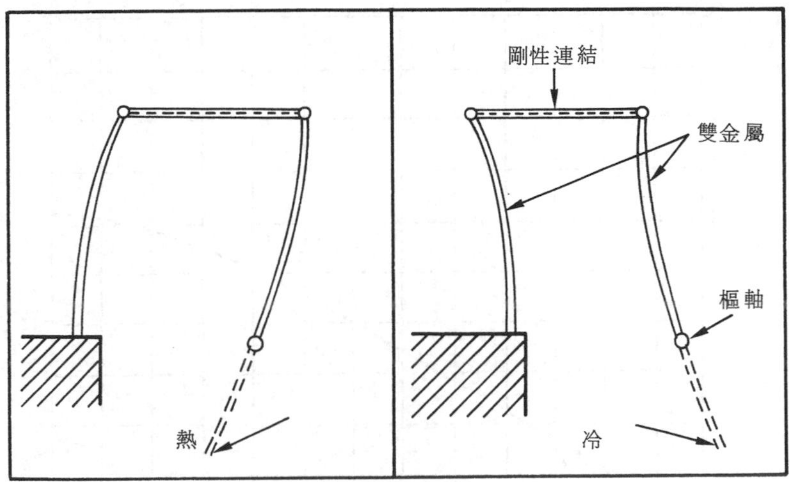

圖 2.6　對偶雙金屬感測元件

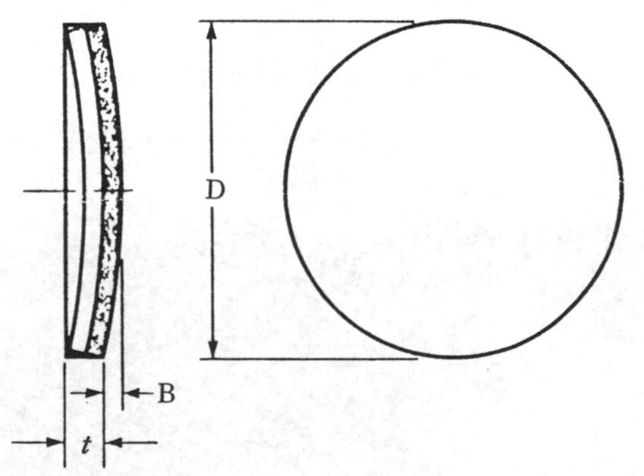

圖 2.7　圓盤式雙金屬感測元件

係使一雙金屬元件製成圓盤狀，且周界予以固定，一旦欲測區溫度上升，低膨脹係數端即形成凹面，使盤中心處達成一直線位移，且此移動量與疊接之圓盤數目成正比關係，配合前述之接帚裝置和電位計，可構成溫度、電壓之工作特性。

例如德州儀器公司所生產的盤式雙金屬感測元件材料 G 7 之工作範圍可達 650°C，圖 2.8 所示爲其特性曲線，注意由 0°C ～ 450°C 區間顯現線性度極佳之熱偏量（thermal deflection），而 450°C ～ 650°C 之輸出斜率呈下降趨勢，然經適當補償處理，可解決此非線性問題。

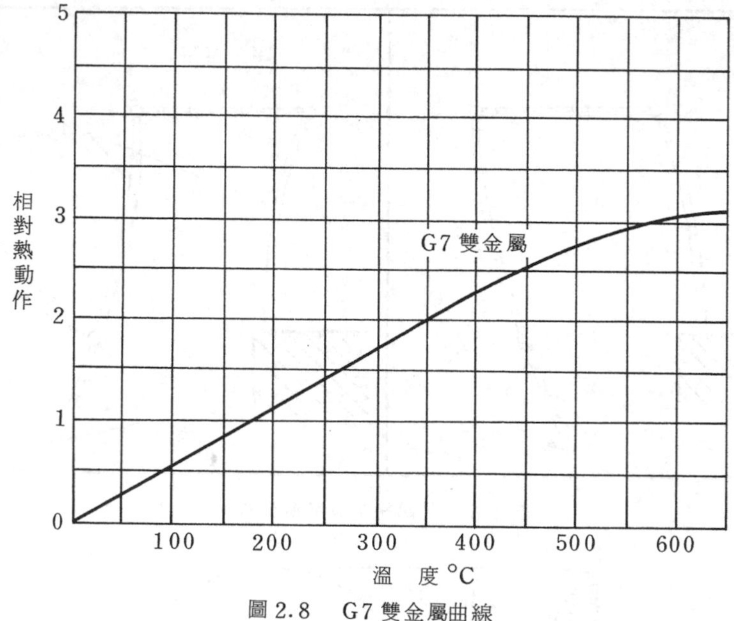

圖 2.8 G7 雙金屬曲線

圖 2.9 以螺旋式雙金屬元件製成之TPS

前述螺旋與對偶雙金屬感測元件所製成之節流閥位置感測器（TPS）實物附於圖2.9、2.10，後者之特性曲線見圖2.11 。

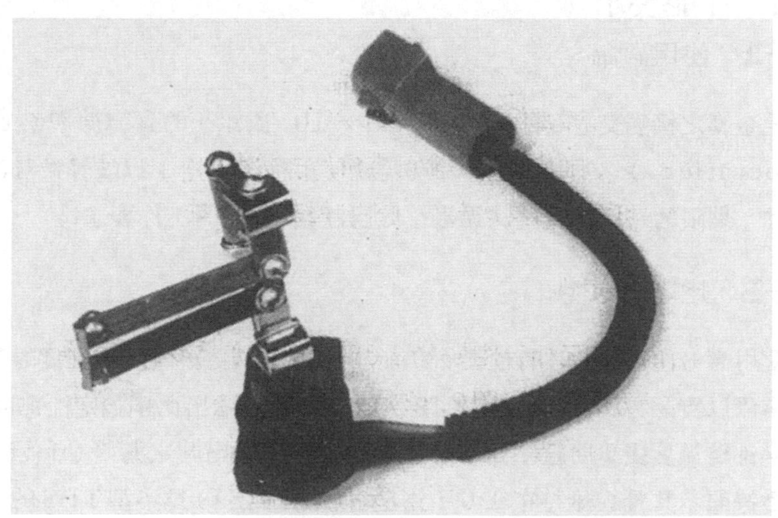

圖 2.10　以對偶式雙金屬元件製成之TPS

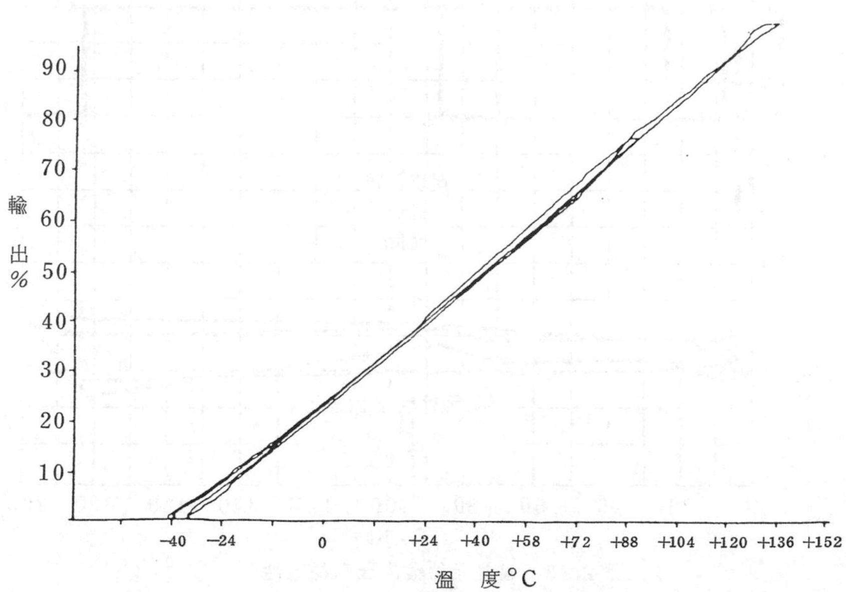

圖 2.11　輸出對溫度特性（對偶雙金屬感測元件）

2.4 性能要求

2.4-1 使用壽命

雙金屬之接觸交界部份應可承受25 × 10^6 次以上的運轉循環（ cycle of operation ），唯其實際壽命仍需視使用狀況而定，以歧管進氣溫度感測器而言，期限約可達二百萬次循環，此已超過TPS的工作要求。

2.4-2 比率穩定性

使用壽命內感測元件特性是否仍能維持穩定亦爲影響其精確度的重要因素，通常係以實驗方法確認。圖2.12爲感測元件之輸出比率穩定性測試結果，圖上半部爲溫度變化曲線，而下半部代表與額定輸出間之偏差（deviations），由數據顯示其量約維持在± 0.1％左右。另圖2.13爲典型TPS的比率穩定性實驗值。

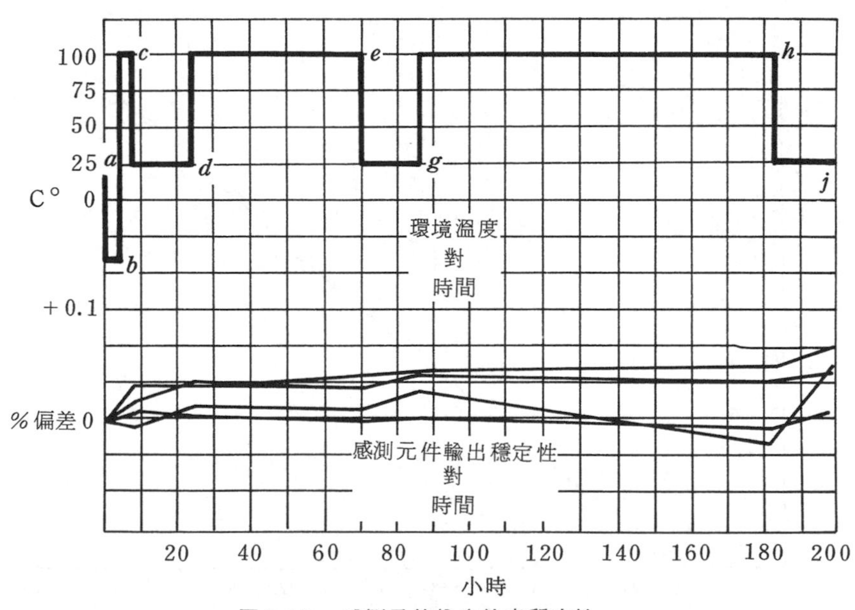

圖2.12 感測元件輸出比率穩定性

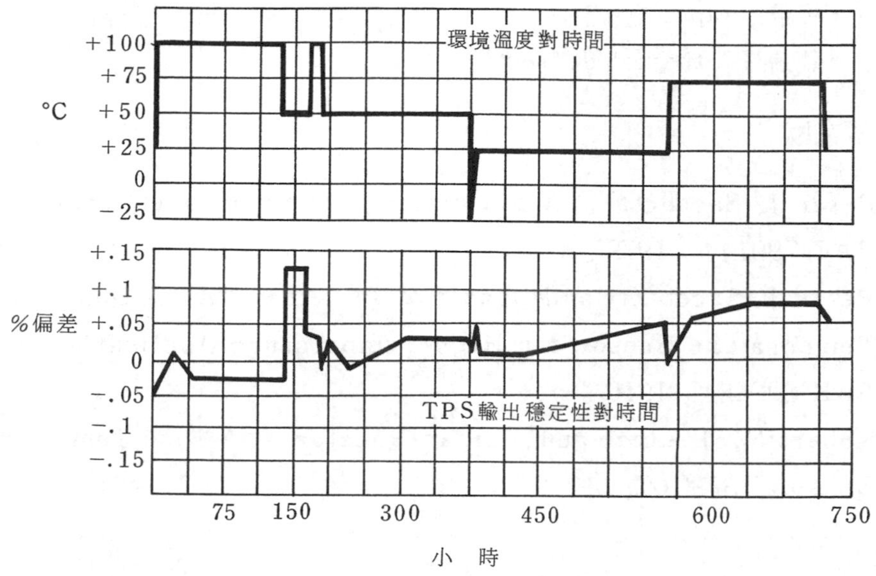

圖 2.13　典型TPS之比率穩定性

2.4-8　抗化學侵蝕

由於車用溫度感測器常曝露於汽油、柴油或其餘溶劑中，故需加強抗化學侵蝕能力，以保持線性穩定。其他爲配合特殊需求，尚應注意濕度、衝擊(impact shock)、熱衝(thermal shock)等問題。

關鍵字

- 熱阻體　thermistor
- 分壓器　voltage divider
- 線性化網路　linearizing network
- 熱偶　thermocouple
- 鉑電阻溫度偵測器　platinum Resistor Temperature Detector
- 雙金屬　bimetallic
- 節流閥位置感測器　Throttle Position-Sensor
- 跨距　span
- 廢氣再循環閥位置感測器　Exhaust Gas Recirculation Valve Position-Sensor

- 接帚 wiper
- 熱偏量 themal deflection

參考文獻

1. Peter J. Sacchetti ,"A Ratiometric Temperature Sensor", SAE 790144 , 1979 。
2. Peter J. Sacchetti and Donald R.Phillips , "A Ratiometric Temperature Sensor for High Temperature Applications", SAE 800024 , 1980 。
3. Robert N. Lesnick and Murray Spector , "A New Temperature Sensor", 790145, 1979 。

第3章

壓力感測器

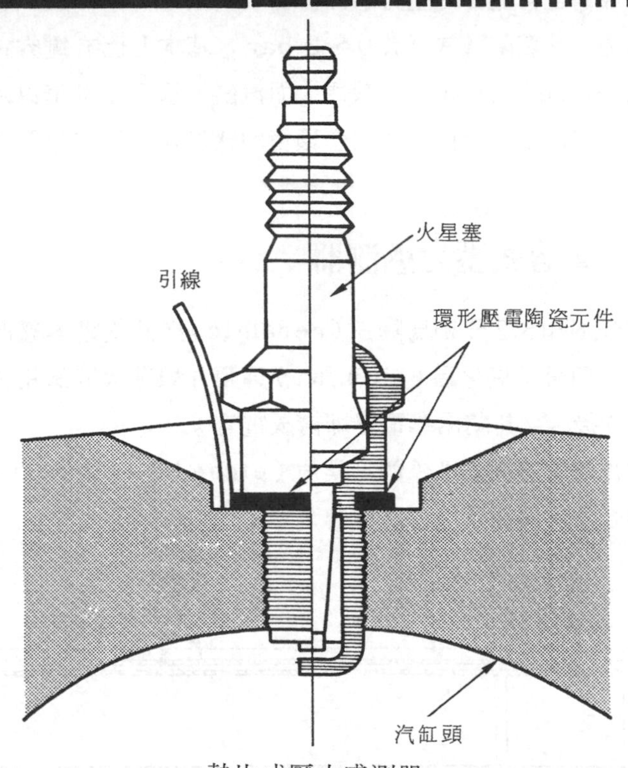

墊片式壓力感測器

§本章內容重點

壓力參數可廣泛應用至噴油，點火提前，以及爆震偵測等控制，文中凡分為：

- 電容式壓力感測器
- 壓阻式壓力感測器
- 壓電式壓力感測器

引擎控制領域中除溫度參數外還有一不可或缺的物理量——壓力需予掌握，諸如爆震偵測（knock detection）、噴油與點火提前（spark advance）控制，都需配備適合的壓力感測器方能完成。例如點火與噴油系統即量測進氣歧管壓力，其範圍通常介於0～2 bar，基本上已有電容式與壓阻式（piezoresistive）兩類產品可選擇；而汽缸內壓力，利車以及變速箱之電子控制，則需採用高壓、與抗惡劣工作環境的感測器（比如壓電式（piezoelectric））。

3.1 電容式壓力感測器

圖3.1和3.2分別為陶瓷（ceramic）與矽質電容感測器的基本構造，以陶瓷型式而言，氧化鋁（alumina）薄膜片與基板間採用密封玻璃（sealing glass）接合，其間兩導電層即構成電容。

矽質電容感測器則係蝕刻膜片（etched diaphragm）與一玻璃或矽基板靜電接合，其間導電層亦為電容電極。

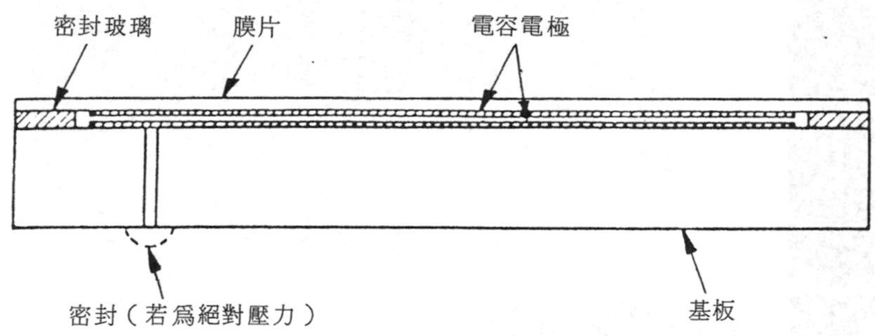

圖 3.1　陶瓷電容感測器基本構造

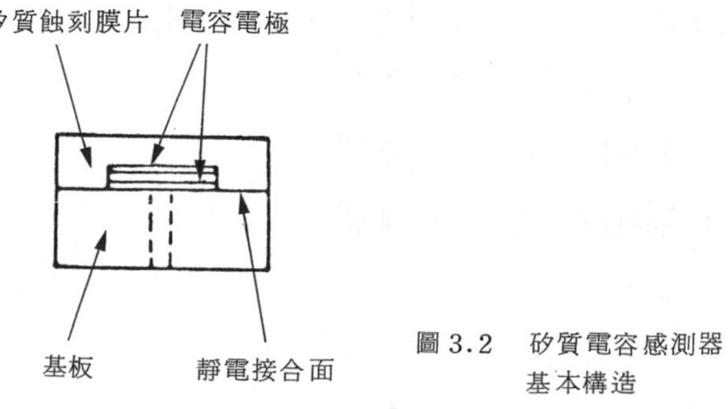

圖 3.2　矽質電容感測器基本構造

根據上述構造可知一旦存在壓力作用於膜片表面，電容值將隨之線性變化。值得一提的是陶瓷對矽質感測元件尺寸大小比例約為 8：1，然而整體上感測器最後尺寸係由訊號處理電子決定，故兩者外觀差別不大。

此外，若需求係絕對壓力，則圖中基板內孔隙取消，電容空間為眞空狀態；反之，量測相對壓力（relative pressure）孔隙打通。實際製造時相對壓力型感測器有極為嚴重之封裝（packaging）問題，故此處不多討論。

3.2　壓阻式壓力感測器

陶瓷與矽質壓阻式壓力感測器基本構造分別列於圖 3.3、3.4，前者包含一陶瓷膜片，其上附有四個連接如橋狀的厚膜電阻（thick film resistors），再經適當之處理程序使密封於氧化鋁基板。基板內可能留出孔隙，若接大氣，則可測相對壓力；反之，密封並抽眞空，即得絕對壓力感測器。

矽質壓力感測器的核心部份係一矽質膜片，而電阻以離子植入（ion implantation）方式引進，膜片底部採化學蝕刻後再依據靜電作用與基板連接，基板孔隙之閉或開亦代表絕對和相對壓力感測器。

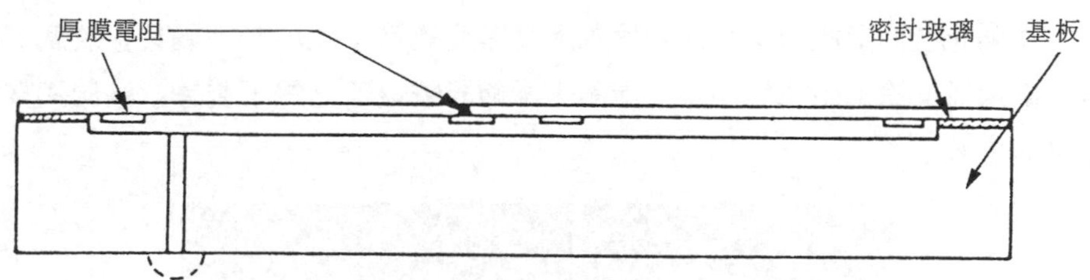

圖 3.3　壓阻式陶瓷壓力感測器基本構造

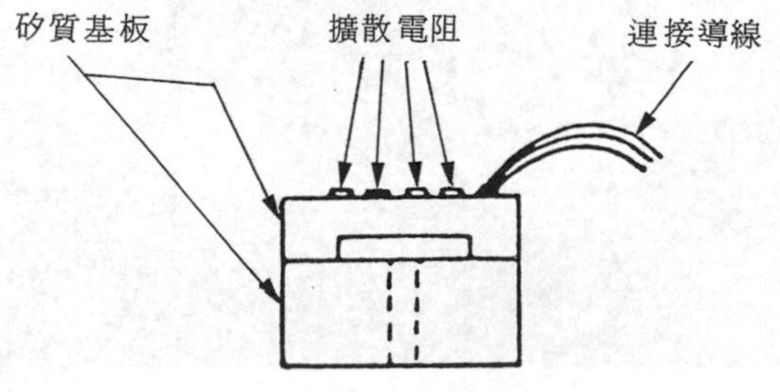

圖 3.4　壓阻式矽質壓力感測器

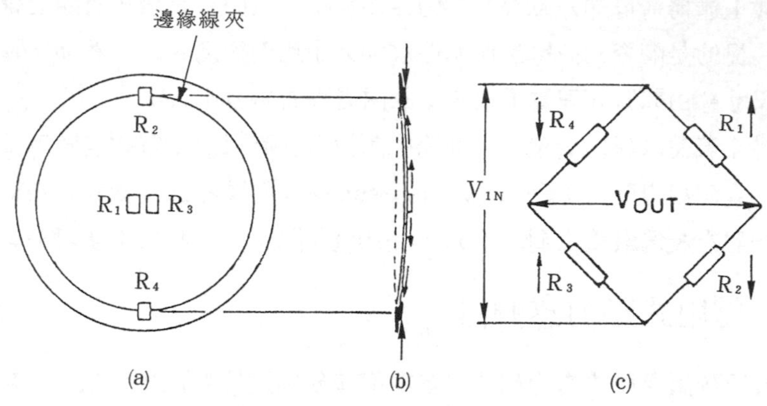

圖 3.5 壓阻式陶瓷感測器之工作原理

接下來介紹壓阻式感測器的工作原理，如圖3.5所示圓形膜片上的四個電阻連接成一穩定狀態時爲平衡的惠斯頓電橋（Weathstone bridge），一旦正反面兩端發生壓差即會使膜片變形，進而造成中央區的R_1、R_3拉長（電阻值增）；且邊緣帶的R_2、R_4壓縮（電阻值減），衍生一電橋不平衡，得到電壓輸出V_{out}，注意此不平衡直接正比於變形量。

爲強化抗高壓能力，可採取增加膜片厚度對策，然而却削弱其靈敏度，故需謹愼選擇。除了感測元件外，周圍仍配備訊號處理之電子裝置，感測囊實物參見圖3.6。

圖 3.6 壓阻式感測囊

再者，感測器的外殼設計也極爲重要，如何針對不同壓力範圍的感測囊以應用於只需局部修改即適合的封裝構造，實需仔細考慮。

由圖3.7感測囊與外殼組合示意圖可知有三個尺寸可作爲修正參數：

- O形環的半徑。
- 膜片空出部份的半徑（r）
- 膜片的厚度（t）

譬如量測較高之壓力範圍，O形環與r即適度縮小，且膜片半徑、厚度都將有所改變以滿足預定特性，圖3.8爲感測器實物。

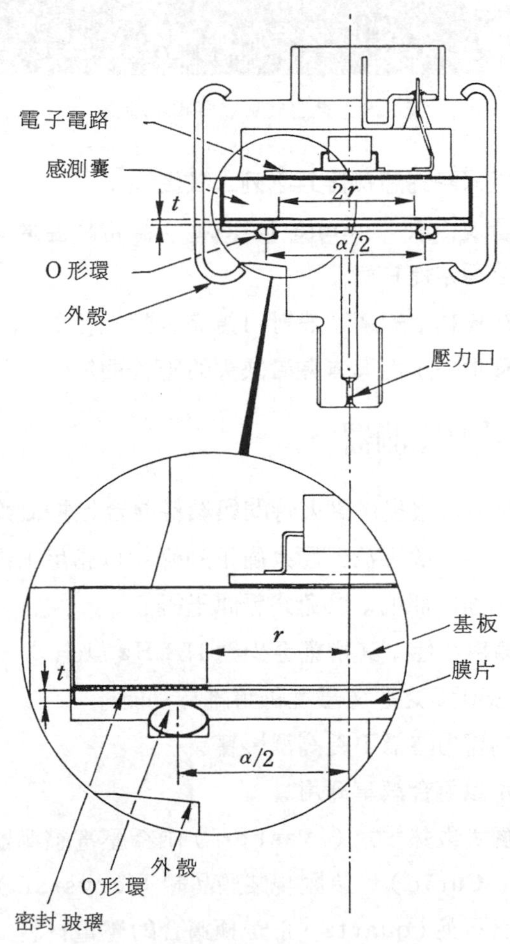

圖3.7　壓阻式感測器剖面示意圖

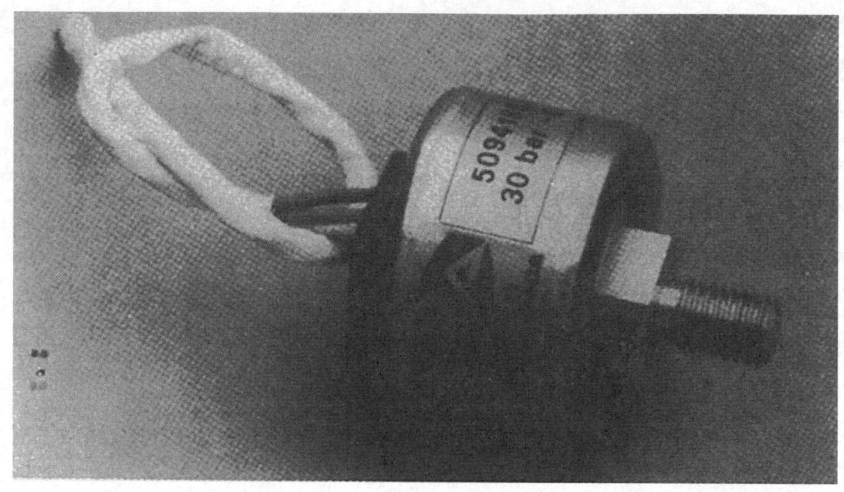

圖 3.8　壓阻式陶瓷厚膜感測器

綜上所述，壓阻式陶瓷感測器具下列二項優點：

(1)感測元件的量規因數（ gauge factor ）與電阻溫度係數特性甚佳，且長時間使用之穩定性良好。

(2)膜片機械性質優越，經適當設計可得完全彈性行爲（elastic behavior），亦即獲取一線性與無遲滯缺失的應答曲線。

3.3 壓電式壓力感測器

汽缸內壓力變化可用來提供點火時間與燃料混合比控制輸入訊號之用，由於欲測變數的複雜本質，故感測器應具備下列條件以滿足工作要求：

- 能產生一足夠強的訊號，以免爲雜訊干擾。
- 爲偵測爆震頻率特性，其帶寬至少應15kHz以上。
- 連續曝露於250°C之惡劣環境仍可維持功能。
- 量測缸內最高壓力時需不受高溫影響。
- 可低成本量產以適合汽車應用。

現介紹直接接觸式與墊片式（ washer ）兩種壓電感測器，先說明壓電效應。1880年居里（ Curie）兄弟發現某些晶體（ crystal ）受到機械負荷時其表面將帶電荷，而石英（quartz）正是極適合的壓電材料，其特性如下：

- 穩定性良好。

- 高機械強度。
- 高剛性（rigidity）。
- 溫度範圍廣。
- 靈敏度幾不受溫度變化影響。
- 無遲滯現象。
- 線性度甚佳。

此類感測器較著名的生產廠商不外乎爲KISTLER、PCB、AVL等，圖3.9即爲KISTLER壓電感測器之基本構造示意圖，其中外殼係以密閉熔接方式使石英元件固定殼內，而緊密焊接於外殼上的膜片則使外界環境壓力傳達至石英體，該元件即生出一正比例關係的電壓值。

另者，石英元件受熱影響後之靈敏度變化亦極爲重要，圖3.10顯示KISTLER專利的多穩定性（poly stable）石英體於350℃狀況下仍保持良好靈敏度，而圖3.11爲其簡化之電路圖。

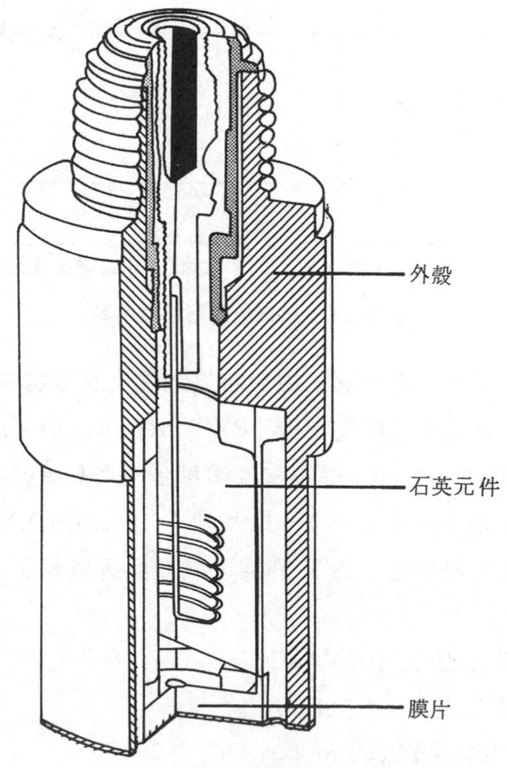

圖 3.9　直接接觸之石英壓電感測器

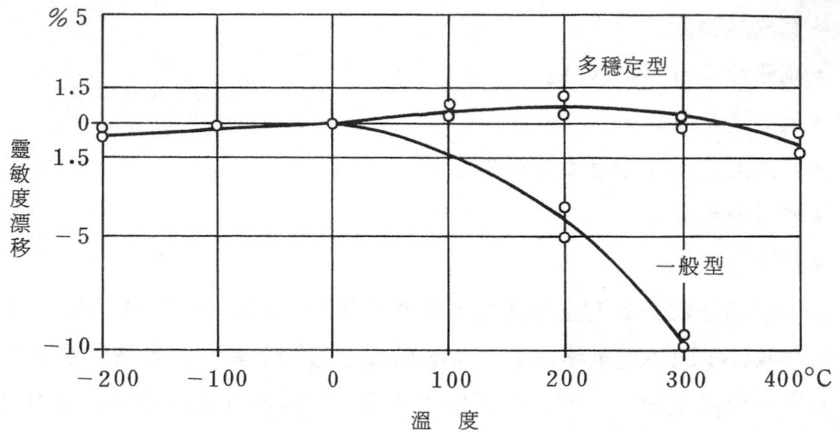

圖 3.10 受熱後之靈敏度漂移

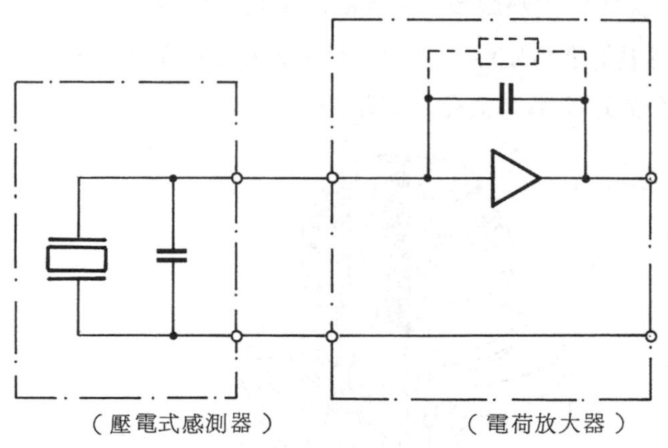

圖 3.11 壓電感測器之電路圖

接著再談墊片式壓電感測器，由於前述接觸式感測器安裝於汽缸時常需額外加工，故近年來逐有此種壓電陶瓷(PZT piezo-ceramic)元件的推出，圖3.12 所示爲其構造示意圖，壓電陶瓷體則多採用Clevite公司的PZT材料(成份爲鉛、氧化鋯(zirconia)、以及鈦(titanium)等)，以PZT-5A型爲例，其壓電特性可維持至365°C高溫(此亦稱居里點)，而25°C，1kHz狀況下特性爲：

- 壓電常數爲 2.15×10^{9} V/m。
- 介電常數爲 7.35×10^{-9} F/m。
- 密度爲 7.75×10^{3} kg/m^{3}。
- 彈性係數爲145 GP_a。

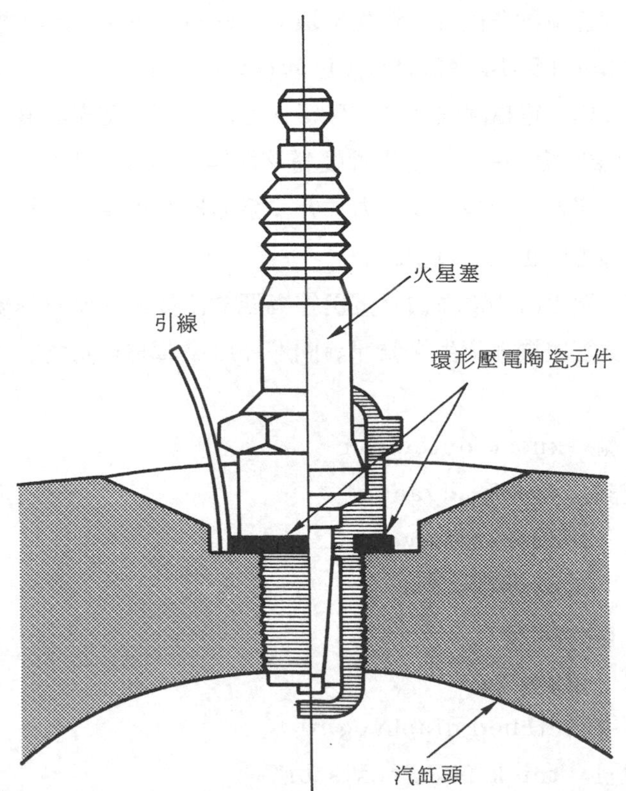

圖 3.12　墊片式壓電感測器

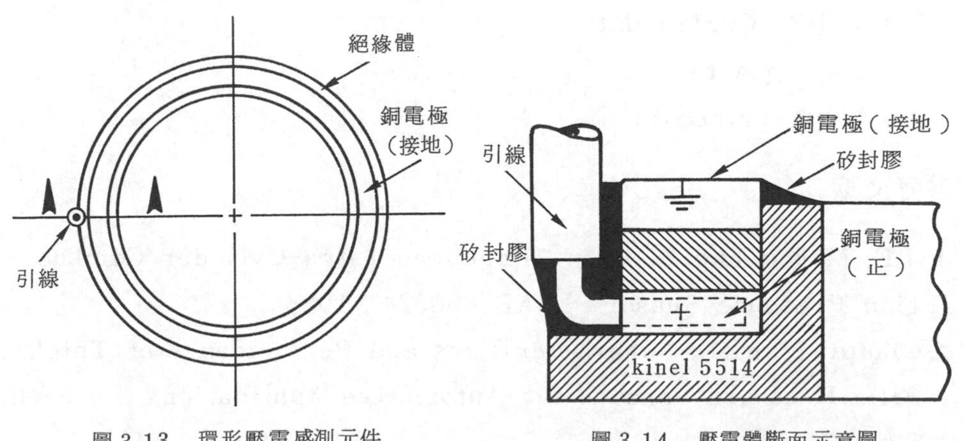

圖 3.13　環形壓電感測元件

圖 3.14　壓電體斷面示意圖

一般墊片式感測器多使用銅質電極環（electrode rings）與抗高溫、腐蝕效果甚佳的 kinel 5514 絕緣材料（insulator）（圖3.13），參見圖3.14細部斷面所示，兩銅電極間設置PZT-5A元件，而周圍充填具彈性且熱穩定度達 260°C 的矽封膠。一旦將墊片式壓電感測器鎖定後，即承受一靜壓力，隨著汽缸內點火、爆炸，燃燒導致壓力上升，進而推動火星塞本體，使壓電元件產生一與汽缸壓力成正比之電壓訊號。

總之，實際應用時仍需謹慎考慮壓電陶瓷的溫度區、厚度、安裝、最大承受壓力、點火脈衝與機械衍生之雜訊等問題，以發揮規格功能。

關鍵字

- 爆震偵測　knock detection
- 點火提前　spark advance
- 壓阻式　piezoresistive
- 壓電式　piezoelectric
- 陶瓷　ceramic
- 氧化鋁　alumina
- 蝕刻膜片　etched diaphragm
- 厚膜電阻　thick film resistor
- 離子植入　ion implantation
- 惠斯頓電橋　Weathstone bridge
- 墊片式　washer
- 居里點　Curie point
- 石英　quartz
- 氧化鋯　zirconia

參考文獻

1. J.E. Morris and Li-Chi, "Improved Intra-Cylinder Combustion Pressure Sensor", SAE 850374, 1985。
2. Claudio Canali, "Characteristics and Performance of Thick Film Pressure Sensors for Automotive Applications", SAE 820319, 1982。

3. Kent W. Randall and J. David Powell, "A Cylinder Pressure Sensor for Spark Advance Control and Knock Detection", SAE 790139, 1979。

4. Roberto Dell'Acqua and Giuseppe Dell'Orto, "High Pressure Thick Film Monolithic Sensors", SAE 860474, 1986。

第4章

曲軸角感測器

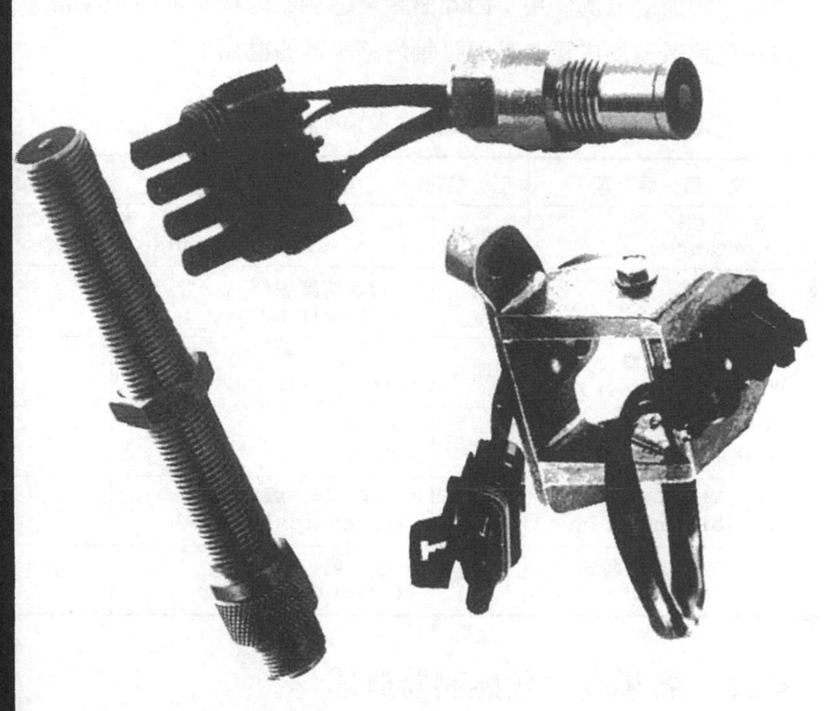

§**本章內容重點**

曲軸角感測器的測量原理有很多，其中以威根效應的方式作成的感測器已用於量產引擎上，本章介紹幾種威根效應式的曲軸角感測器。

曲軸角位置感測器在所有控制引擎的參數裏，可說是最重要的感測器。曲軸角感測器不但提供曲軸角度相當於活塞上死點的位置訊號，供中央電子控制單元（ECU）做點火正時及噴油正時（injection timing）決策之依據，同時亦可做角速度偵測使用。因此曲軸角感測器的精確度必須非常高。表 4.1 所示為一些適於發展成量產品的曲軸角感測器的應用原理。

表 4.1 曲軸角感測器的分類

使用原理	現狀	輸出訊號	靜態訊號	備註
磁阻 （reluctance）	發展中	準正弦波脈衝 （quasi-sinusidal pulse）	無	精確度 ± 0.5°
霍爾效應 （Hall effect）	發展中	微伏電壓脈衝 （millivolt pulse）	有	
威根效應 （Wiegand effect）	已開發	半圓脈衝 （half-round pulse）	有	磁場需調整最佳狀態受干擾最小
光學式 （optical）	發展中	脈衝 （pulse）	有	實驗室階段的精確度± 0.1°
可變感應式 （variable inductance）	發展中	梯形脈衝 （trapezoidal pulse）	有	
磁式／蘆片開關式 （magnet/reedswitch）	已開發	接觸停止 （contact closure）	有	有磁滯及角度干擾

4.1 各種曲軸角感測器概述

4.1-1 磁阻式

磁阻式曲軸角感測器的設計是利用鋼輪旋轉時，在鋼輪上凸出的齒切割磁場，而造成磁阻的突然增減來產生訊號。圖 4.1 所示即為其基本磁路圖。這種感測器的主要特性是磁鐵的 N 極與 S 極之間的空氣，磁場強度在飽和狀態下受鋼輪的切割後，磁阻產生變化而使線圈產生電壓。線圈產生的電壓會因鋼輪轉速增快而增加，這個特性使得引擎在起動時的訊號設計上增加困難；因為引擎在靜止時感測器沒有訊號輸出。當引擎運轉時，其訊號輸出很大，訊號與雜訊的比值很大，角度檢出誤差小。

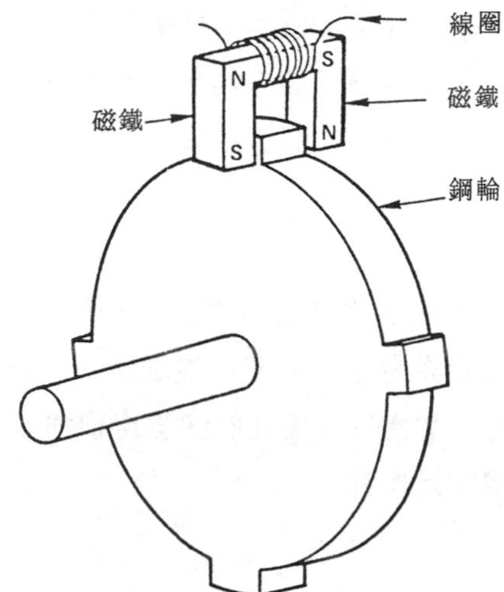

圖 4.1 磁阻式曲軸角感測器

4.1-2 霍爾效應式

霍爾效應式曲軸角度感測器亦是利用鋼輪的輪齒切割磁鐵的磁場，使磁場產生變化。圖 4.2 所示爲霍爾效應式曲軸角感測器的示意圖。圖中的霍爾元件是半導體，外部並通有電流，當霍爾元件所處位置有磁場存在時，其縱向方向

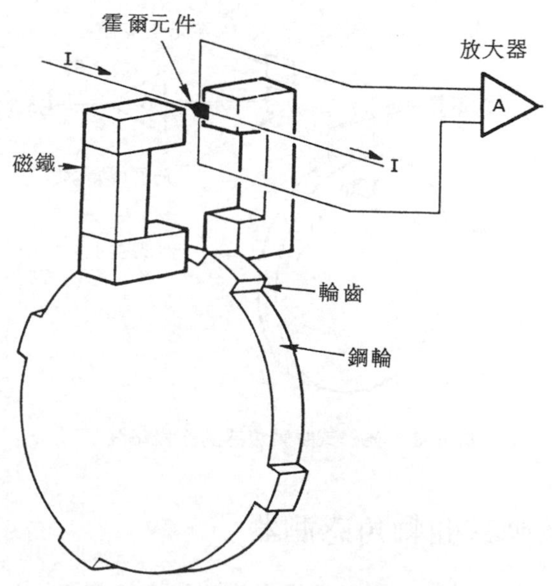

圖 4.2 霍爾效應式曲軸角感測器

即會產生電壓，因此即使引擎在靜止狀態，此感測器亦有訊號輸出，且其訊號強度不會因引擎轉速改變而變化，但是因為霍爾元件係由半導體組成，不能夠耐高溫，而且其輸出電壓小，必須使用放大器將其訊號放大。

4.1-3 威根效應式

威根效應式的曲軸角感測器，係利用一條特殊的磁鐵線在突然增強的磁場裏增加透磁率，此時纏繞在磁鐵線上的線圈亦會產生一個電壓脈衝，藉以檢測曲軸角度。此種感測器在引擎靜態時亦有信號產生，而且訊號強度很強，不會因引擎轉速改變而變化，其缺點為磁鐵線製造困難。

4.1-4 光學式

圖 4.3 所示為光學式曲軸角感測器的概略圖。此種感測器在引擎靜止時亦有訊號產生，而且輸出訊號不會因引擎轉速變化而改變。但是此種感測器易受油污及不潔物污染，妨礙光線的投射及接收。此外由於此種感測器的組件包含發光源，光子轉換器及放大器等不耐高溫零件，因此不能在高溫環境中使用。如果適當地設計，此種感測器能使角度誤差在給定的偵測尺寸下減至最小。

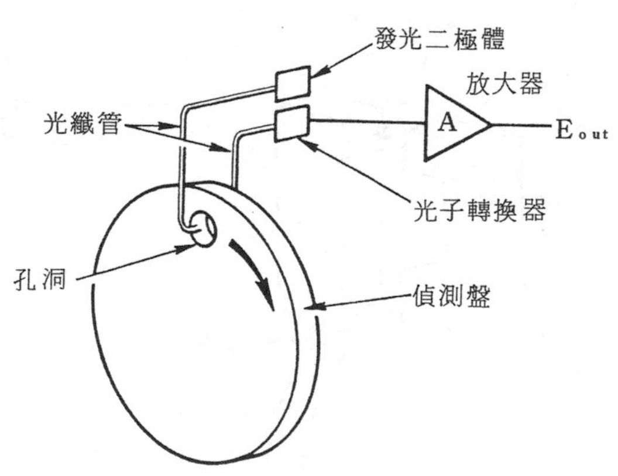

圖 4.3 光學式曲軸角感測器概略圖

4.2 威根效應式曲軸角感測器

威根效應式曲軸角感測器已經運用在汽車的分電盤上，於現在發展的噴油系統引擎中，此種感測器不但可提供活塞上死點的位置，同時可提供引擎轉速的訊號。這個訊號對於噴油系統的中央電子控制單元非常有用，當引擎在動態變化下，仍可正確控制點火正時和空燃比。

4.2-1 威根效應

威根效應是一種磁力的現象，它是發生在一種硬化處理過的強磁性（ferro-magnetic）磁鐵棒上。當外加一個適當形狀的磁場於此磁鐵棒上，此磁鐵棒內部即會突然快速地產生磁力線的變化，如果有一條感測用的線圈纏繞在此磁鐵棒上，此線圈將會感應出電壓脈衝。目前的科技可使此電壓達 1.5 至 10 volt。脈衝的寬度約 40 μs。只需適當形狀的激磁，不需外加電流，即可操作，脈衝的振幅與外加磁場的速度無關。

威根效應使用的磁鐵棒稱為威根線（Wiegand wire），是一個雙穩定性的磁力裝置，也就是說，在一個適當的激磁環境下，因為內部磁力線迅速的變化下，它可穩定地存在兩種磁力狀態。威根（Wiegand）將均質的固體線經過反覆的扭轉處理，使其表面產生永久硬化的殼，而裏面則被覆著較軟的心，裏外兩個不同硬度的元件因應力（stress）的關係，使其緊密牢固地結合在一起。

將威根線放在磁場中，當裏面的磁場方向突然改變，而外殼的磁場方向一直保持不變，此時因磁場的突然變化，導致磁束 $d\phi/dt$ 變化亦極大，若有一條線圈纏繞在威根線上，即可測得一感應電壓。圖 4.4 所示即為此項過程的說明，威根線的心部即宛如一個開關可改變磁力方向。

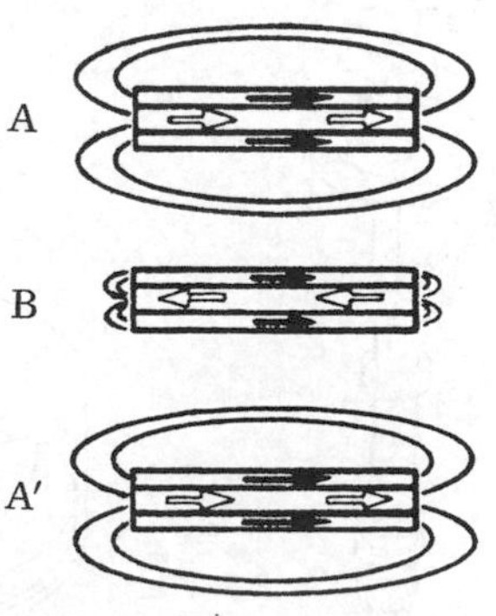

圖 4.4　威根線心部的開關功能

4.2-2 分電盤內藏式曲軸角感測器

分電盤內藏式的威根效應曲軸角感測器發展至現在，已有數種改變。圖4.5 所示爲早期的分電盤內藏式曲軸角感測器，圖4.6 爲感測元件的細部圖。威根單元（Wiegand module)位於C型塊靠下面的脚上。C型塊靠上方的脚裝有一個磁石，用來提供威根單元的磁場。下方亦有一個相反磁極的磁石，提供重置（reset）磁束。由兩條導線將點火脈衝送至電腦控制單元。可旋轉的翼輪由軟磁性材料作成，其翼數與汽缸數相同。每個輪翼切割過C型塊時，即表示有一個汽缸的火星塞正在點火。此種裝置的翼輪是以水平的方向去切割磁場，同時產生威根線的開關效果。

圖4.7 所示爲第二代分電盤內藏式的曲軸角感測器，此種裝置將翼輪改成垂直方向切割磁場，細部圖如圖4.8 所示。C型塊靠外側的脚有一個提供磁場的永久磁石，C型塊靠內側的脚亦有一個相反磁極的磁石，提供反向磁束。圖4.9 與4.10 所示爲此種裝置的輸出訊號，圖4.10 是將正波訊號的時間軸放

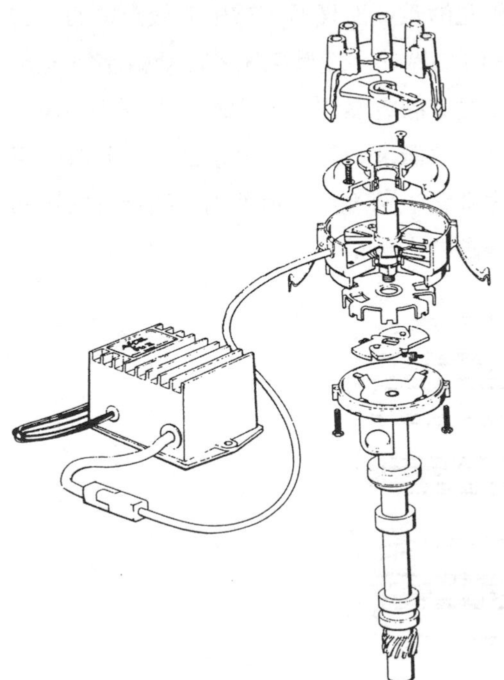

圖4.5 早期的分電盤內藏式曲軸角感測器

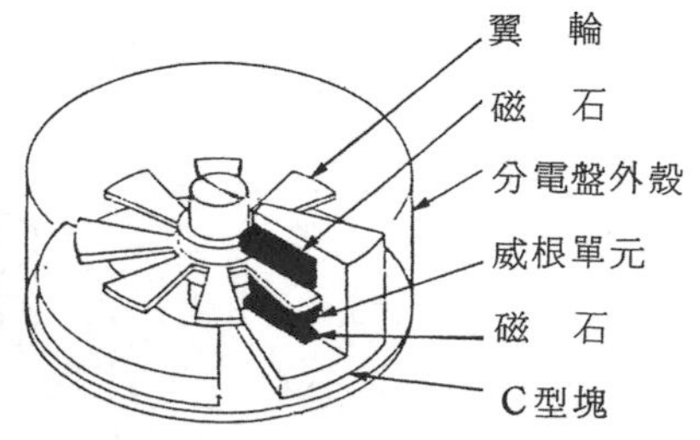

圖4.6 感測元件細部圖

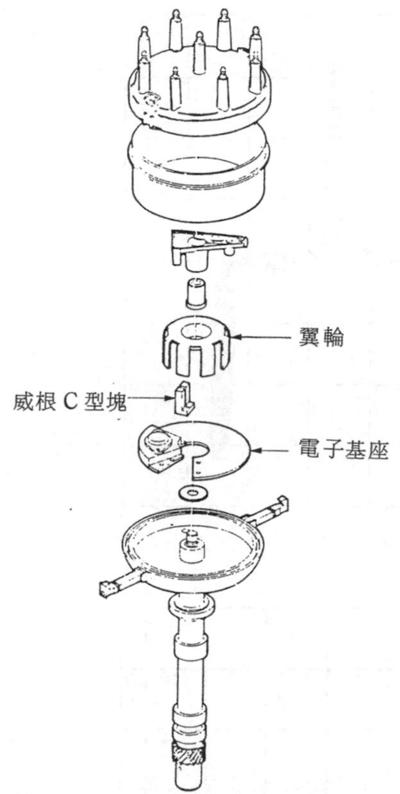

圖 4.7　第二代分電盤內藏式曲軸角感測器

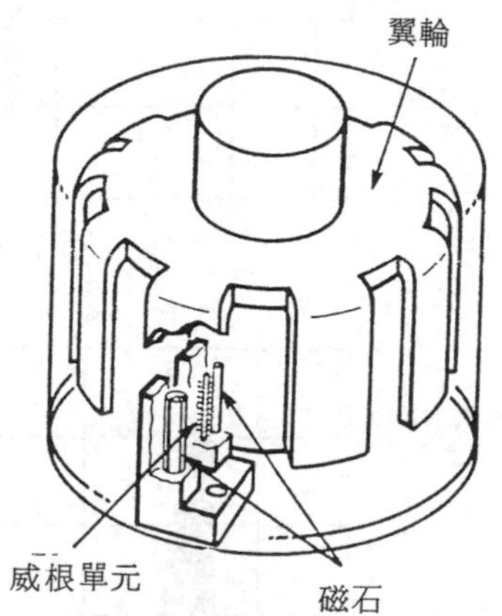

圖 4.8　第二代感測元件細部圖

大。正波訊號發生在輪翼的前沿接近C型塊時，而負波訊號則發生在輪翼的後端離開C型塊時。這個脈衝訊號被送入控制電路與點火動力電晶體（power transistor）和提前角控制裝置結合，作點火提前角的控制。

圖4.11所示爲第三代的分電盤內藏式的曲軸角感測器。此種感測器的磁石由釤(samarium)和鈷(cobalt)所作成，放置於威根單元附近。每個磁石的極性軸(axis of polarization)均與威根單元的軸成90°角，且此兩個磁石的極性互不相同。

這個系統的磁場形狀是由三個相互作用的磁場組成。每兩個磁場互相形成一個圓環體的磁場，其軸與威根單元相交。這個複雜的三維空間磁場形狀宛如一個啞鈴。而威根單元正好在這個磁場裏面，靠近其中一邊的中性面上。在沒有分流元件（shunting member）干涉時，威根單元將不受到影響。當有鐵

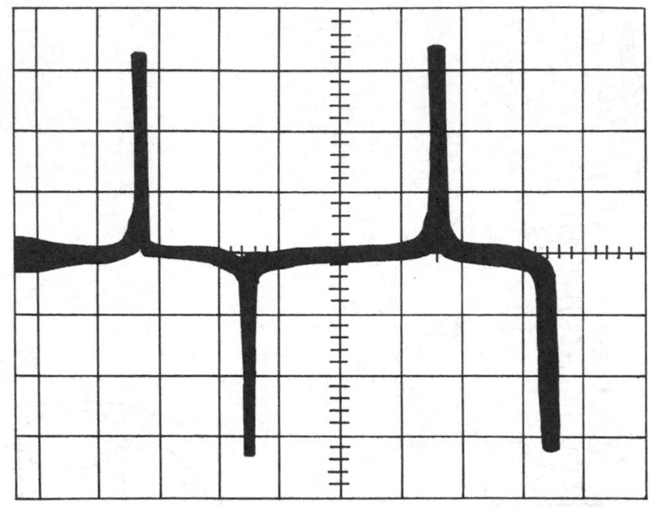

圖 4.9　威根效應輸出訊號

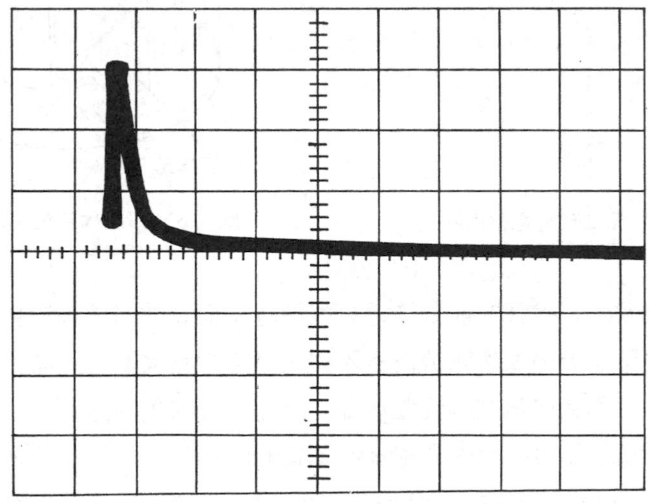

圖 4.10　正波訊號放大圖

磁性的分流元件靠近時，使威根線的磁場產生變化，如鐵磁性的磁場交替地接近此系統，威根線亦交替地產生磁場變化，而產生威根脈衝，因此在威根線上的線圈即產生壓力脈衝訊號。

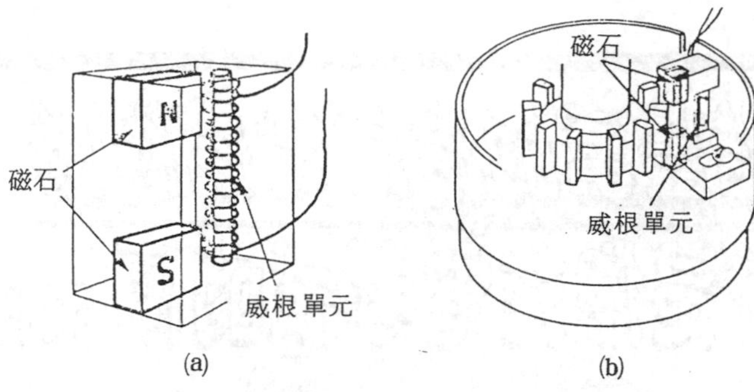

圖 4.11　第三代分電盤內藏式曲軸角感測器

關鍵字

- 磁阻　reluctance
- 霍爾效應　Hall effect
- 威根效應　Weigand effect
- 光學式　optical
- 可變感應式　variable inductance
- 強磁性　ferro-magnetic
- 威根線　Wiegand wire
- 威根單元　Wiegand module
- 分流元件　shunting member

參考文獻

1. J. David Marks and Michael J. Sinko，"A Wiegand effect Crankshaft position Sensor"，SAE paper 800124。
2. J. David Marks and Michael J. Sinko，"The Wiegand effect and its automotive appli cations"，SAE paper 780208。
3. J. David Marks and Michael J. Sinko，"A new Wiegand distributor with in-bowl electronic aduance"，SAE paper 790148。
4. William G. Wolber，"A worldwide overview of automotive engine Control Sensor technology"，SAE paper 780207。

第5章

空氣流量計

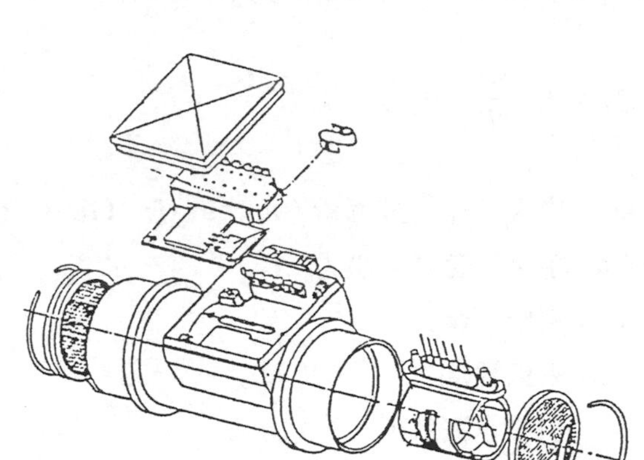

§本章內容重點

介紹翼板式空氣流量計，卡門渦流式空氣流量計及熱線式空氣流量計之基本原理

汽車引擎的空燃比控制，一般是以吸入的空氣量和供給的燃油之比行之。因此空氣流量的測定是作空燃比控制的最基本條件。

空氣流量的量測方法有二種，第一種是以進氣歧管的眞空壓力和引擎迴轉數計算求得。另一種方法則直接以空氣流量計量測。

以計算的方式求得的空氣流量，其關係式如下：

$$Q_a = K\frac{P_m \cdot N}{T_m}\eta_v \qquad (5.1)$$

Q_a：吸入空氣質量流量（mass air flow rate）

P_m：進氣歧管眞空壓力

N：引擎迴轉數

T_m：吸氣溫度

η_v：引擎容積效率

K：常數

然而以計算的方式求空氣流量時，量測之進氣歧管眞空壓力會延遲空氣流量的計算時間。直接以空氣流量計量測的方法，不但測量精度比較高，而且可以節省電腦的容量，降低電腦的價格。表5.1所示爲空氣流量計的利用原理，目前已實際用於汽車計有卡門渦流式（karman vortex type），熱線式（

表 5.1　空氣流量測定用感測器

		量測對象	現　狀	輸出訊號	備　註
空氣流量計	卡門渦流式 (karman vortex)	流　速	三菱汽車採用	頻　率	流量急遽變化時量測困難
	渦輪式 (turbine type)	流　速	實驗階段	頻　率	同　上
	離子偏離式 (ion drift)	質量流量	實驗階段	直流電流	需要高電壓
	翼板式 (vane type)	質量流量	已大量生產	電位計	應答性慢
	超音波式 (ultrasonic)	質量流量	實驗階段	直流電壓	大，小流量不適用
	熱線式 (hot wire type)	質量流量	Bosch，日產等已採用	直流電壓	耐機械強度差

hot wire type），翼板式（vane type）等空氣流量計。

最近幾年來，電子控制噴油系統爲節省燃油消耗，降低排氣汚染，增進汽車駕駛性等而提供了很有效方法。此系統必須提供引擎在各種狀態的最佳空氣燃油混合比。爲滿足此條件，準確的進氣量量測所扮演的角色最重要，因此理想的空氣流量計必須滿足下列條件：

1. 適用各種流量範圍，且精確度高。
2. 在暫態流量變化的應答速度快。
3. 輸出訊號容易處理。
4. 耐久性及再生性（reproducibility）良好。

5.1 卡門渦流式空氣流量計

卡門渦流式空氣流量計爲新近發展成功，適用於汽車電子控制噴油系統，且具有下列優點：

1. 利用卡門渦流的物理現象爲基礎，在不同流量下，仍具有精確的輸出訊號。
2. 引擎急加速下的應答性良好，可提高駕駛性能。
3. 輸出訊號很容易被微處理機接受處理。
4. 沒有可運動零件，耐久性良好。

目前使用卡門渦流式空氣流量計的汽車廠計有豐田汽車（Toyota），三菱汽車（Mitsubishi）等。

5.1-1 基本原理

卡門渦流式空氣流量計的基本構造圖如圖5.1所示。此流量計由空氣流道，渦流發生器組成。渦流發生器大都由一個三角柱作成。當均勻的氣流流過渦流發生器後，在渦流發生器的下游處，即會產生兩個不對稱而穩定旋渦，此旋渦稱爲卡門渦流（karman vortex）。此渦流產生的頻率與空氣流速，渦流發生器三者關係爲：

$$f = S_t \frac{U}{d} \tag{5.2}$$

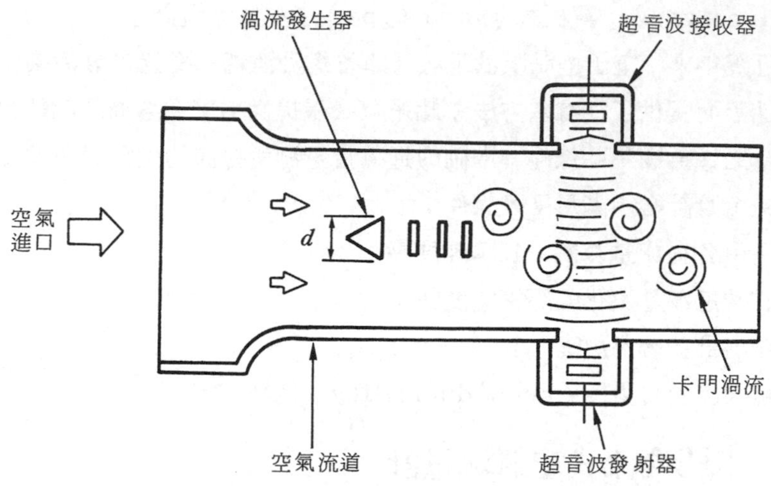

圖 5.1　卡門渦流式流量計基本結構

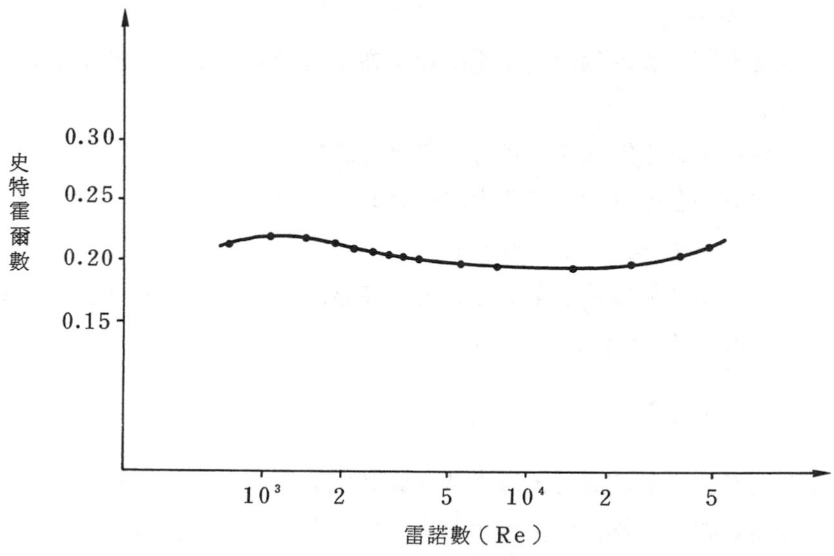

圖 5.2　史特霍爾數與雷諾數之關係

f ：卡門渦流產生的頻率　　　d ：渦流發生器寬度

U ：空氣流速　　　S_t ：史特霍爾常數（strouhal）

史特霍爾常數在某個雷諾數（Reynolds）範圍內，其值約爲一個定數0.21如圖5.2所示爲史特霍爾常數與雷諾數之間的關係。雷諾數的定義如下式：

$$R_e = U \cdot \frac{d}{\nu} \tag{5.3}$$

R_e：雷諾數

ν　：黏性係數（kinematic coefficient of viscosity）

由5.2式知，卡門渦流產生頻率與空氣流速成正比，因此偵測卡門渦流產生頻率即可測量空氣的體積流量。

5.1-2　卡門渦流的偵測

卡門渦流的偵測方法有很多，諸如以熱阻器（thermistor），熱線式（hot wire），壓力差（differential pressure），超音波轉換器（ultrasonic transducer）等，各種卡門渦流的偵測方法特徵如表5.2所示。以超音波轉換器偵測卡門渦流最佳，如圖5.1所示，超音波發射器和接收器各置於卡門渦流發生後方，空氣流道的兩側。當超音波由發射器發出後，經過有渦流的流體時，超音波的頻率和振幅即受渦流產生頻率調節，而傳達至超音波接收器。各種超音波的檢波方法如表5.3所示。其中以相位檢波的方法敏感度佳，最受設計者喜歡而採用。

圖5.3所示爲渦流式流量計的控制電路方塊圖。在不考慮溫度的影響下，爲保持超音波發射器最大的音響效率（acoustic efficiency），控制電路設計一個回饋式振動器迴路，其振動共振頻率約爲40khz時，激發超音波發射器。接收器接收的訊號係經過渦流調節後，由相比較器（phase conparator）載波過濾器（carrier filter）轉換成交流訊號執行檢波工作。超音波

表5.2　卡門渦流的偵測方法

偵測方法	量測範圍精度	待解決問題
熱阻器	在流量大時，敏感度很差	需要反應快的熱阻器
熱線式	在流量大時，敏感度很差	熱線體易斷裂，易受不潔物污染
壓差法	在流量小時，敏感度很差	需要高精度之壓差計
超音波轉換器	調波程度與空氣流量成正比	無

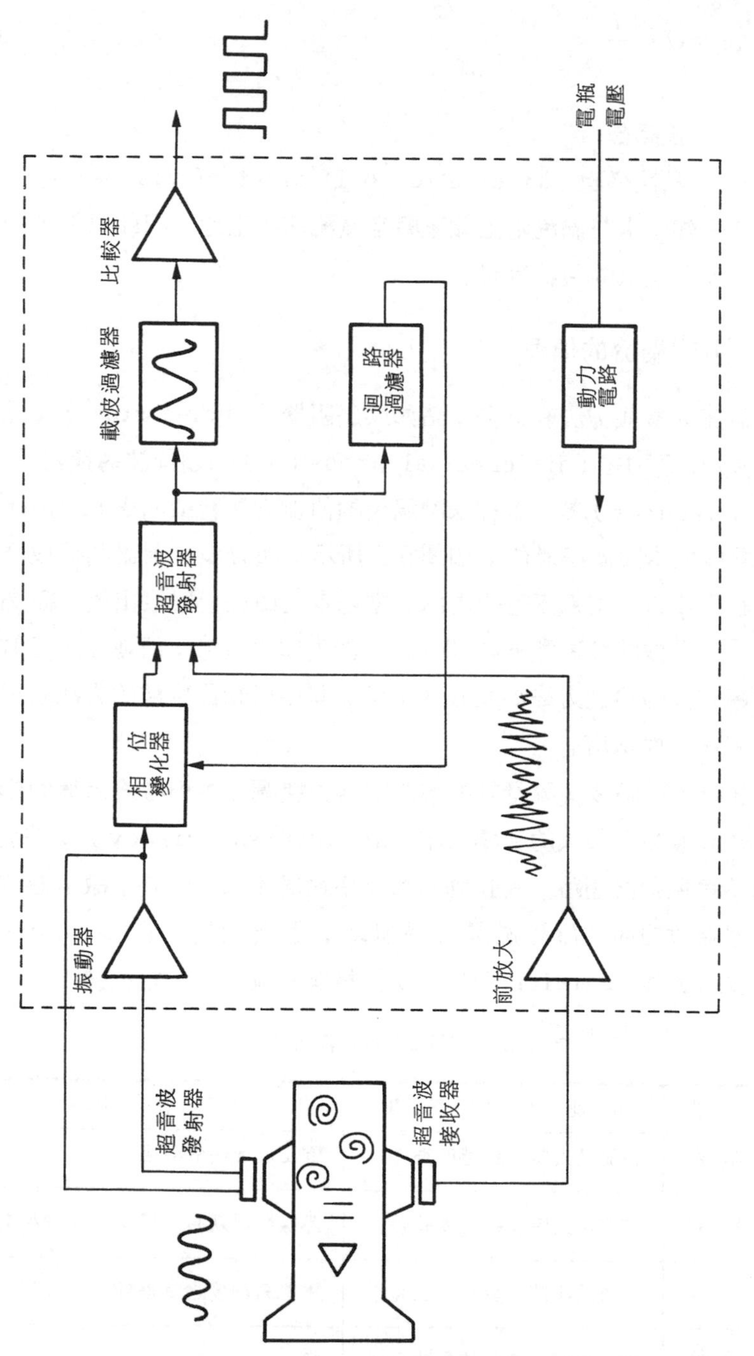

圖 5.3 卡門渦流流量計控制電路方塊圖

表 5.3　超音波檢波方法

檢波方法	轉換器功能要求	特　　徵
振幅檢波 (amplitude)	必須與共振頻率匹配良好	受音響轉換效率影響
頻率檢波 (frequency)	需寬頻帶之轉換器	敏感度較差
相位檢波 (phase)	需寬頻帶之轉換器	敏感度佳

振幅由渦流強度決定，超音波的頻率與渦流產生頻率有關。相位檢波方式係將交流訊號轉換成脈衝訊號檢波。

由於超音波的傳遞速度受溫度的影響，因此超音波發射器與接收器兩者之間的相位差不僅由渦流控制，同時也受溫度控制，而造成相位比較器的電路設計難度增加。因此相位偏移的控制迴路使接受訊號的相差在 $\pi/2$ 逕仍可接受，以補償溫度所造成的誤差。

圖 5.4 所示爲熱線式卡門渦流偵測器 (thermal vortex sensing) 的示意圖，此系統中，卡門渦流偵測器由兩根桿子組成，前面的桿子爲渦流發生器，後面的桿子裝有鎳箔，通電後產生的熱量由渦流帶走，同時使熱感測器的阻抗產生變化，其輸出訊號電壓很小必須經過放大器放大，再由方型波轉換器轉換成方波輸出，據此原理即可偵測渦流頻率。此系統如再增加溫度與壓力感測器，校正空氣密度，則此系統可成爲質量流量計。圖 5.5 所示爲熱線式渦流偵測器的結構圖。目前致力於此系統發展的人比超音波偵測器少，其原因如下：

1. 此量測系統採用頻率檢波方式 (frequency modulation)，而且由於不潔物會附著於感測器上，造成低流量訊號不夠正確。
2. 偵測器的兩根桿子形狀，大小最佳值尚待研究。
3. 玻璃管耐機械衝擊力較差。

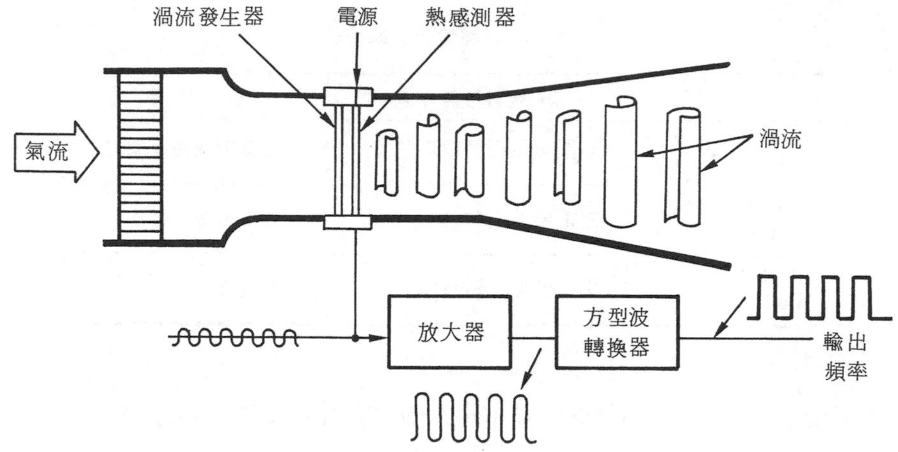

圖 5.4　熱線式卡門渦流流量計

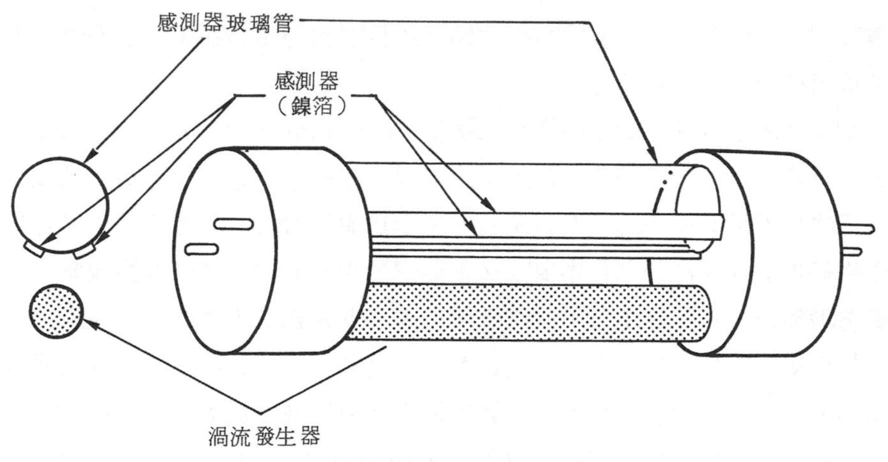

圖 5.5　熱線式卡門渦流偵測器

5.1-3　卡門渦流式流量計構造

一、豐田汽車的光學式卡門渦流流量計

圖 5.6 所示為豐田汽車發展的光學式卡門渦流流量計。由卡門渦流造成的壓力變化，經由壓力偵測洞傳遞至鏡子，並使鏡子產生振動。鏡子的振動由一

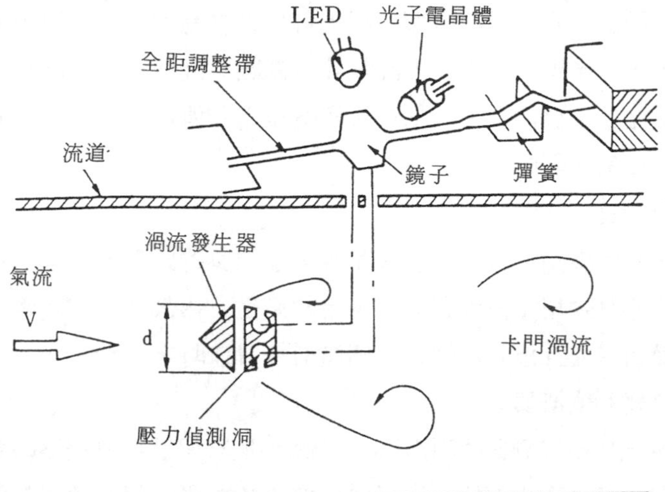

圖 5.6 豐田光學式卡門渦流流量計

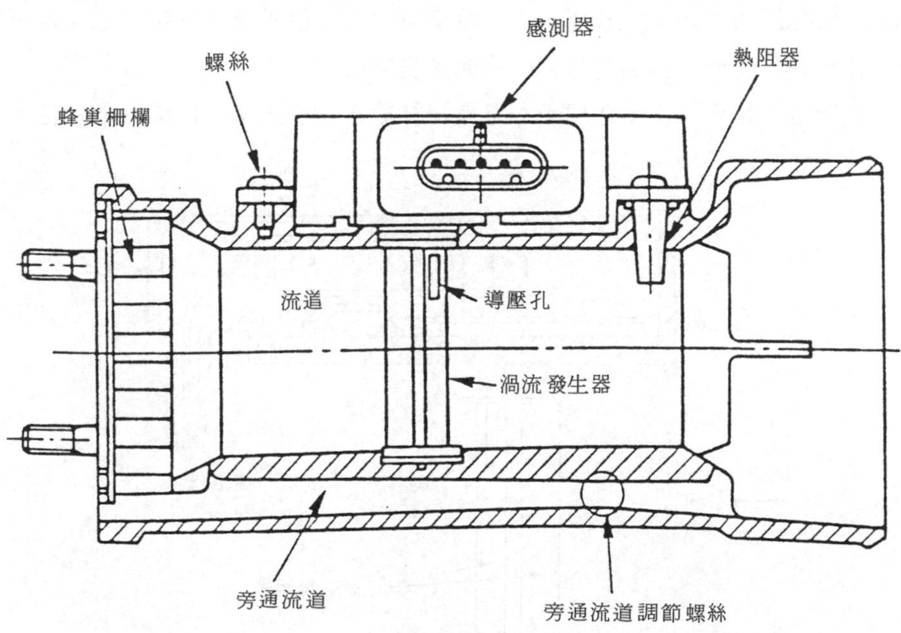

圖 5.7 光學式卡門渦流流量計外觀圖

對光子發射器與接收器偵測。因爲此系統採用鏡子的振動來反射光線，而鏡子的振動受到卡門渦流產生頻率影響，因此可以很容易測知卡門渦流的頻率。

圖 5.7 所示爲光學式卡門渦流流量計外觀圖。此流量被設計爲可分解成三個部份：空氣流道，感測器（包括渦流發生器）和偵測器。此流量計結構可運用於各種不同流量範圍的量測。

(1) 空氣流道

空氣流道由鋁壓鑄一體成型，如圖 5.7 。鋁製的蜂巢型柵欄裝於空氣流道入口，可具有整流效用，使卡門渦流穩定的產生。由於製造問題產生的流量量測誤差，可藉由旁通孔道調節螺絲，調節引擎情速時之流量。

(2) 感測器和偵測器

圖 5.8 與 5.9 爲感測器的斷面圖。渦流產生器與裝控制電路的盒子由塑膠鑄造一體成型。渦流產生器的形狀經過研究實驗結果，以三角形最能產生穩定的渦流，如圖 5.6 所示。導壓孔裝在渦流發生器的後方，因爲渦流所造成的壓力變化由導壓孔傳遞至鏡子室。在鏡子室裏，鏡子被懸掛在全距調整帶（span band）上（如圖5.6所示），鏡子可自由地沿著此調整帶振動。當壓力變化傳至鏡子室時，鏡面受壓力影響而產生振動。

由圖 5.9 所示，LED 與光子電晶體被放在鏡子上方，而成一個特定角度

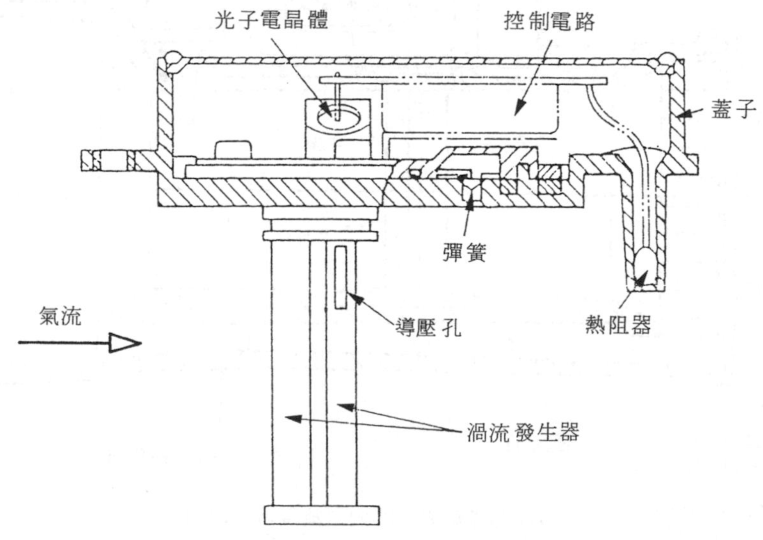

圖 5.8　感測器斷面圖（與氣流同方向）

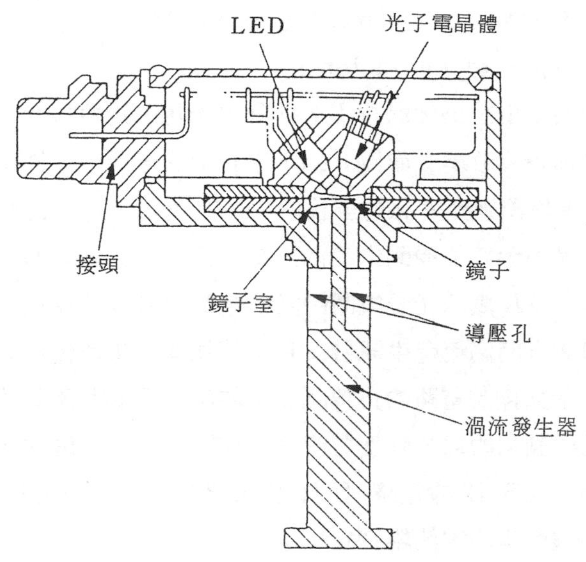

圖 5.9 感測器斷面圖（與氣流垂直方向）

。使得由 LED 發射出來的光線，經由鏡子的反射到光子電晶體而轉換成電子訊號。

圖 5.10 所示為 LED 與光子電晶體之間角度安排位置。由此圖中 LED 入射光線經過鏡子反射至光子電晶體，兩者之間的夾角為 ϕ ，而與入射線垂直相

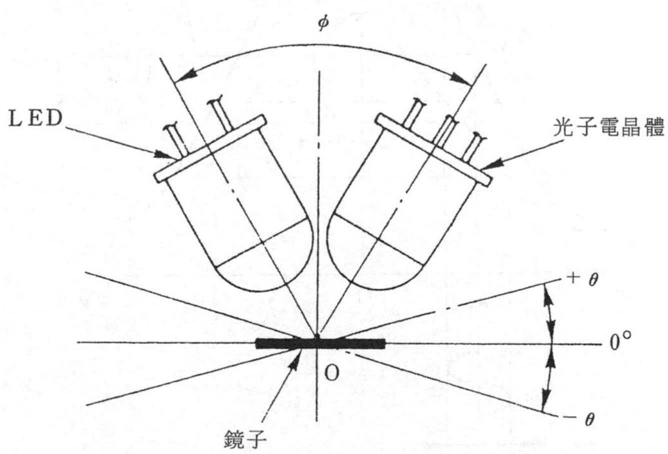

圖 5.10 LED與光子電晶體夾角關係

交於0點與水平夾＋ θ 角，與反射線垂直相交於0點與水平夾－ θ 角，此夾角 θ 稱爲偏移角（angle of deviation）。

當 θ 角改變時，但是仍然保持LED發射光在一定的強度，在光子電晶體上發射的電流 I_e 亦隨之改變，如圖5.11中實線曲線所示。圖中A段各點的斜率幾乎相同，由A段對應至 θ 軸的線段的中點其值爲 θ_0 ，此角度將落在鏡子的振動中心。$\Delta\theta$ 表示鏡子受到卡門渦流壓力而產生振動的偏移角，其對應的傳遞電流爲 ΔI_e ，ΔI_e 表示光子電晶體發射電流受到卡門渦流影響而產生的變化，因此我們可將卡門渦流產生訊號，藉由偵測 ΔI_e 電流轉換成脈衝訊號。

圖5.12所示爲控制電路的方塊圖。假如鏡子受到不潔物污染覆蓋，或積碳時，光子電晶體發射的電流強度將減弱，如圖5.11中的虛線所示。爲了防止這種現象發生，圖5.12的電路藉回饋放大器的訊號，控制LED產生的電流，使得光子電晶體產生的電流維持定值。

二、三菱汽車ECI系統的卡門渦流流量計構造

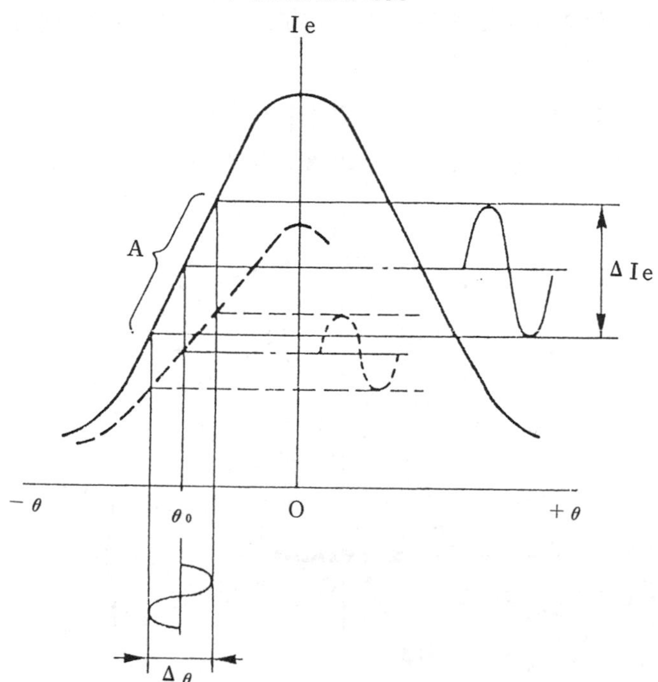

圖5.11　鏡子偏移角與光子電晶體電流關係

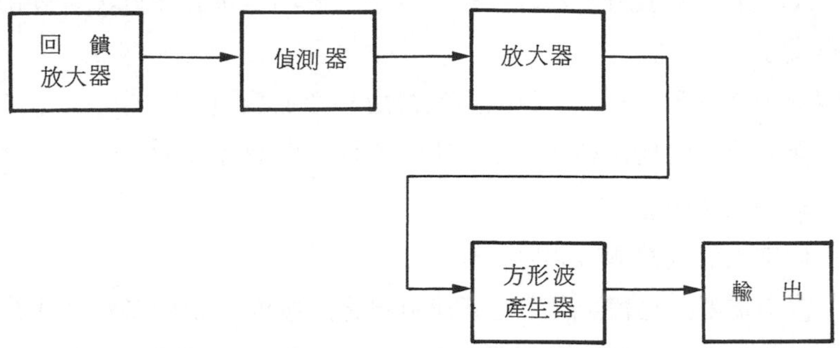

圖 5.12　控制電路方塊圖

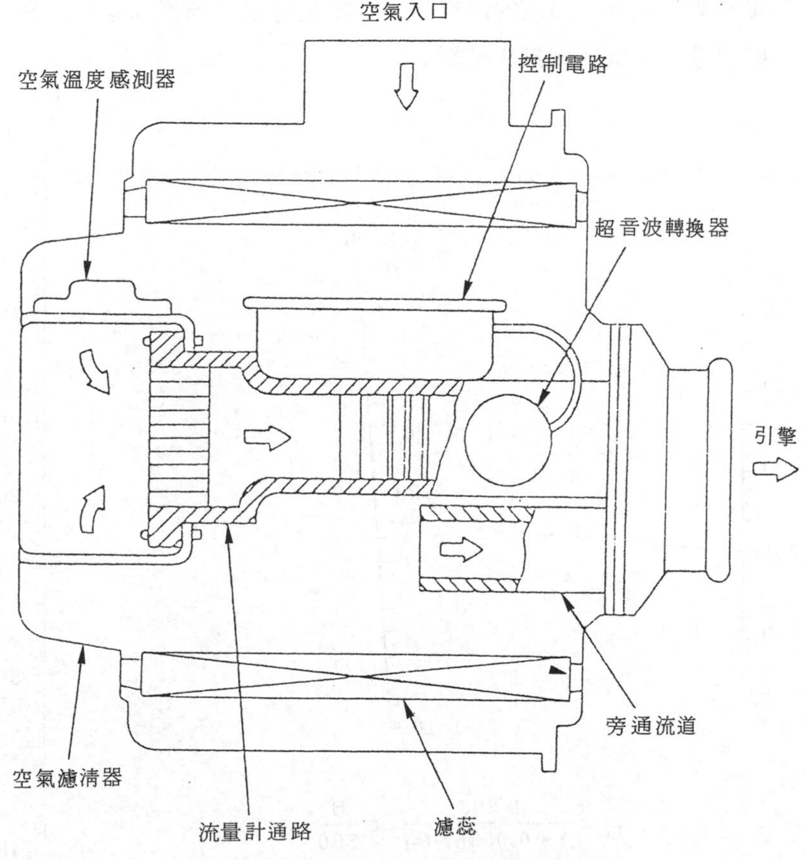

圖 5.13　卡門渦流式空氣流量計組合圖

圖 5.13 所示爲三菱汽車 ECI 系統的卡門渦流流量計。此流量計由 4 個主要部份組成：

1. 空氣流量感測器總成；包括空氣流道和旁通流道。
2. 一組超音波發射器和接收器，用以偵測卡門渦流。
3. 一組控制電路。
4. 一個空氣溫度感測器與壓力計。

(1) 空氣流量感測器總成：空氣流道爲方形截面，由塑膠鑄造成型。渦流產生器爲三角柱，在其後方有三個板子做爲穩定渦流之用。三角柱及板子的尺寸需以理論方式推算及實驗測試求得最佳尺寸，適用各種範圍之流量。流道前方有鋁製蜂巢型柵欄，用以調節氣流，使流道內的氣流均勻分佈。流道的內壁構造必須平滑沒有皺摺，以防止超音傳遞時反射而造成訊號接收錯誤。

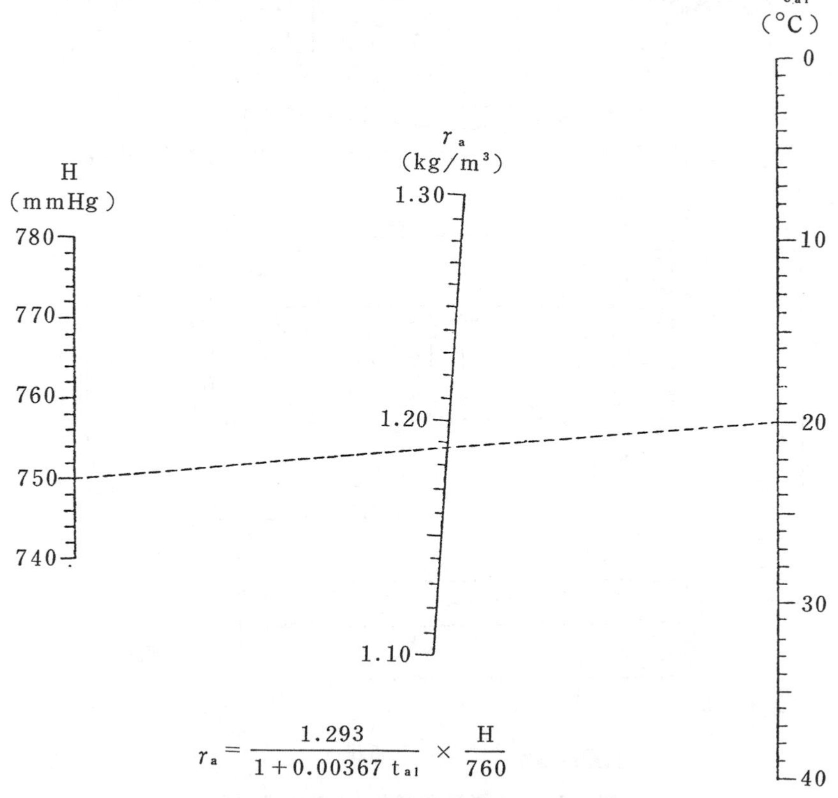

圖 5.14 空氣密度與溫度壓力關係

如前所述，此型式之流量計是靠氣流在流道內的速度而決定，因此當此流量計用於不同排氣量的引擎時，為了保持流道內氣流的雷諾數在圖5.2的範圍內，必須有一個旁通流道來調整主流道內的雷諾數。以不同的旁通流道尺寸，可將此種流量計適用各種不同排氣量的引擎。

(2) 超音波轉換器：超音波轉換器為陶瓷材料並包含鈦（titanate）鋯（zirconia）鉛等金屬組成。對外界之溫度、濕度 有害氣體等耐久性佳。

(3) 溫度感測器與壓力計：由卡門渦流產生頻率的方式，量測空氣流量僅僅是空氣的體積，然而為精確控制引擎空燃比，必須求得空氣質量。因空氣係由大氣中被引擎吸入，因此大氣中的空氣密度受壓力與溫度影響，所以流量計必須具備溫度感測器與壓力計以計算空氣密度。空氣密度與溫度壓力關係如圖5.14所示。

5.1-4 卡門渦流式流量計特性

一、頻率與空氣體積流量

圖5.15所示為卡門渦流式空氣流量計輸出頻率與空氣流量的關係。此特性線為一直線。當引擎在惰速時，流量計的輸出頻率約 30 hz 至 50 hz。當引

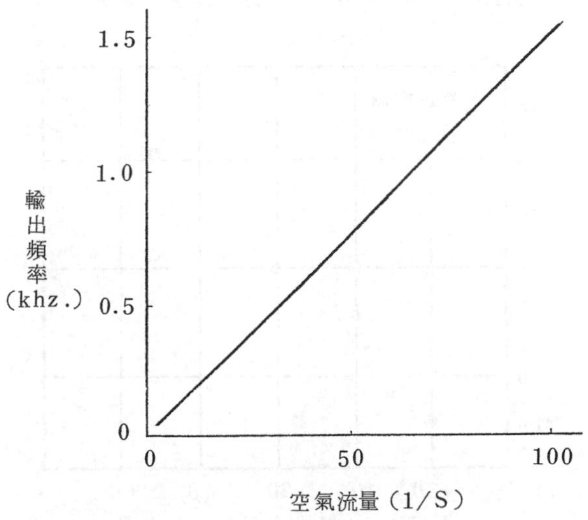

圖5.15　空氣流量與輸出頻率特性

擎在全負荷狀態下，流量計之輸出頻率可達 1000 hz 至 1500 hz 。

此輸出頻率特性可由微處理機很容易的處理，而不需經過類比——數位轉換器。圖5.16 所示爲空氣流量計在引擎急加速下的暫態響應。由此圖可顯示其暫態響應的性能甚佳。所以汽車如果配用此形式之空氣流量計，其駕駛性能將更優越。

耐久性和重複性佳是此流量計重大優點，因爲沒有零組件的運動產生，也就沒有磨耗的顧慮，因此耐久性佳。重複性佳的原因是因爲此流量計的流量完全受流道尺寸及渦流發生器大小影響，由於製造公差所產生的誤差小於±2%，適於大量生產。

二、環境條件的影響

1. 進氣溫度

進氣溫度影響空氣流量的關係如圖5.17 所示。橫軸表示進氣溫度，縱軸

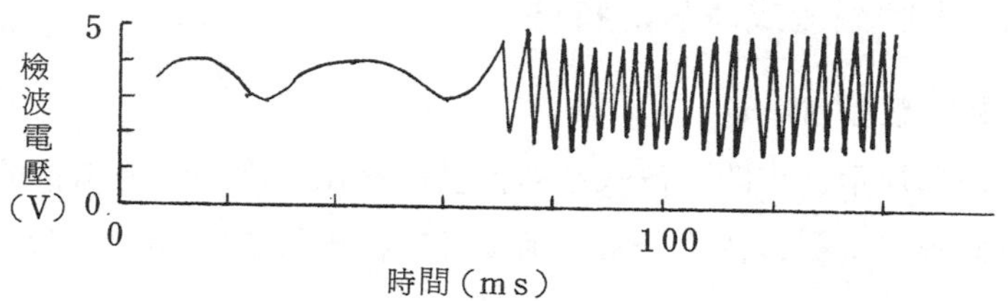

圖 5.16　空氣流量計在急加速下之暫態響應

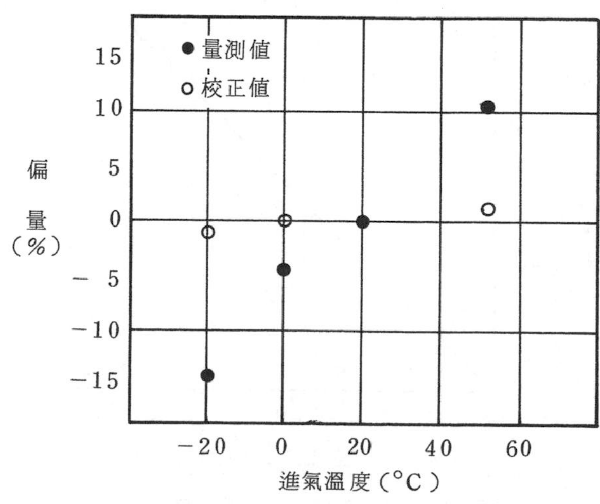

圖 5.17　進氣溫度影響空氣量

所示之偏量爲將定量之空氣在標準狀況（20°C）的情況下量測後，再將原空氣量在不同溫度下量測之值。

$$偏量=\left(\frac{f_t}{f_{20}}-1\right)\times 100 \qquad (5.4)$$

f_t　：在 t°C 下渦流產生頻率

f_{20}：在 20°C 下渦流產生頻率

圖中黑點表示未經校正的量測值，白點表示經過校正後之值。校正方程式如下式，爲衆所周知的查理定律（Charles law）。

$$f_{tc}=ft\times\frac{293}{273+t} \qquad (5.5)$$

f_{tc}：t°C 下校正後之頻率

t　：溫度

2. 大氣壓力

圖 5.18 所示爲大氣壓力對空氣量的影響。縱軸所示之偏量係將定量之空氣在標準狀況（760 mmHg）下量測之後，再將原空氣在不同壓力下量測之偏量值。此偏量值表示如 5.6 式。

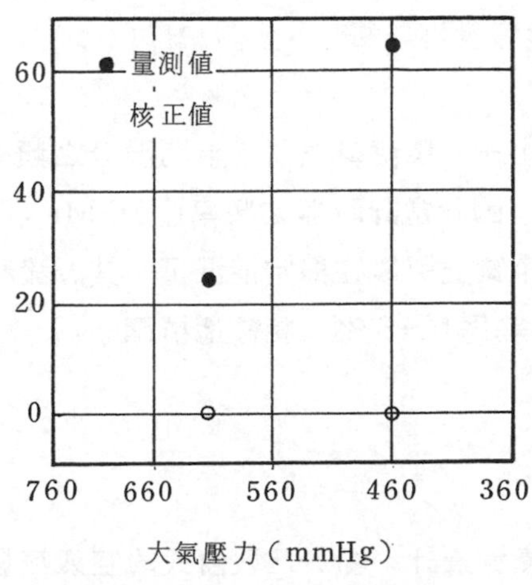

圖 5.18　大氣壓力影響空氣量

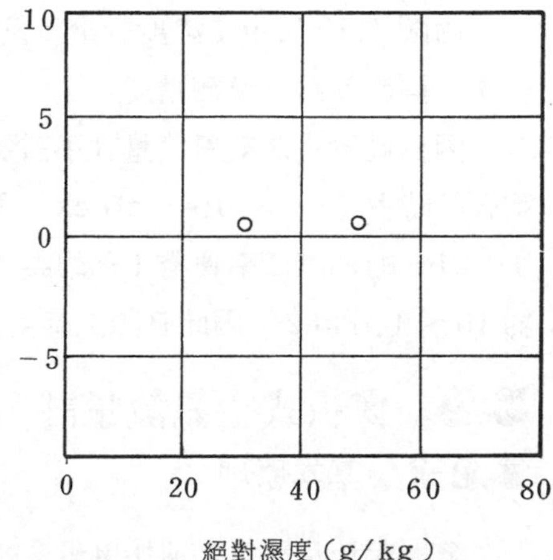

圖 5.19　濕度對空氣量影響

$$偏量=\left(\frac{f_p}{f_{760}}-1\right)\times 100 \quad (5.6)$$

f_p　：在 PmmHg 的大氣壓力下之渦流頻率

f_{760}：在 760 mmHg 的大氣壓力下之渦流頻率

圖中白點所示之值係經過校正後之值，校正方程式如 5.7 式所示，此方程式亦即是拜耳定律（Byle law）。

$$f_{pc}=f_p\times\frac{P}{760} \quad (5.7)$$

f_{pc}：PmmHg 的壓力下校正後之頻率

3. 濕度

圖 5.19 所示爲濕度對空氣量的影響，縱軸所示之偏量係將定量之空氣在乾燥的情況量測後，再將原空氣量在不同濕度下量測之偏量。

$$偏量=\left(\frac{f_x}{f_o}-1\right)\times 100 \quad (5.8)$$

f_x：在 x g/kg 的絕對濕度下量測之渦流頻率

f_o：在 o g/kg 的絕對濕度下量測之渦流頻率

由圖 5.19 所示，濕度對空氣量的影響幾可忽略。

4. 控制電路之量測精度

因爲此形式之空氣流量計不需要類比 —— 數位轉換器，卡門渦流之頻率由電腦計時器（computer clock）量測。因此當計時器之頻率達 10 Mhz 時，10 khz 的渦流頻率會有 1% 的誤差。事實上引擎在穩定情況下，其渦流頻率約 10～1.6 khz，因此實際上產生之誤差爲 0.16%，相當地精確。

5.2 翼板式空氣流量計

5.2-1 基本原理

翼板式流量計爲目前採用最多的空氣流量計，屬於比較舊式的空氣流量計。其基本原理是採用面積的變化來量測空氣量。此方式是由壓力差方法演進而

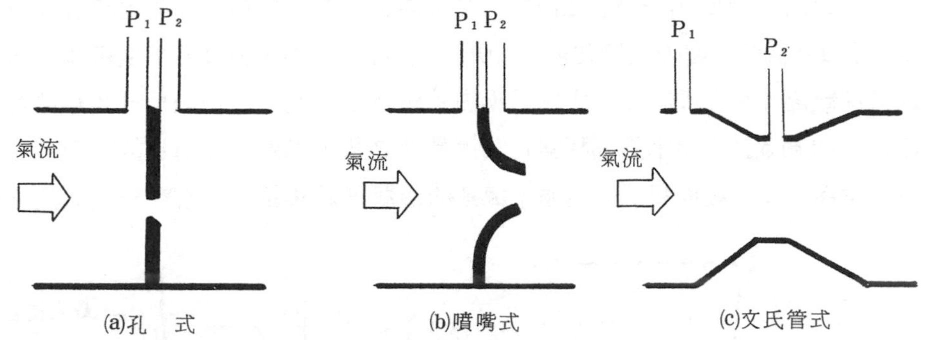

圖 5.20　壓力差式空氣流量計基本構造

來。

圖5.20所示幾種壓力差量測流量之基本構造。此種形式流量計前後壓力差 $P_1 - P_2$ 與流速的平方成比例。

若不考慮流體的黏性和壓縮性，流體經過不同截面流道時，依柏努利定律（Bernoulli law）可得下式：

$$P_1 + \frac{1}{2}\rho V_1^2 = P_2 + \frac{1}{2}\rho V_2^2 \tag{5.9}$$

P_1，P_2：流體前後壓力（如圖5.20）

V_1，V_2：流體前後平均流速

ρ　　：流體密度

由物質守恒定律，流經孔洞的流量應不變

$$Q = S_1 V_1 = S_2 V_2 \tag{5.10}$$

Q　　：體積流量

S_1，S_2：流道截面積

由5.9與5.10兩式整理後得

$$Q = S_2 V_2 = S_2 \sqrt{\frac{2(P_1 - P_2)}{\rho\left[1 - \left(\frac{S_2}{S_1}\right)^2\right]}} \tag{5.11}$$

因此只要測知P_1-P_2之值即可量得體積流量，此種方式的流量計，當流量變化10倍時，壓力差變化需達100倍，對於大的流量計測精度較差。為了改進此缺點，另一種計測方式係將壓力差保持在定值，而由面積的變化的測定流量。如圖5.21所示為面積變化式流量計之基本構造。此構造的空氣流道中有一個浮子，其截面積為一定值，流道的形狀則為推拔形，當浮子在流道不同

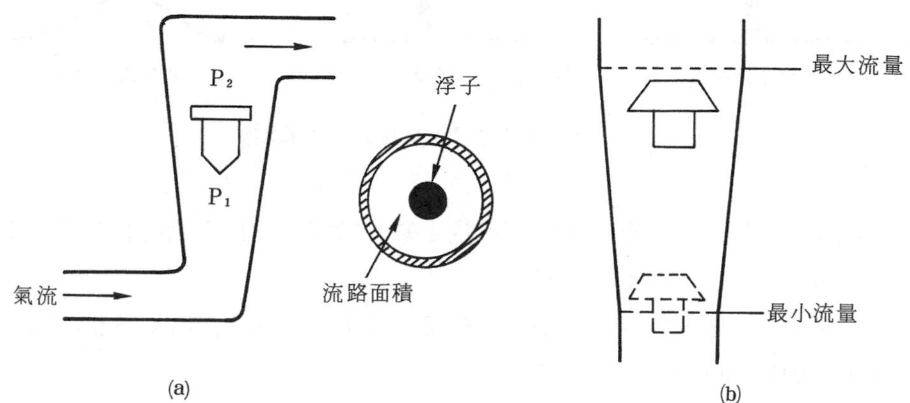

圖5.21　面積變化式空氣流量計構造

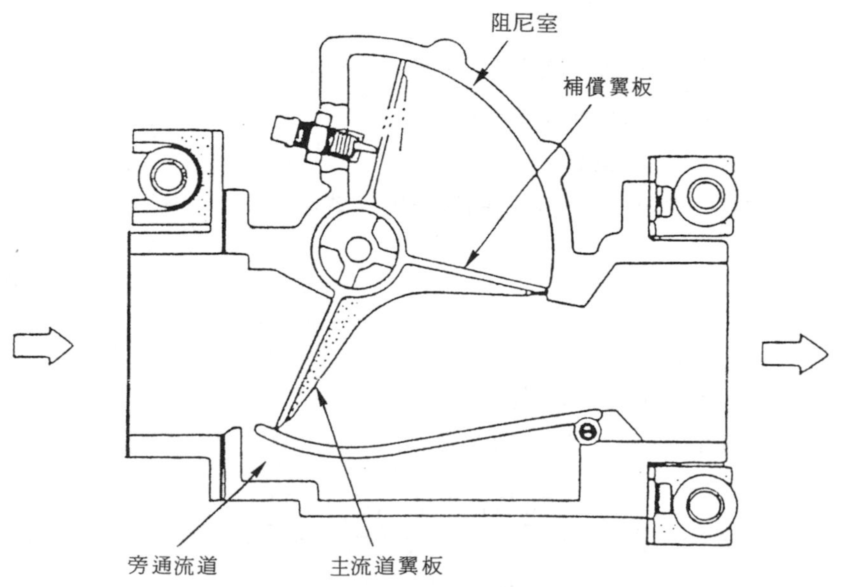

圖5.22　翼板式空氣流量計斷面圖

位置時，氣流能通過流道的面積亦隨之不同。圖5.22爲翼板式空氣流量計的斷面圖。其利用之原理即爲可變面積式流量計的改良。

5.2-2　翼板式流量計之構造

圖5.23所示爲翼板式流量計之構造。其組成要件計有：空氣流道及翼板，電位計，溫度感測器，阻尼室等。當空氣流經主流道時會將主流道翼板押開，此時與主流道翼板作成一體之電位計亦同時會移動，如圖5.24所示，空氣流量愈大時，翼板被押開的角度也愈大，空氣流量小時，翼板被押開的角度也愈小。這個現象就是前面所述及的流道面積變化式空氣流量計的原理。圖5.25所示即爲電位計的電路圖，電位計輸出的電壓訊號爲類比訊號。

爲了防止引擎在急加速急減速時，造成的進氣脈衝效應，翼板式流量計設有一個阻尼室（ damper chamber ）以緩衝此種現象。阻尼室的設計同時亦提供翼板被押開時之旋轉空間，翼板與阻尼室內壁之間的距離很小，當翼板向阻尼室押入時，因阻尼室內存有空氣，空氣受壓後從翼板與阻尼室內壁之間隙逸出，但因間隙太小，空氣逸出去的速度並不會很快，而提供阻尼室的阻尼效果。

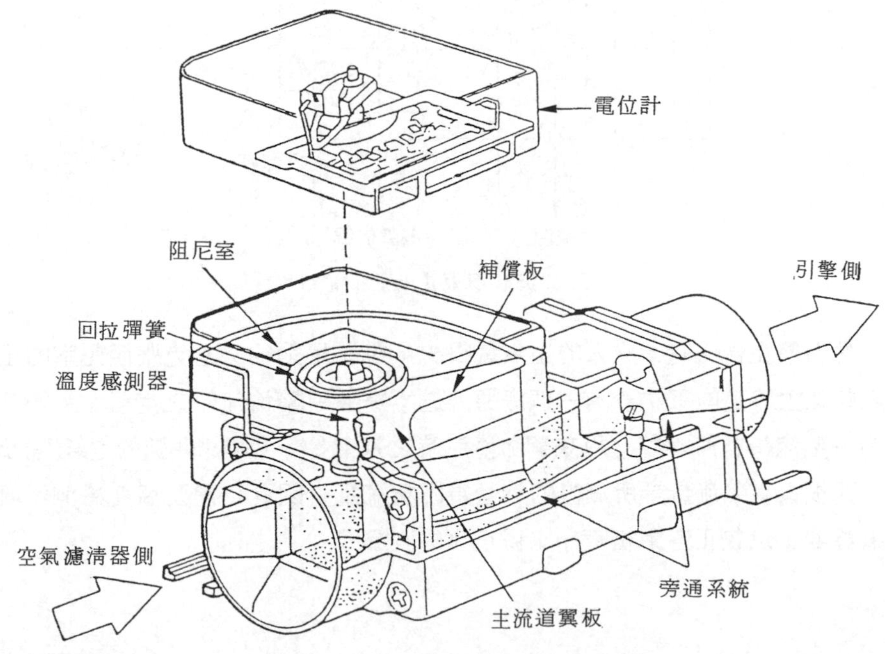

圖 5.23　翼板式空氣流量計的構造

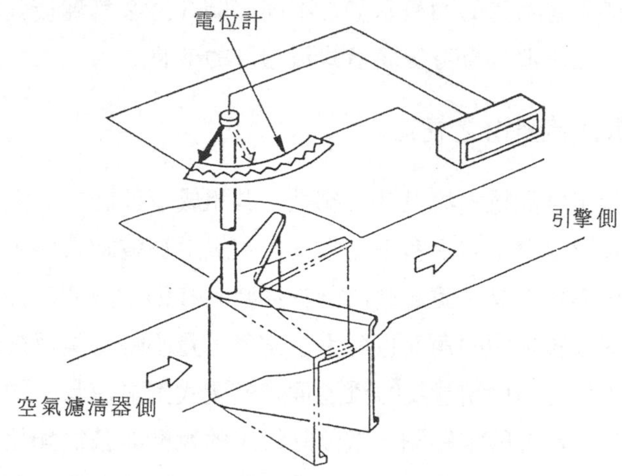

圖 5.24　電位計的作動

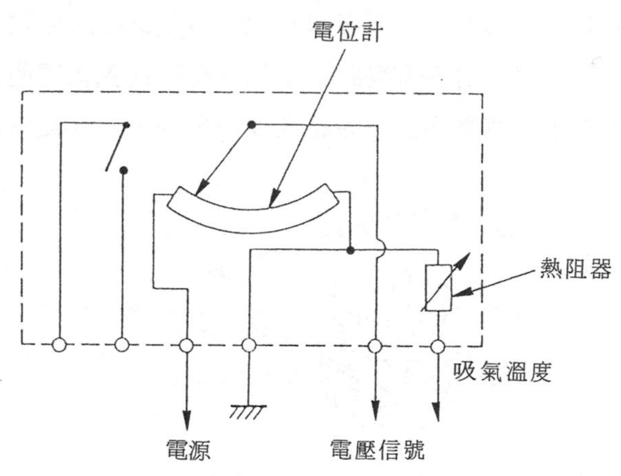

圖 5.25　翼板式流量計電路

當引擎在惰速時，吸入的空氣量很少，沒有足夠的力量克服阻尼室的阻力，因此在主流道的下方設有一個旁通流道，提供引擎惰速時之空氣。旁通流道上有一個流量調節螺絲，用來調節惰速時之進氣量，以控制惰速的空氣燃油比。

翼板式空氣流量計所測得的流量爲體積流量，因此仍需要溫度感測器偵測進氣溫度，以校正空氣密度，求得正確的空氣量。

5.2-3 翼板式流量計之特性

圖5.26所示爲翼板空氣流量計吸入空氣量與流量計輸出電壓訊號間之關係，這個類比訊號必須轉換成數位訊號才能由電腦處理。在類比與數位間的轉換工作時，存在最小單位的轉換誤差，稱之爲量子化誤差。圖5.26所示，在

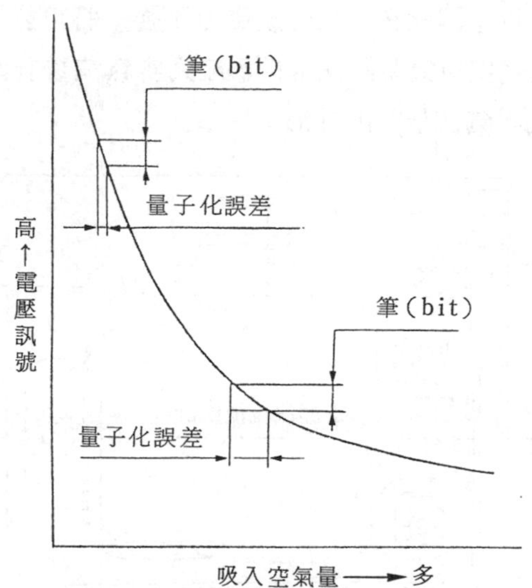

圖 5.26　吸入空氣量與電壓訊號

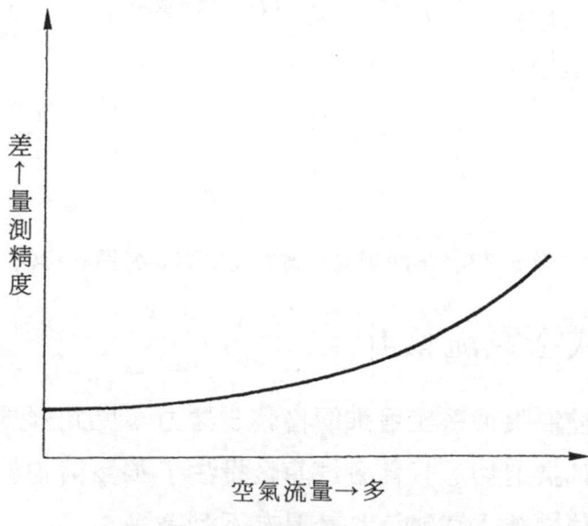

圖 5.27　空氣流量與量測精度

吸入空氣流量愈多時其量子化誤差愈大，而導致吸入空氣流量愈大時，其量測精確度將愈差。如圖5.27所示。

此外翼板式空氣流量計的電位計接點，因經常在移動摩擦，導致接點磨損接觸不良，耐久性差。為確保長期接觸良好，對於接點材料的選擇，接觸壓力的設計，製造技術必須花費相當的時間，困難度頗高。

同時翼板式流量計備有阻尼室，在空間上很不經濟，且重量增加，有違感測器輕量小型之原則，因此在未來的競爭力不強，將可能被逐漸淘汰。由圖5.28所示，翼板式空氣流量計與卡門渦流式空氣流量計體積大小的比較。虛線部份即為翼板式空氣流量計的外形。

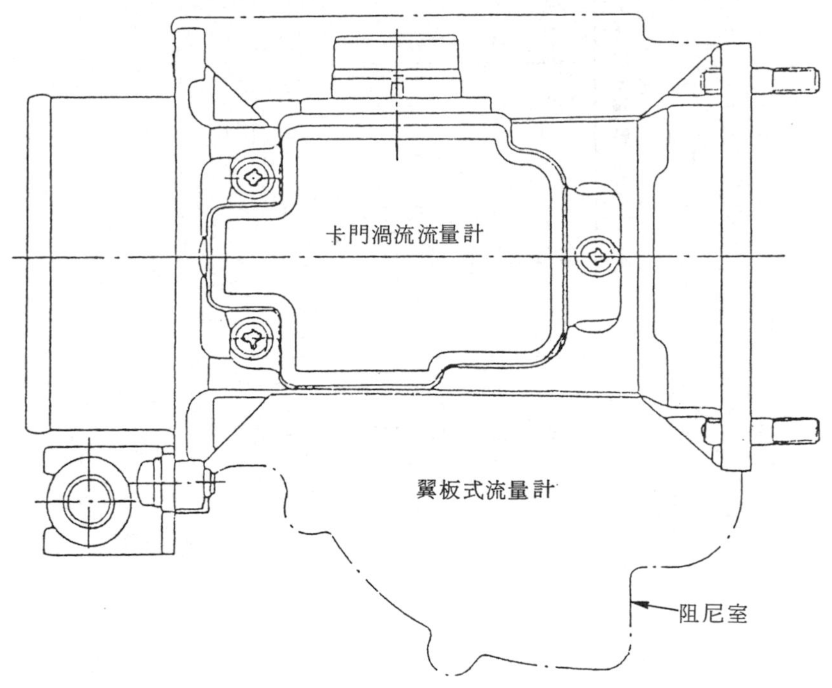

圖 5.28　卡門渦流流量計與翼板式流量計比較

5.8 熱線式空氣流量計

為了使電子控制噴油系統增進價格競爭潛力，因此對於更精確，更價廉的空氣流量計需求日益迫切。目前各汽車廠投注了很多精力於熱線式空氣流量計的發展。其原因係熱線式空氣流量計具有下列優點：

1. 沒有高度誤差的問題
2. 反應時間快
3. 沒有動的零件
4. 容易安裝
5. 價格低廉

然而基本上，熱線式流量計仍有下列的缺點，急需汽車感測器設計者解決：

1. 耐機械衝擊力性能較差
2. 易受大氣溫度變化影響精度
3. 易受不潔物附著，影響精度
4. 非線性的輸出訊號處理較複雜

爲了克服上列缺點，新的堅固的熱線式空氣流量計，使用白金繞線探針已經發展成功。

5.3-1 基本原理

熱線式空氣流量計的基本原理，是使用熱的圓柱體在流體中的對流冷却定律（convective cooling law）。空氣的質量流量可由熱線探針的熱傳速率和空氣流速兩者關係得到。其關係式如下式：

$$I^2R_H=(a+b\sqrt{\rho V})(T_H-T_a)S \tag{5.12}$$

I ：通過熱線探針的電流

R_H ：熱線探針的電阻

ρ ：空氣密度

U ：空氣速度

a,b ：空氣特性常數

S ：熱線探針的表面積

T_H ：熱線探針的溫度

T_a ：空氣溫度

這種熱線式空氣流量計的操作原理是採用所謂的恒溫法（constant temperature method）。（T_H-T_a）之間的溫度差可由熱線探針和空氣溫度探針的電阻變化偵測。經過熱線探針的加熱電流可由控制電路自動調節，使（$T_H - T_a$）維持在定值，而不考慮空氣流速。5.12 式即可改寫如下：

$$I^2 = A + B\sqrt{\rho U} \tag{5.13}$$

A，B：常數

由 5.13 式中熱線探針的電流與空氣的質量流量關係，如測知熱線探針的電流，即可得知空氣流量。圖 5.29 爲熱線式空氣流量計之示意圖。

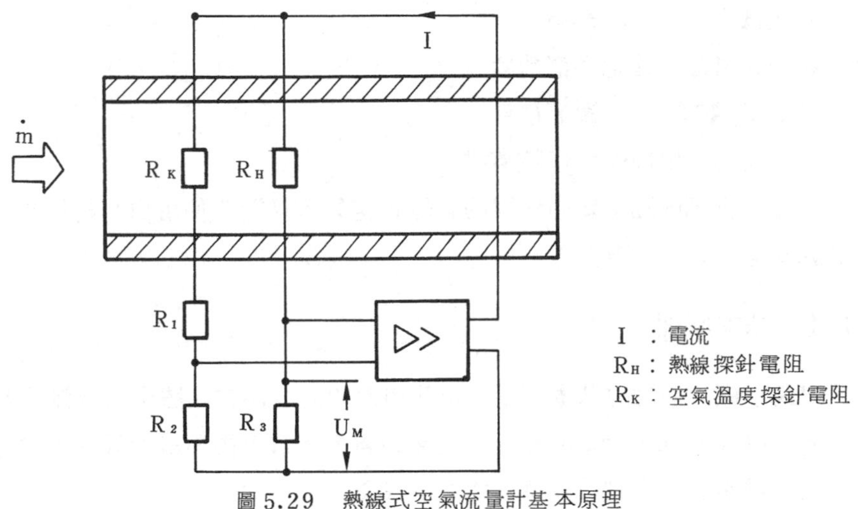

圖 5.29　熱線式空氣流量計基本原理

5.3-2 熱線式空氣流量計之構造

熱線式空氣流量計電子控制電路概要如圖 5.30 所示。跨越熱線探針 R_H 的電壓與空氣溫度探針的電壓均輸入電子控制電路。如前面所述，通過熱線探針 R_H 的電流是由此控制電路和電晶體 T_r 自動調節，以使 $T_H - T_a$ 之溫度差保持爲一定值。此加熱電流 I 的量測，是經由量測跨越 R_1 電阻的電壓降而測得。而且此電壓值亦可由一個零 —— 全距調整器將其電壓調整在希望的輸出值。熱線探針與溫度探針具有相同的構造，如圖 5.31 所示。皆是以白金線纏繞在一個陶瓷作的圓柱體上，並塗上防腐蝕的塗料。由圖 5.30 的構造中，通過空氣溫度探針的電流儘量維持在最小，以避免產生加熱現象。同時空氣溫度探針保持最小的重量，用以減少空氣溫度變化時的傳遞時間，約小於 0.1 秒。

熱線式空氣流量計的斷面圖如圖 5.32 所示。空氣經過空氣濾清器後流至空氣流量計時，分由主流道與旁通流道流過，在主流道的文氏管會合。旁通流

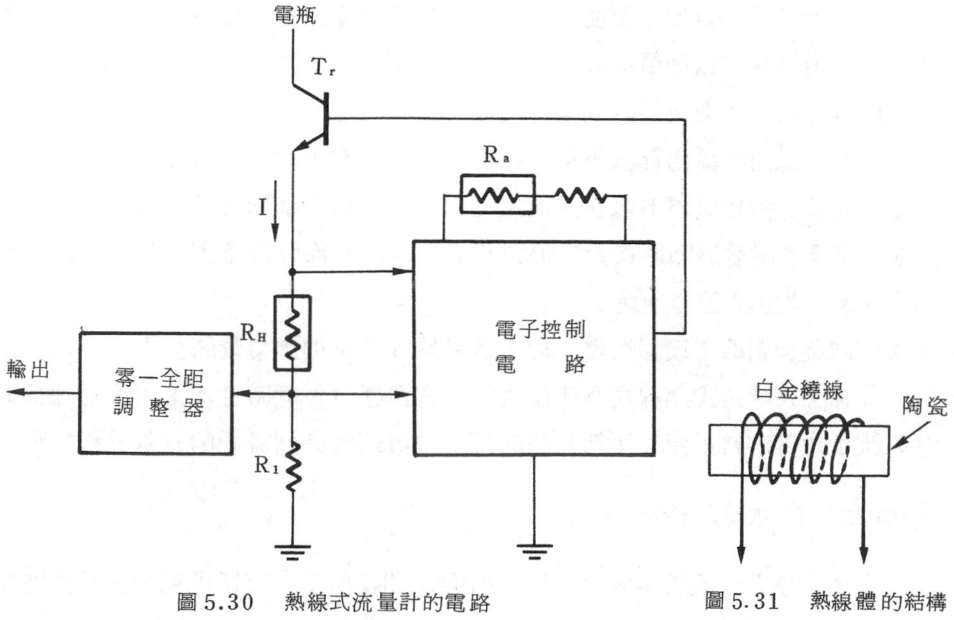

圖 5.30　熱線式流量計的電路

圖 5.31　熱線體的結構

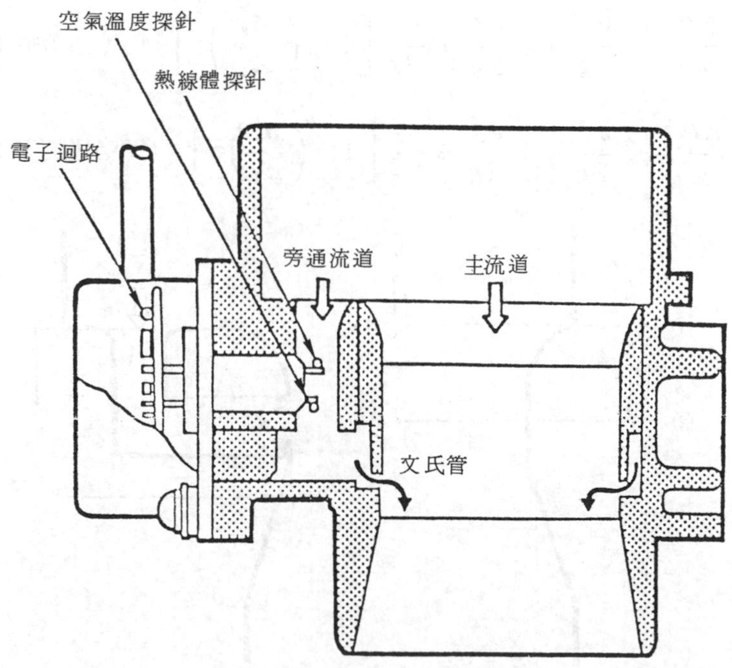

圖 5.32　熱線式空氣流量計

道的入口形狀爲鐘口形，俾使流至熱線探針與溫度探針的流速均匀。旁通流道的出口設有柵欄，以補償主流道內氣流分佈不均的誤差。

此種形式之空氣流量計具有下列優點：

1. 熱線探針的輸出訊號不受上流空氣流速分配不均的影響。
2. 熱線探針因爲沒有放在主流道上，不會受到引擎回火的破壞。
3. 不潔物附著於熱線探針的機會減少，因爲大部份的不潔物受到慣性的影響，均由主流道通過。
4. 調整適當的文氏管喉徑，即可適用於各種不同排氣量的引擎。

此種旁通流道式熱線式空氣流量計，在穩態與暫態時主流道與旁通流道的空氣流量比例非常重要。下節介紹的即是主流道與旁通流道的空氣分配情形。

5.3-3 穩態時之空氣分配

旁通流道與主流道空氣分配模型如圖 5.33 所示。流體的動量方程式在主流道與旁通流道各如 5.14 與 5.15 兩式所示：

$$\frac{\Delta P}{\rho}=f\,\frac{V_2^2}{2g}+\xi\,\frac{V_2^2}{2g}+\frac{V_2^2}{2g}\left[1-\left(\frac{A_2}{A_1}\right)^2\right] \qquad (主流道)(5.14)$$

$$\frac{\Delta P}{\rho}=f'\,\frac{v_2^2}{2g}+\xi'\,\frac{v_2^2}{2g}+\frac{v_2^2}{2g}\left[1-\left(\frac{a_2}{a_1}\right)^2\right] \qquad (旁通流道)(5.15)$$

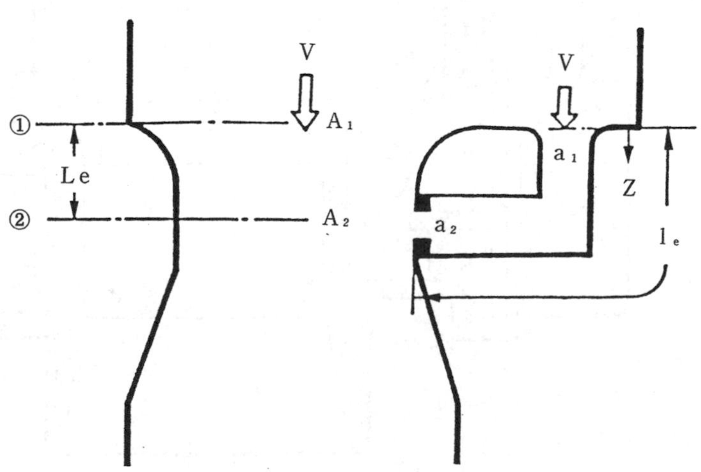

圖 5.33 熱線式空氣流量計之流力模型

V,v：在主流道與旁通流道之空氣速度

A,a：主流道與旁通流道的通路面積

ρ　：空氣密度

f　：摩擦阻力係數

ξ　：分歧點與接合點之壓力降係數

g　：重力加速度

ΔP：流道入口與出口之壓力降

1,2：表示入口與出口

由5.14與5.15式可得旁通流道流速與主流道流速之比值如下：

$$\frac{v_2}{V_2}=\sqrt{\frac{f+\xi+\left[1-\left(\frac{A_2}{A_1}\right)^2\right]}{f'+\xi'+\left[1-\left(\frac{a_2}{a_1}\right)^2\right]}} \tag{5.16}$$

摩擦阻力係數 f 是雷諾數的函數，其關係如圖5.34所示。當雷諾數愈小，空氣流速也愈小，摩擦阻力係數則愈大。圖5.34中，布雷希斯方程式部份所式爲擾流的情況，左邊之區域則表示層流（laminar flow）的情況。圖5.33的模型中，若以流道最狹窄部份來決定雷諾數時，旁通流道內的雷諾數應小於主流道內雷諾數的5～10倍。因此當流量小的時候，旁通流道內的摩擦阻力大於主流道內的摩擦阻力甚多，相對地在旁通流道內的流速小於主流道

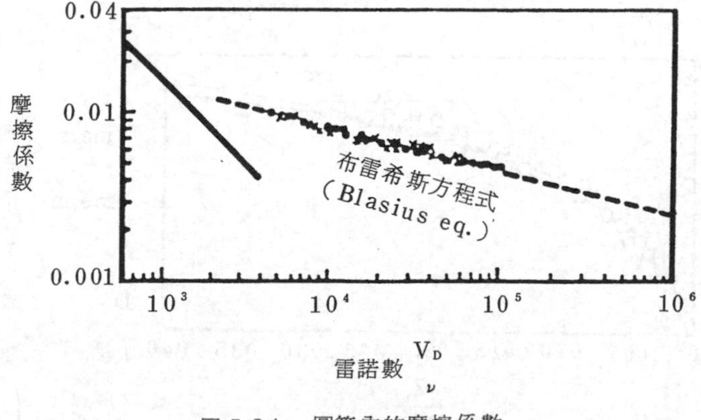

圖 5.34　圓管內的摩擦係數

內的流速。因此旁通流道流速與主流道流速比將趨於更小。此種現象可以下述方法補償。

圖5.35所示爲流體在一個鐘口形的管子裏流動時，邊界層形成的情形與流速分佈情形。空氣進入管子時以均勻流速流入，邊界層（boundary layer）的厚度則沿管子長度的增加而越來越厚。直到某個長度後，邊界層厚度就維持一定。通常這個過程是由雷諾數所控制，亦即是由流速所控制。圖5.36所示爲管子軸向最大流速與平均流速的比值與管子長度的關係。當空氣流速愈小，Z/DR_e的值則愈大，V_{max}/V_{mean}的值也愈大。因此當熱線探針放置在旁通流道入口的某一距離時，前面所提及在低流速時的問題即可獲得補償。因爲旁通流道的流速相對於平均流速值增加了。圖5.37所示爲實驗結果。圖中$V_{max}/(Q/A)$表示旁通流道內流速與主流道流速的比值。V_{max}表示旁通流道中心軸處的流速，Q表示全部的空氣流量，A表示主流道內文氏管喉部面積。由此實驗情況，當熱線探針放在旁通流道入口10mm處，其測得旁通流道的流速與主流道的流速相等，即使在低流量的情況也一樣。

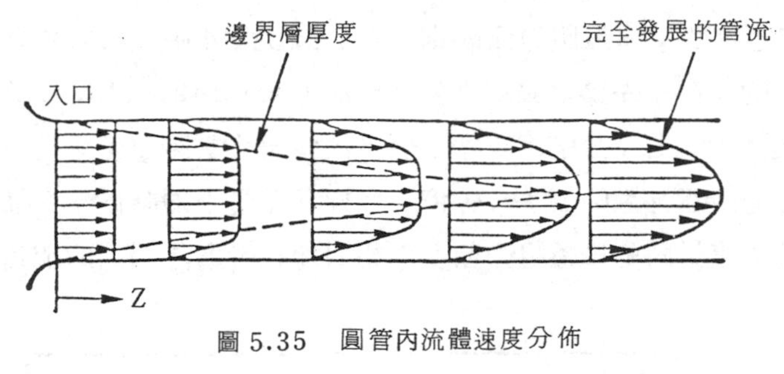

圖 5.35　圓管內流體速度分佈

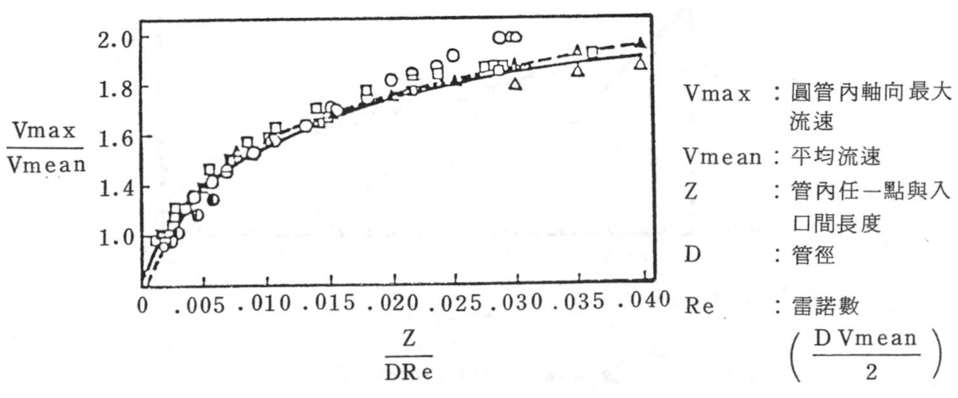

圖 5.36　管內流速與位置關係

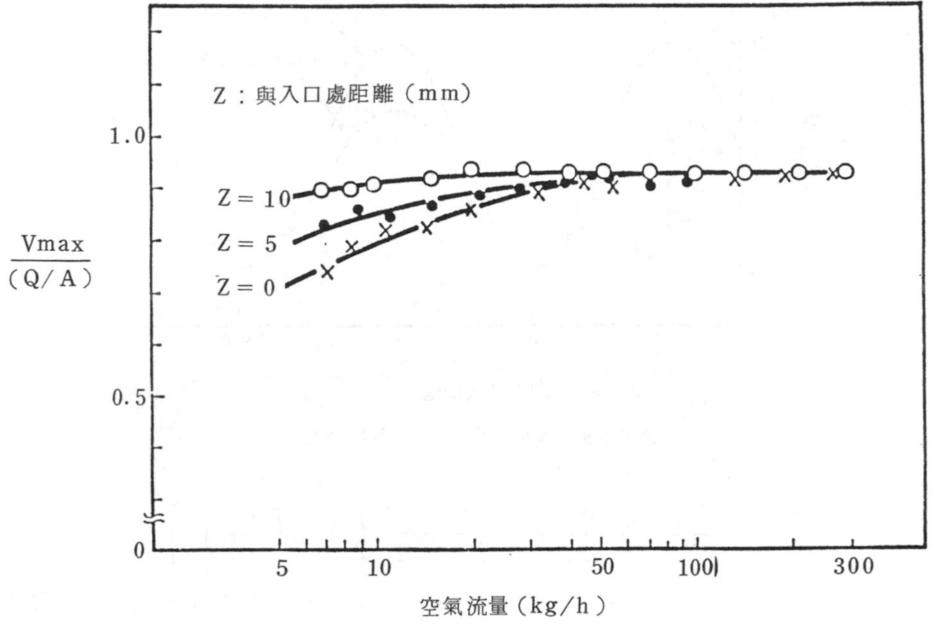

圖 5.37　旁通流道與主流道速度比

5.3-4　暫態時之精確性

所謂的暫態情況即是引擎在加速減速的時候。當引擎節流打開時，由氣缸內活塞的運動產生空氣的脈衝效應（pulsating effect）。此脈衝效應將會影響空氣流量計的精確度甚鉅。因爲脈衝效應使空氣流動的變化遠大於加速減速時的空氣流速變化。圖 5.38 所示爲旁通流道與主流道內空氣流動的範例。通常在旁通流道與主流道的空氣速度波形並不相同。旁通流道內的速度波振幅小於主流道的速度波振幅，而且兩者之間有個相位延遲現象。

假設在旁通流道與主流道的空氣爲不可壓縮一維流體，圖5.33的流體動量方程式可寫成如下：

$$\frac{\Delta P}{\rho}=L_e\frac{dV_2}{dt}+f\frac{V_2^2}{2g}+\xi\frac{V_2^2}{2g}+\frac{V_2^2}{2g}\left[1-\left(\frac{A_2}{A_1}\right)^2\right]$$

（主流道）(5.17)

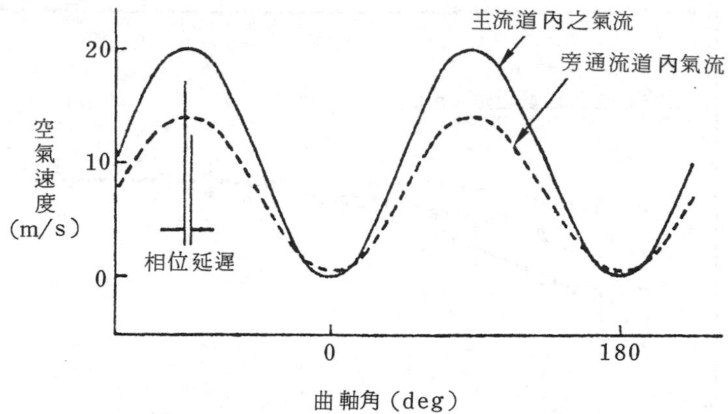

圖 5.38 主流道與旁通流道內氣流

$$\frac{\Delta P}{\rho}=l_e\frac{dv_2}{dt}+f'\frac{v_2^2}{2g}+\xi'\frac{v_2^2}{2g}+\frac{v_2^2}{2g}\left[1-\left(\frac{a_2}{a_1}\right)^2\right]$$

(旁通流道)(5.18)

L_e：主流道等效長度(equivalent adrodynamic inertia length)

l_e：旁通流道等效長度

t：時間

假設主流道內的流速爲正弦脈衝流(sinusoidal pulsating flow)

所以 $V_2=V_{20}(1+\varepsilon\sin\omega t)$ (5.19)

ω：脈衝角速度

ε：脈衝振幅

t：時間

由5.17、5.18、5.19三式整理，可得到旁通流道內的流速。在電子控制噴油系統中，僅需考慮脈衝情況下的平均流速。旁通流道內脈衝時平均流速與穩態下的流速比值R定義如下式：

$$R=\frac{\frac{1}{T}\int_0^T v_2\,dt}{v_2} \tag{5.20}$$

$$\overline{v}_2 = V_{20}\sqrt{\frac{f+\xi+\left[1-\left(\frac{A_2}{A_1}\right)^2\right]}{f'+\xi'+\left[1-\left(\frac{a_2}{a_1}\right)^2\right]}}$$

T：脈衝週期

爲了要證明R係受空氣動力性質影響，圖5.39所示爲5.17～5.20的計算結果。若計算使用情況如下：

l_e ：0.07 m

L_e ：0.03 m

$$C_1 = f'+\xi'+\left[1-\left(\frac{a_2}{a_1}\right)^2\right] = 2.3$$

$$C_2 = f+\xi+\left[1-\left(\frac{A_2}{A_1}\right)^2\right] = 0.6$$

$V_{20} = 10\ \mathrm{m/s}$

$$\omega = \frac{200}{3}\pi$$

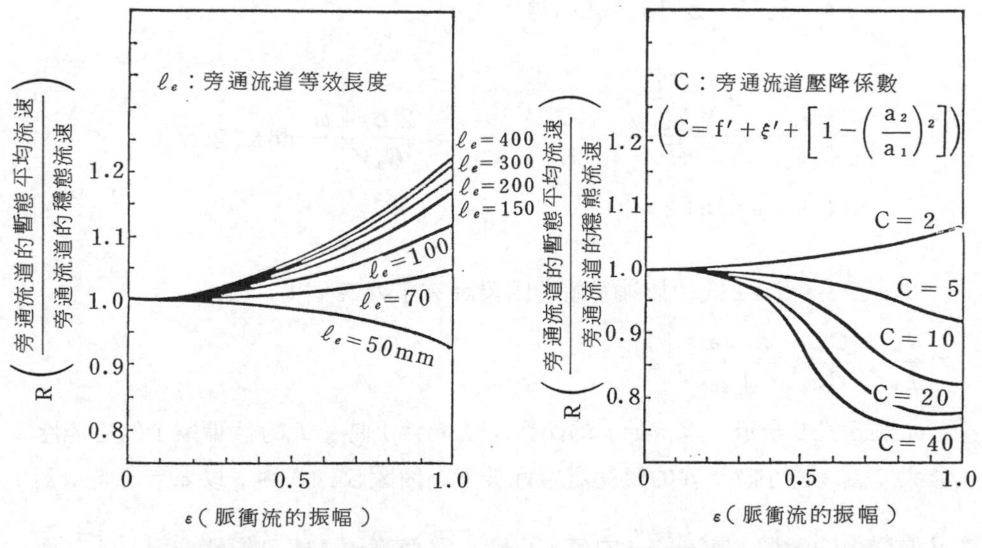

圖 5.39　脈衝流的情況下旁通流道內流速計算值

圖5.39所示，旁通流道的等效長度 l_e 愈長，壓力降係數愈低，R值將愈大。脈衝振幅 ε 愈大，上述現象愈明顯。在此種熱線式流量計中，就精確度而言，不論在那種脈衝振幅下，R的值等於1是必須的。因此上述所選用的參數值可使R值爲1，設計尺寸即可依此設計。

如爲更嚴格地檢討5.17～5.20式，以無單位（nondimensional）的型式改寫5.20式爲

$$R=\frac{\int_0^1 \frac{v_2}{V_{20}}\,dt}{\sqrt{\frac{C_2}{C_1}}}$$

$$\bar{t}=\frac{1}{T} \tag{5.21}$$

$$C_1=f'+\xi'+\left[1-\left(\frac{a_2}{a_1}\right)^2\right]$$

$$C_2=f+\xi+\left[1-\left(\frac{A_2}{A_1}\right)^2\right]$$

由5.17、5.18、5.19三式可得下式：

$$\frac{\omega l_e}{\pi C_2 V_{20}}\ \frac{d\left(\frac{v_2}{V_{20}}\right)}{d\bar{t}}+\frac{C_1}{C_2}\cdot\frac{v_2}{V_{20}}=\frac{2L_e\,\varepsilon\,\omega}{C_2V_{20}}\cos(2\pi\bar{t})+(1+\varepsilon\sin(2\pi\bar{t}))^2 \tag{5.22}$$

由5.21、5.22式中影響R值的因素計有下列四個：

$\frac{l_e}{L_e}$，$\frac{C_1}{C_2}$，$\frac{L_e\,\varepsilon\,\omega}{C_2V_{20}}$，$\varepsilon$

如圖5.39所示，R值是 ε 的函數。當 $\varepsilon=1$時，R的值偏離1的可能性也愈大，當 ε 愈小時，R的值就愈趨近於1。因圖5.40中，以 $\varepsilon=1$時，討論R偏離1的情形。當$\frac{L_e\,\varepsilon\,\omega}{C_2V_{20}}$的值愈小時，$R$值等於1的可能性愈大，$\frac{C_1}{C_2}$與

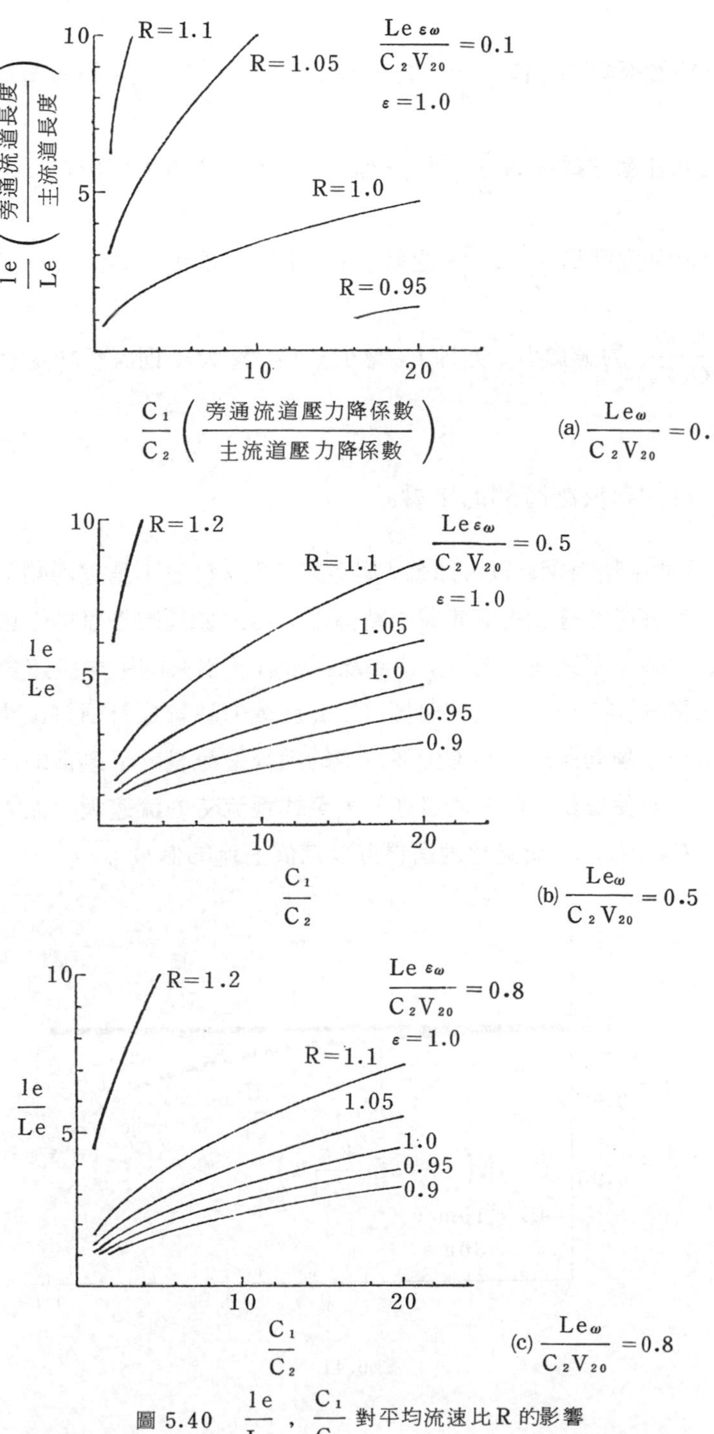

圖 5.40　$\frac{le}{Le}$，$\frac{C_1}{C_2}$ 對平均流速比R的影響

$\frac{l_e}{L_e}$ 對 R 值的影響較小。當 $\frac{L_e \varepsilon \omega}{C_2 V_{20}}$ 愈大時，R 值受 $\frac{C_1}{C_2}$，$\frac{l_e}{L_e}$ 的影響就愈大。如圖5.40之(a)任意選擇一個 $\frac{C_1}{C_2}$ 與 $\frac{l_e}{L_e}$ 值，$R=1$ 的誤差大部份在0.05以內。圖5.40之(c)任意選擇 $\frac{C_1}{C_2}$，$\frac{l_e}{L_e}$ 之值，$R=1$ 的誤差大部都大於0.05以上。因此選擇 $\frac{L_e \varepsilon \omega}{C_2 V_{20}}$ 的值愈小，亦即 L_e 愈小，V_{20} 愈大，則流量計受脈衝的影響就愈小。

5.3-5 暫態對反應時間的影響

由5.13式中熱線探針電流訊號 I 與空氣流量 ρU 並不是線性關係。因此，空氣流量的計算必須經由電流訊號不斷傳出，由微處理機予以線性處理。但是在脈衝振幅大時，在某些狀況下，由熱線探針計算出來的平均流速會稍低於眞實流速。如圖5.41所示。這個偏量可以高反應的熱線探針偵測微小的空氣擾流限制至最小。換句話說，在有旁通流道的熱線式流量計，適當的地選擇旁通流道的長度，可使脈衝時的平均流速放大至比穩流時的流速大，如圖5.39所示。當 C_1/C_2，l_e/L_e 值適當地選擇可以補償上述的偏量。

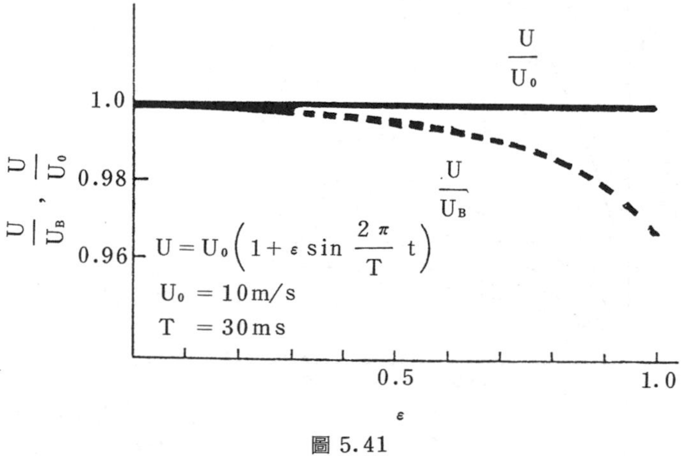

圖 5.41

關鍵字

- 空氣流量計　air flow meter
- 卡門渦流　Karman Vortex
- 熱線式　hot wire type
- 翼板式　vane type
- 空氣重量流量　mass air flow rate
- 超音波　ultrasonic
- 離子偏離　ion drift
- 再生性　reproducibility
- 史特霍爾常數　Strouhal constant
- 雷諾數　Reynolds number
- 黏性係數　kinematic coefficient of viscosity
- 熱阻器　thermister
- 超音波轉換器　ultrasonic transducer
- 振幅檢波　amplitude modulation
- 頻率檢波　frequency modulation
- 相位檢波　phase modulation
- 音響效率　acoustic efficiency
- 相位比較器　phase comparator
- 載波過濾器　carrier filter
- 全距調整帶　zero-span adjust band
- 旁通流道　by-pass flow channel
- 偏移角　angle of deviation
- 光子電晶體　photo transistor
- 阻尼室　damper chamber
- 電位計　potential meter
- 類比訊號　analog signal
- 數位訊號　digital signal
- 對流冷却定律　convective cooling law
- 脈衝效應　pulsating effect

- 等效長度　equivalent aerodynamic inertia length
- 無單位　nondimensional

參考文獻

1. Yutake Nishimura,"Hot Wire Air Flow Meter for Engine control System",SAE paper 830615。
2. Jaihind S. Sumal,"Bosch Mass Air Flow Meter:Status and Futher Aspects",SAE paper 840137。
3. Rudolf Sauer,"Hot Wire Air Mass Meter-A New Air Flow Meter for Gasoline Fuel Injection Systems",SAE paper 800468。
4. Y. Nishimura,"Hot Wire Air Flow Meter for Engine Control System",Proceedings of ISATA '81 (1981)。
5. Takao Sasayama,"A New Electronic Engine Control System Using a Hot Wire Air Flow Sensor",SAE paper 820323。
6. Robert D. Joy,"Air Flow Measurement for Engine Control",SAE paper 760018。
7. Bernard C. Cartmell,"Engine Mass Air Flow Meter",SAE paper 760017。
8. Kazuyoshi Tasaka,"Newly Developed Air Flow Meter for EFI Engine",JSAE Review Vol. 7,NO. 3,October,1986。
9. T. Sasaki,"A Karman Vortex Air flow Sensor",SAE paper 820322。
10. William G. Wolber,"Automotive Engine Control Sensors '80",SAE paper 800121。
11. Leonard P. Gau,"Air Flow Sensing",SAE paper 800126。
12. 山崎弘郎,"センサ技術",自動車技術Vol. 38,NO. 7,1984。
13. 田坂一美,"EFI用新型空氣流量計的開發",自動車技術Vol. 39,NO. 10,1985。

第6章

氧氣感測器

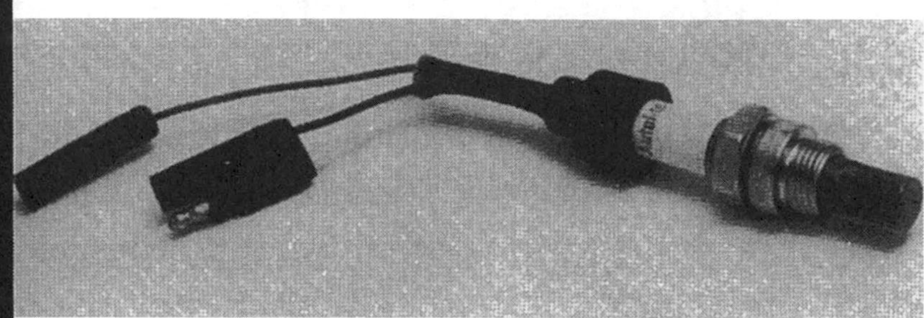

§本章內容重點

一、介紹以鋯元素爲材料的氧氣感測器及工作原理。

二、介紹以二氧化鈦爲材料的氧氣感測器及工作原理。

三、氧氣感測器發展及量產品的測試要求。

爲符合日趨嚴格的排氣污染法規，各車廠對燃燒後的廢氣處理均採用觸媒轉換器（catalyst）將一氧化碳（CO）、碳氫化合物（HC）及多氧化氮（NO_x）等有毒氣體氧化或還原成二氧化碳（CO_2）、水蒸氣（H_2O）、氮氣（N_2）及氧氣等。然而爲使觸媒轉換器的轉換效率達到最高，燃燒混合氣的空燃比（air-fuel ratio）需維持在最適值，即空燃比值爲 14.7，爲了確保最適值的空燃比，必須使用氧氣感測器（O_2 sensor），探測排氣廢氣的含氧量，將此資料回饋至控制單元（control unit），精確控制空燃比值。

6.1 厚膜鋯材氧氣感測器

圖6.1所示爲常態化空燃比 λ（normalized air-fuel ratio）與感測器輸出訊號，排氣濃度，引擎效率的關係。常態化空燃比 λ 由下式定義：

$$\lambda = \frac{\text{實際空燃比值}}{\text{最適值空燃比值}} \tag{6.1}$$

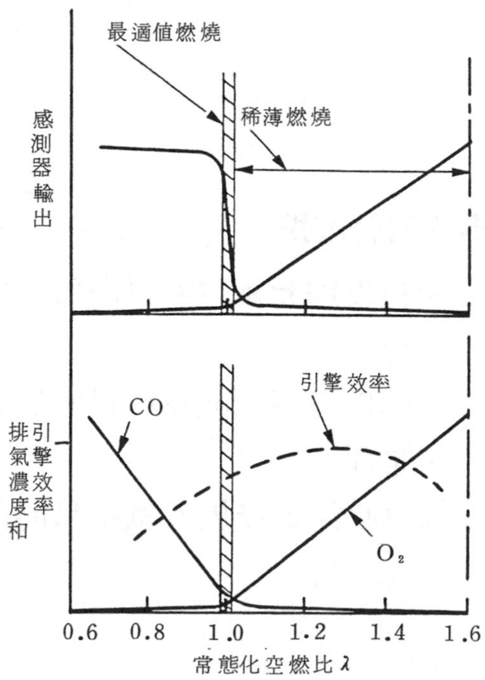

圖 6.1　常態化空燃比 λ 與感測器輸出，排氣濃度和引擎效率關係

由圖中所示，當燃油由濃到稀變化時，CO濃度由濃漸稀，O_2由稀漸濃。引擎效率在稀薄區域有峰值存在。在使用有三元觸媒轉換器的廢氣控制系統中，使用的氧氣感測器大都控制空燃比在最適值附近，唯其引擎效率較差，油耗亦較差，此種厚膜鋯材的氧氣感測器即針對此一缺點而發展。

6.1-1 構造和原理

圖6.2所示爲厚膜鋯材氧氣感測器的結構。此種感測器由二個平板式鋯囊，三個多孔質白金電極，白金加熱器，和隔絕層等組成，前述元件以層層相疊方式作厚膜處理後（thick-film process），此結構內的擴散室和擴散孔則先塡充有機物體，在做燒結工作時將其燒盡而成型。最後再將保護層塗上即成。

將電壓E加在稀薄囊上，即可量得產生的電流I_P，同時，在最適值囊上通電流I_P^*，亦可得到電壓e_λ。其原理茲敍述如下：

將電壓E加在稀薄囊上，氧分子在氣體擴散室的陰極逐漸減少，變成氧離子。這些氧離子經由鋯材由陰極傳到陽極。在陽極又再度氧化成氧分子，穿過保護層散到排氣中。因此氧氣分壓在陰極上遞減至0，排氣中的氧分子又再度由擴散孔進入擴散室。此種現象係由於氧氣從擴散室散出量和由擴散孔進入量必須保持平衡，氧分子量由電流I_P可量得。I_P可寫成下式：

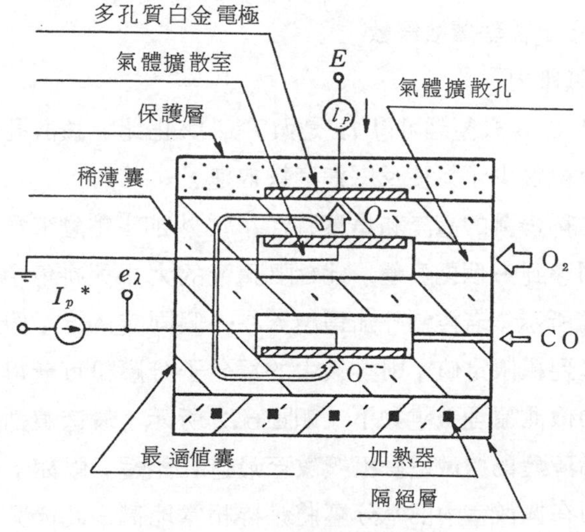

圖6.2　厚膜鋯材氧氣感測器的結構

$$I_P = 4\,FDS\,(P_e - P_d)/RTL \tag{6.2}$$

F：法拉弟常數(Faraday's Constant)

D：氧分子擴散係數

R：氣體常數

T：反應區之絕對溫度

S：擴散孔截面積

L：擴散孔長度

P_e：排氣中氧氣分壓

P_d：擴散室中氧氣分壓

假如$P_d = 0$時，6.2式可改寫爲

$$I_P = 4\,FDS\;P_e/RTL \tag{6.3}$$

由此式可明顯看出，I_P與排氣中氧分子分壓成正比，因此，稀薄的空燃比可由此線性方程式得出。

氧分子的擴散係數如下式表示：

$$D = D_o\,(T/273)^{1.75}\,P \tag{6.4}$$

D_o：氧分子標準擴散係數

P：排氣壓力

將6.4式代入6.3式整理可得I_P是與$T^{3/4}$成正比。擴散孔的長度和擴散室的體積必須設計得很少，以使反應速度較快速。

圖6.3所示爲稀薄囊的電流和電壓特性，當外加電壓愈來愈大時，電流I_P亦逐漸變大，而達到一個極限值，此極限電流的大小與排氣中的氧分子分壓成正比，如6.3式所示。若控制外加電壓E在一個固定的値，例如圖6.3中的0.5V，使電流達到極限定値，則排氣中的氧分子分壓即可量得。

最適値鋯囊的檢測原理敍述如下；如圖6.2所示，最適値鋯囊外加電流I_P^*，氧分子由稀薄囊的擴散室陰極擴散至最適値鋯囊。假如，最適値鋯囊的擴散孔非常小，則在擴散室中的氧分壓將保持相當地高。此情況下，端電壓e_λ可寫成如下式：

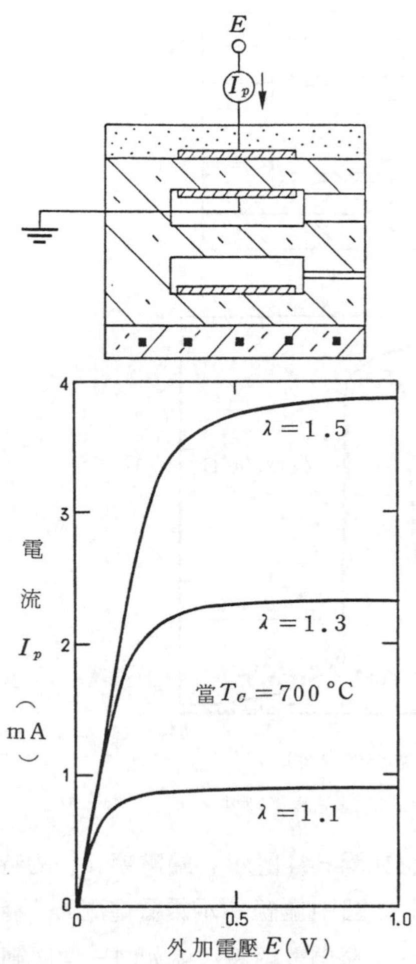

圖6.3　外加電壓與電流特性
（T_C＝鋯囊的溫度）

$$e_\lambda = \frac{RT}{4F} \ln \frac{P_a}{P_c} + r\ I_P{}^* \qquad (6.5)$$

P_a：陽極側的氧分壓

P_c：陰極側的氧分壓

r：最適值囊與稀薄囊間電阻

6.5式中，如溫度T愈大則第一項$\frac{RT}{4F} \ln \frac{P_a}{P_c}$值愈大，例如T＝700°C，$r I_P{}^*$值比$\frac{RT}{4F} \ln \frac{P_a}{P_c}$小很多，即可忽略不計。$e_\lambda$值即由$\frac{RT}{4F} \ln \frac{P_a}{P_c}$決定。

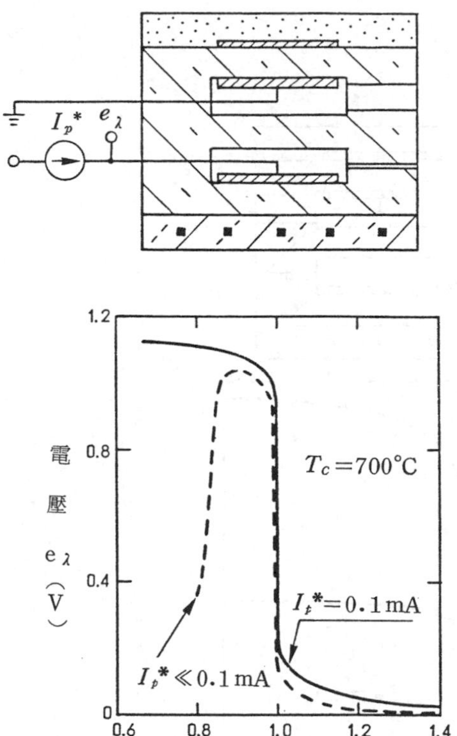

圖6.4　定電流下的最適值囊特性

在定電流 $I_P{}^*$ 下，最適值囊的特性如圖6.4所示。端電壓 e_λ 的特性在 $\lambda=1$ 時，具有ON－OFF 的急遽變化。圖中虛線所示爲當電流 $I_P{}^*$ 極小時，在 $\lambda<1$ 的區域，電壓 e_λ 會降低至很小，整個電壓特性就如同一個脈衝訊號。這個現象可由下式的燃燒方程式解釋：

$$2\,CO+O_2 \longrightarrow 2\,CO_2 \tag{6.6}$$

上式中，氧氣因與CO反應成 CO_2，所以氧氣分壓就逐漸減少。因此爲了限制未燃燒的氣體如CO進入擴散室，所以最適值囊的擴散孔必須設計的很小。其截面積與長度的比值（即S/L）約爲稀薄囊的百分之一。

6.1-2 厚膜鋯材氧氣感測器的原理和特性

圖6.5所示爲具有白金加熱器的厚膜鋯材氧氣感測器的原理，定電流

I_P*（0.1mA）由電源加於最適值囊上，外加電壓E由回饋放大器（feed-back amplifier）控制，使得外端電壓e_λ與參考電壓V_R相等。

圖6.6所示爲此感測器的特性。當氧氣分壓在陰極附近由於外電流 I_P 加入而逐漸減小，外端電壓e_λ則被控制與V_R相等。當常態化空燃比值 λ 接近1

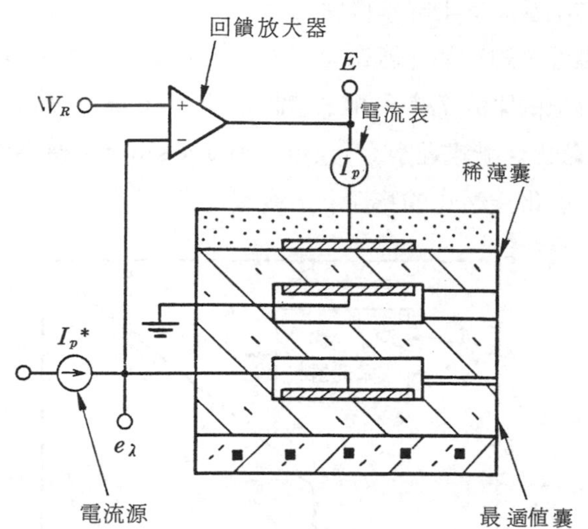

圖6.5　氧氣感測器的原理

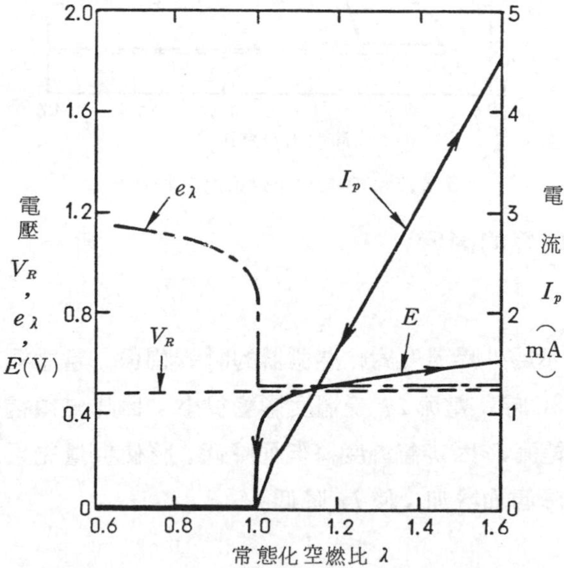

圖6.6　厚膜鋯材氧氣感測器的基本特性

時，外加電壓E逐漸減小，在$\lambda=1$時，則有急遽的變化，同時外端電壓e_λ亦急遽增加（如圖6.4所示相同）。

如圖6.6所示，我們可以經由外加電壓E偵測最適值的空燃比，亦可藉I_P量測得知稀薄區域的空燃比。此種感測器目前已經實用化，其精確度在$\lambda=1$是±1.25%，當$\lambda>1$時精確度爲±2%。

此種感測器可測知空燃比值在$\lambda<1$、$\lambda=1$、$\lambda>1$等三種情況。如圖6.7所示，電流源的電流I_P*可用來控制當$\lambda<1$時，使e_λ爲一個定數。電流I_P與I_P*可藉由信號處理器（signal processor）轉換成電壓e_o，e_o的輸出電壓即爲常態化空燃比的特性。

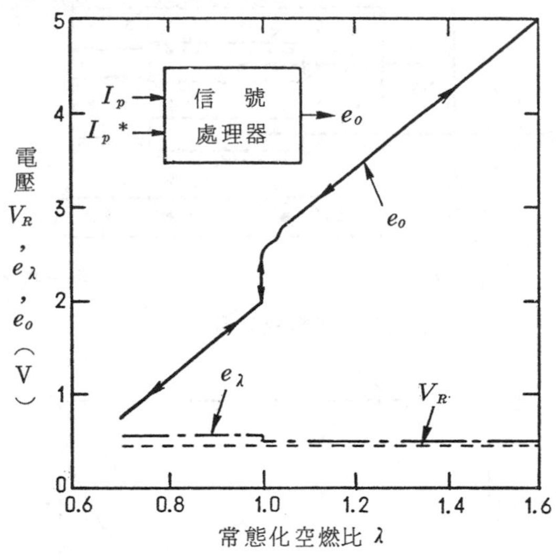

圖6.7 常態化空燃比的三相特性

6.1-3 外界環境的影響

一、溫　度

由圖6.8所示爲外界溫度對此感測器的影響關係。當感測器溫度由白金加熱器維持在700°C時，電流I_P受溫度影響很小，因此無須補償。但是如果不用白金加熱器，電流I_P因排氣溫度降低而降低，將使測量結果不精確，此現象係電阻r因溫度降低而增加，使I_P降低。

二、排氣壓力

如圖6.9所示爲排氣壓力對量測精度的影響，由此圖可知排氣壓力對量測誤差影響在1%以下。

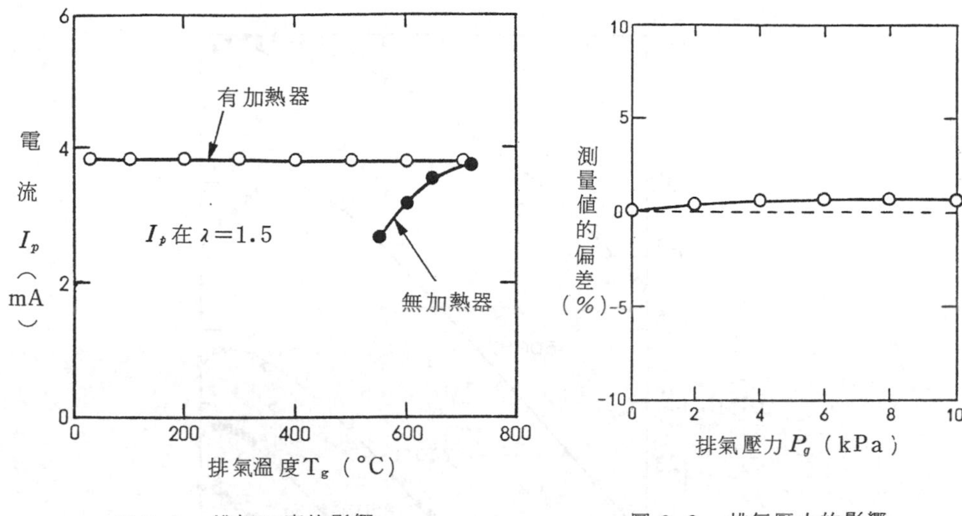

圖 6.8　排氣溫度的影響　　　圖 6.9　排氣壓力的影響

因此，此種有白金加熱器的厚膜鋯材氧氣感測器受溫度及排氣壓力的影響很少，精確度很高，適於一般汽車控制空燃比使用。

6.2 二氧化鈦氧氣感測器

6.2-1 二氧化鈦陶瓷的特性

二氧化鈦在室溫下具有很高電阻的半導體。當氧分子脫離時，會造成氧或鈦結晶格子的空隙，而使結晶格子造成缺陷，產生電流。當氧的空隙愈多，就會有更多的電子可資利用來傳遞電流，材料的阻抗亦隨之降低。此種現象係與溫度及氧分壓有關，其關係式如下：

$$R = A \cdot e^{\frac{-E}{KT}} \cdot P_{O_2}^{\frac{1}{m}} \tag{6.7}$$

其中　A：常數

E：反應能

K：波茲曼常數（Boltzmann constant）

$\frac{1}{m}$：結晶格子缺陷係數（coefficient of lattic defects）

P_{O_2}：氧分壓

R：阻抗

T：絕對溫度

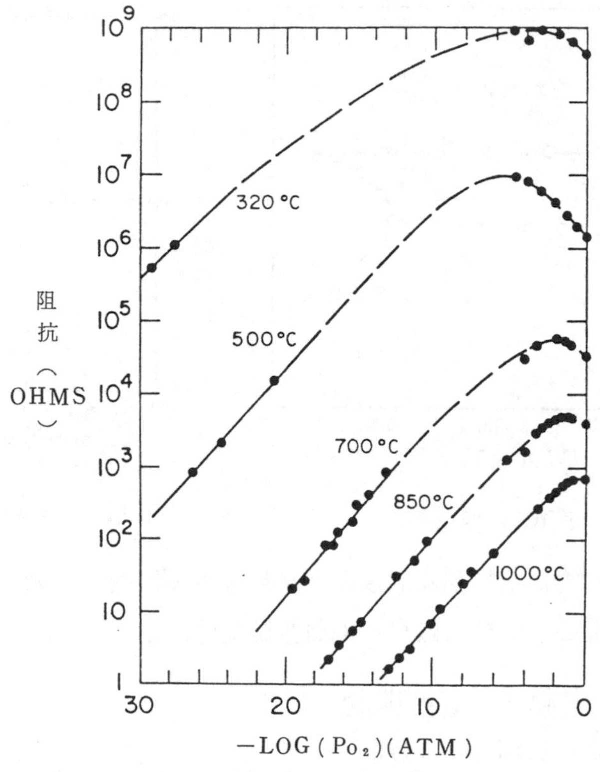

圖 6.10　TiO_2 的阻抗與 PO_2 的關係

圖 6.10 所示爲 TiO_2 從 320°C 至 1000°C 間在各個不同氧氣分壓下的電阻值。此量測值係以 99.5% 的多結晶孔質陶瓷元件摻著白金加熱線的標準試片量得。由此圖中氧氣分壓低的區域，6.7 式的結晶格子缺陷係數 m 爲 4，而且此材料呈現 n 一型半導體特性。在氧氣分壓大的區域裏，電阻值會出現極大值。超過此極大值的氧氣分壓，材料的特性呈現 p 一型半導體特性。在氧氣分壓大的區域裏，電阻 R 與氧分壓曲線顯示有變化，此係材料中含有雜質之故。

由圖 6.10 所示，很顯然地，二氧化鈦的阻抗與溫度有密切的關係。在 6.7 式中的反應能 E，在圖 6.10 中氧分壓及溫度範圍時，其平均值約爲 1.6 電子伏特。其溫度阻抗係數的誤差在 400°C 時爲 4%，在 800°C 時約爲 2%。因此，欲將二氧化鈦在 300～900°C 的排氣溫度中連續使用，必須做溫度的補償。若比對阻抗 R 與氧氣分壓的關係，此材料的反應時間快慢與陶瓷的孔隙多少有很大的關係，當孔隙愈多，反應時間愈短，但當孔隙密度達到某個程度時，其反應時間即不再減少，此其爲材料的極限密度。

6.2-2 二氧化鈦感測器的設計

圖6.11所示爲二氧化鈦感測器的結構，此種感測器具有二個二氧化鈦元件，一個是具有多孔性用來感測氧氣的二氧化鈦陶瓷，另一個則爲實心二氧化鈦陶瓷用來作加熱調節器，補償溫度的誤差。此種感測器外端以具有孔槽的金屬管作爲保護管，一方面讓氣體可以進出，另一方面防止裏面二氧化鈦元件受到外物撞擊。感測器端子側以矽橡膠做爲密封材料，防止外界氣體滲入。此種感測器一般裝於排氣歧管或尾管，同時可藉排氣高溫將感測器加熱至適當的工作溫度。

圖6.12所示爲TiO_2氧氣感測器與電熱調節器的材料表面放大圖，氧氣感測器的粒質較細，孔洞較多，而電熱調節器的顆粒較大，孔隙則較小。感測器內的白金導線由端子連接至二氧化鈦元件上，作爲加熱時之通電媒介。

此種感測器具有下列特點，使其造價便宜，耐用五萬英哩，功能仍然正常：

1. 此種感測器不需要參考空氣，可免除因高溫而可能造成氧氣在參考空氣和排氣間洩漏。
2. 氧氣感測元件和電熱調節器電極永遠密封在二氧化鈦陶瓷裏面，因此可保護陶瓷和金屬間的界面，避免受到排氣的磨耗和腐蝕，同時可使二氧化鈦陶瓷和電極間的熱膨脹係數密切匹配，使界面的熱應力降至最低。

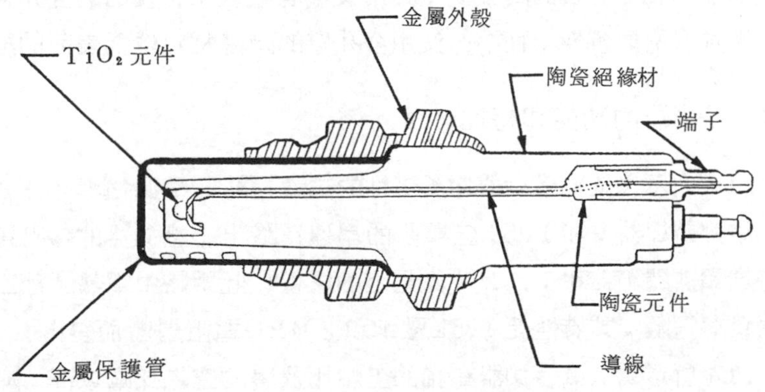

圖6.11 TiO_2氧氣感測器的結構

TiO_2 氧氣感測器元件（700x）

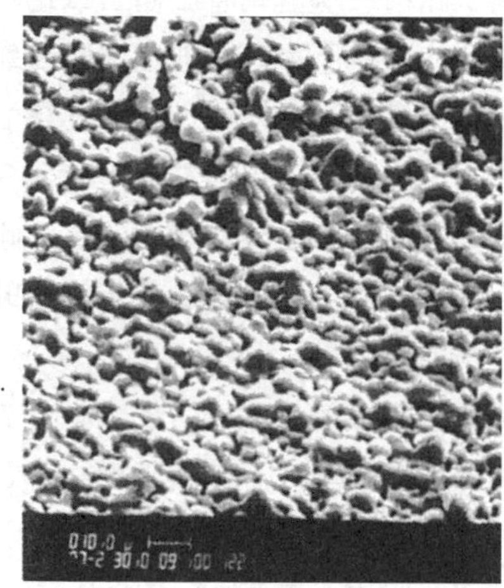

TiO_2 電熱調節器元件（700x）

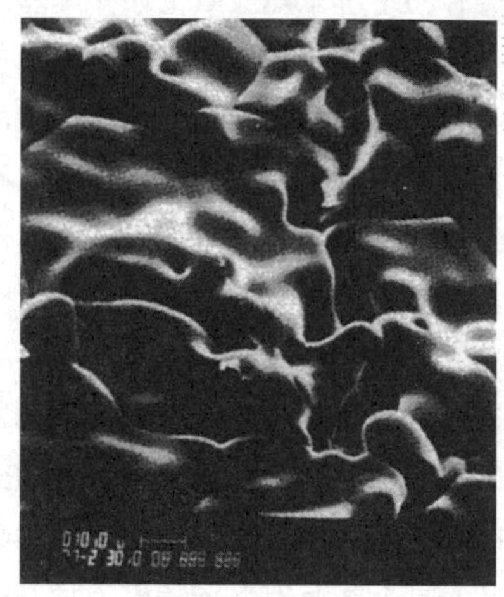

圖 6.12 TiO_2 氧氣感測器與電熱調節器材料比較

3. 陶瓷絕緣材固定二氧化鈦元件，且電導性低，因此在設計及製造上只需考慮此絕緣材受排氣高溫的影響及大量生產的方法，不需顧慮有其他電導問題。
4. 貴金屬滲在多孔質的陶瓷裏，比用貴金屬塗敷在密實的陶瓷元件表面上，更具有抗磨耗性，而不需使用多孔質的陶瓷材料作爲表面的護罩。

6.2-3 感測器的功能和特性

圖6.13 所示爲量測感測器電子特性的試驗電路。電源電壓 V_{ref} 加在氧氣感測器，電熱調節器，和 1.5kΩ 電阻的串連電路上。感測器的輸出電壓 V_{out} 可量測跨越電熱調節器和 1.5k 歐姆電阻的電壓。此電路中電熱調節器爲受溫度影響的負荷電阻，其特性受 1.5k 歐姆和 2MEG電阻調節而變化。

圖6.14 所示爲氧氣感測器在稀的空燃比及濃的空燃比區域裏，感測器電阻及電熱調節器電阻受溫度影響的變化。在 250°C 至 850°C 之間，氧氣感測器的電阻由稀的空燃比變化至濃的空燃比時，其電阻變化非常快。而且達到穩定狀態所需時間小於 100msec。在氧氣感測器工作範圍兩端（即當溫度大於

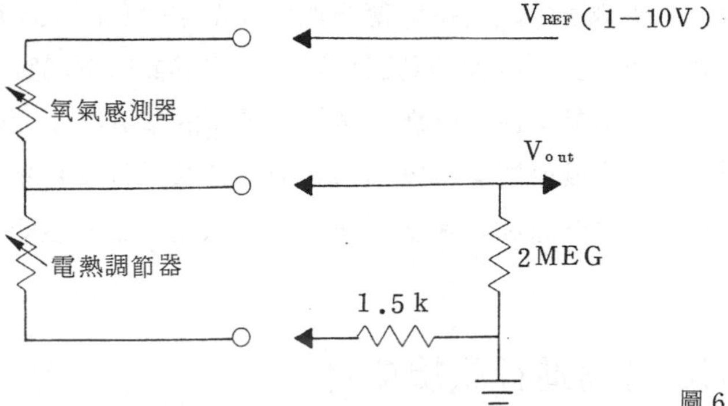

圖 6.13　TiO_2 感測器測試電路

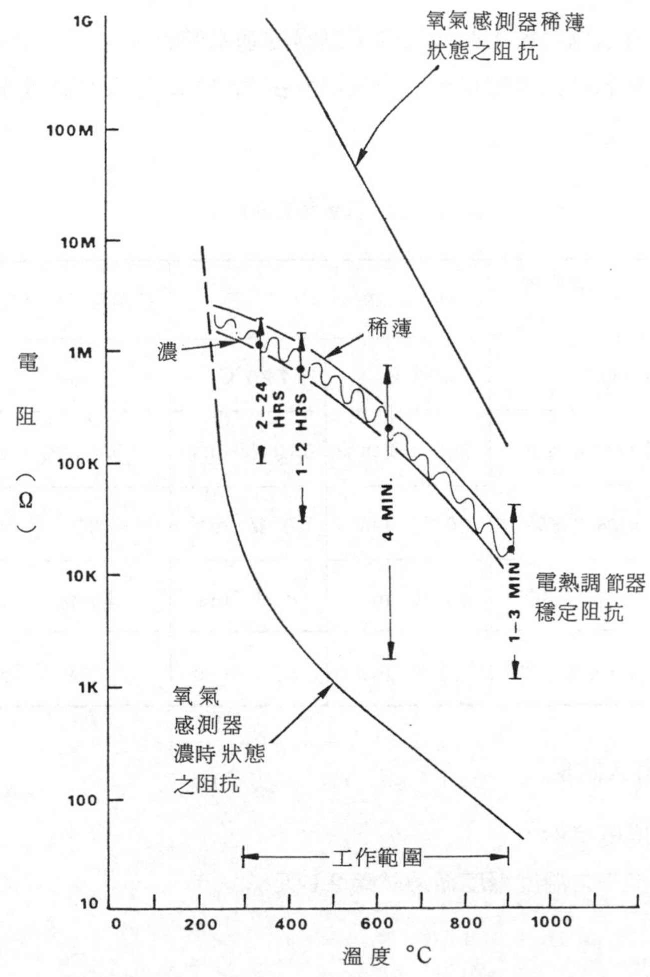

圖 6.14　溫度變化對感測器阻抗的影響

850°C，小於250°C時），感測器的阻抗在稀薄空燃比和濃空燃比兩個區域裏有重疊，因此需要電熱調節器將感測器加熱到工作溫度。電熱調節器爲實心的二氧化鈦陶瓷，亦會保有一些氧氣，但是反應速度比多孔質的氧氣感測元件二氧化鈦陶瓷慢很多，因其反應速度很慢，所以電熱調節器的電阻較不容易達到穩定。由圖6.14中所示，當溫度愈高，其達到穩定時間愈短，溫度愈低，其達到穩定所需時間愈長。

6.3 氧氣感測器開發時需進行試驗項目

6.3-1 特 性

表6.1所示爲二氧化鈦型氧氣感測器的基本特性表，氧氣感測器經過耐久試驗後，亦需滿足此表的規格，排氣溫度在350°C至720°C間的感測器輸出訊號亦需滿足。

表6.1 氧氣感測器的基本特性

項目 ＼ 感測器	新感測器		熱循環試驗250小時後
排氣溫度（°C）	350°C	720°C	350°C
油氣濃時輸出電壓	900^{+300}_{-120} mV	950^{+300}_{-120} mV	900^{+300}_{-120} mV
油氣稀時輸出電壓	20^{+55}_{-20} mV	60^{+55}_{-20} mV	20^{+55}_{-20} mV
由濃至稀的反應時間	40^{+80}_{-40} ms	40^{+80}_{-40} ms	40^{+80}_{-40} ms
由稀至濃的反應時間	5^{+35}_{-5} ms	5^{+35}_{-5} ms	5^{+35}_{-5} ms

6.3-2 耐久試驗

一、溫度濕度環境性：

以圖6.15之溫度濕度循環試驗21天

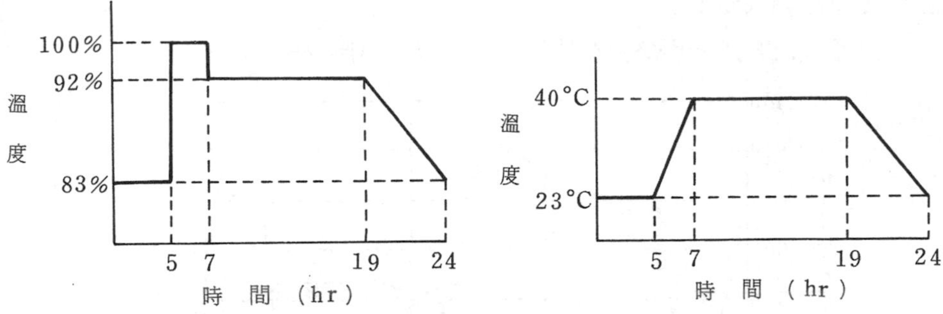

圖 6.15　溫度濕度循環試驗模式

二、熱循環試驗：

以圖 6.16 的加熱條件試驗500次

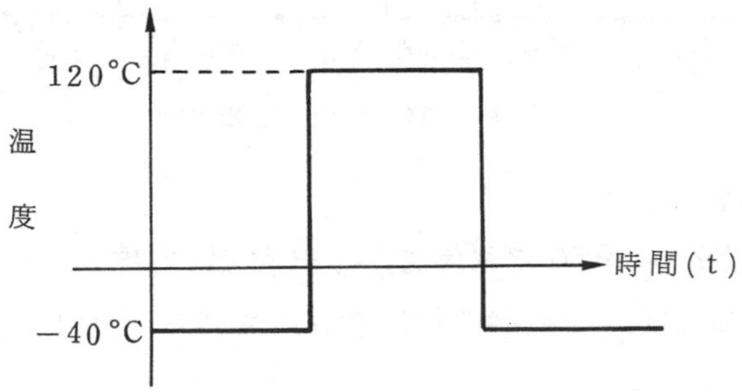

圖 6.16　熱循環試驗加熱條件

三、浸水試驗：

圖6.17所示爲浸水試驗模式，圖6.17(a)爲浸水裝置，圖6.17(b)爲試驗時間，浸水試驗次數爲600次。

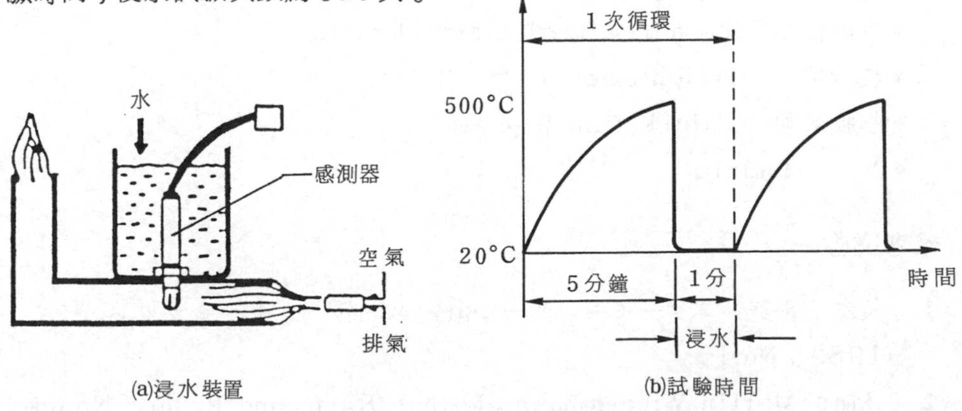

圖6.17　浸水試驗模式

四、實車耐熱試驗：

以圖 6.18 所示引擎負荷情形，實車耐久試驗 250 小時。

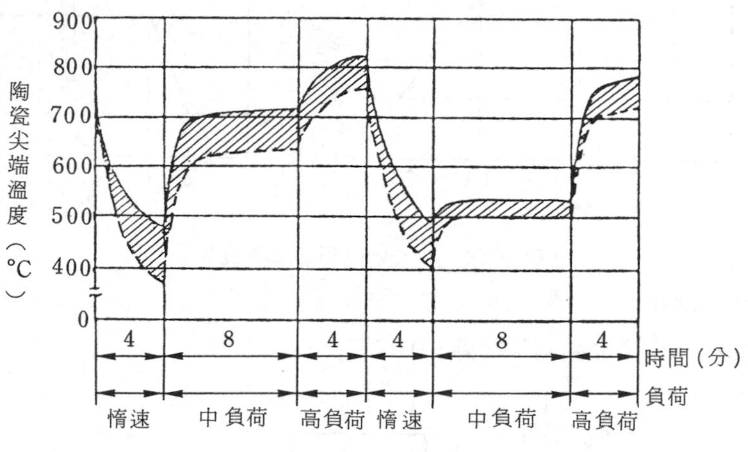

圖 6.18　實車耐熱試驗模式

五、塩水噴霧試驗：

依 JIS Z2371-1976 之試驗方法，試驗72 小時。

上述的耐久試驗後，感測器的輸出特性仍需滿足表6.1之規定。

關鍵字

- 觸媒轉換器　Catalyst Converter
- 空燃比　Air-Fuel Ratio
- 氧氣感測器　O_2 sensor
- 鋯　Zirconia
- 常態化空燃比　normalized air-fuel ratio
- 最適值　stoichiometric
- 厚膜處理　thick-film process
- 鈦　Titania

參考文獻

1. 黃木　正美，“サーモセンサー，酸素センサ”，セラミックス 17(1982) No.1。
2. Hans-Martin Wiedenmann, Lothar Raff, and Rainer Noack,

"Heated Zirconia Oxygen Sensor for Stoichimetric and Lean Air-Fuel Ratios", SAE840141。

3. Seikoo Suzuki, Takao Sasayama and Masayuki Miti, "Thick-Film Zirconia Air-Fuel Ratio Sensor With a Heater for Lean Mixture Contro Systems," SAE paper 850379。
4. Shigeo Soejima and Shunzo Mase, "Muti-Layered Zirconia Oxygen Sensor for Lean Burn Engine Application", SAE paper850378。
5. William J. Fleming, "Zirconia Oxygen Sensor-An Eguivalent Circuit Model", SAE800020。
6. H.U.Gruber and H.M. Wiedenmann, "Three Years Field Experience with the Lambda-Sensor in Automotive Contro/ Systems" SAE paper 800017。
7. William J. Fleming, "Sensitivity of the Zirconia Oxygen Sensor to Temperature and Flow Rate of Exhaust Gas" SAE paper 760020。
8. C.T. Young, "Experimental Analysis of ZrO_2 Oxygen Sensor Transient Switching Behavior", SAE paper 810380。
9. David S. Howarth and Adolph L. Micheli, "A simple Titania Thick Film Exhaust Gas Oxygen Sensor", SAE paper 840140。
10. 松下健次郎，松本滋博，"チタニア厚膜酸素センサーの開發"，日產技報第21號，昭和60年。
11. M.J.Esper, E.M. Logothetic, and J.C. Chu, "Titania Exhaust Gas Sensor for Automotive Applications", SAE paper 790140。

第7章

扭力感測器

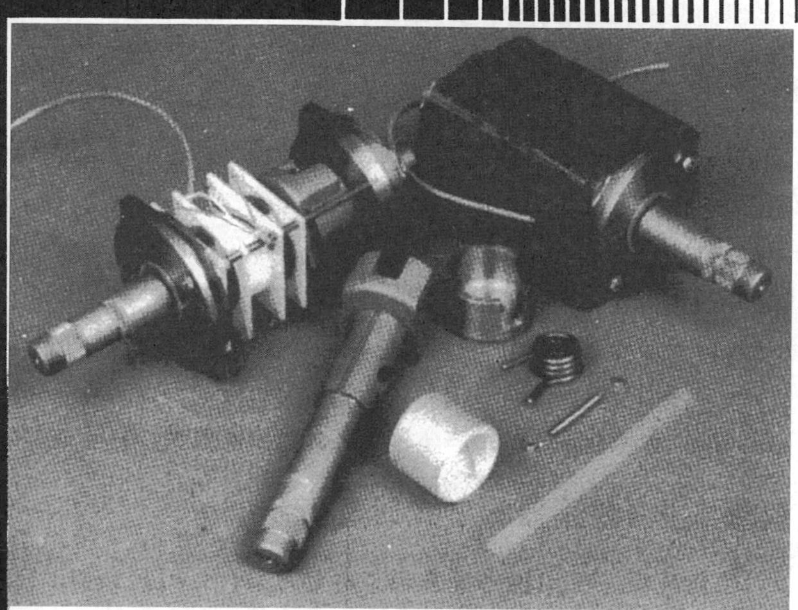

套筒式扭力感測器

§本章內容重點

扭力感測器可應用於引擎控制、自動排檔變速等系統，文中敘述包括：

- 感測器的型式與選用
- 磁性扭力感測器
- 差作用扭力感測器
- 光電扭力感測器

現階段的引擎控制系統需掌握扭力、轉速的動態變化，並把此訊號輸入微處理機，以回饋控制正時（ timing ）、空氣燃油比等參數，本章將介紹扭力感測器的型式、工作原理、及其應用。

7.1 引 言

以往我們常採用歧管眞空（manifold vacuum）方法以執行引擎扭力負荷的間接量測，而事實上由於廢氣再循環裝置（Exhaust Gas Recirculation，簡稱EGR），以及其餘眞空致動元件（vacuum-actuated components）的影響使得此方式誤差過多，故目前備有污染、省油等精密控制之系統均改用直接量測的扭力感測器，以改良節流一應答驅動性（throttle-response drivability）。

另者，引擎扭力訊號檢出亦可應用於自動排檔變速（automatic transmission shifting）的電子控制，如此可替換原先複雜的液壓變速。

7.2 扭力感測器的型式與選用

如何選擇一車用扭力感測器以從動力系（power train）中做扭力量測是個需多方面考慮的問題，比如說在變速箱和差速器（differential）間量取傳動軸扭力是可辦到的，但是我們無法預測變速箱排檔時的暫態行爲，也就不能得到傳動軸扭力與引擎制動扭力（ brake torque ）間換算關係，當然這種數據是不合乎引擎控制需要的，故而應選用可直接量出引擎扭力的感測器。

再更深一層看還有問題，名義上扭力感測器可偵測出引擎制動扭力，而其實際係量測機械應力（stress）、應變、或不同負荷下所承受的力，所以於車輛行駛之暫態模式中，扭力感測器不僅量得引擎制動扭力，也包含了慣性負荷（inertial loads）因加速與減速效應所衍生之“額外”扭力，故於此處強調，當扭力感測器用於控制系統時需審愼考慮其影響程度。

表7.1所示爲各種型式的扭力感測器，其中A類係直接量測式，而B類屬間接量測式，若以實驗目的而論，第2，3型的感測器較常做汽車應用，尤其是黏合應變計感測器（bonded strain-gage sensor）的裝設面積甚小，故更廣爲採用。

依據表中說明，2、3型感測器均不易開發大量生產，同樣的，第4～7

表 7.1 車用扭力感測器種類

感測器型式	說明
A. 直接量測式	
1. 磁性非接觸式感測器	可直接量測因扭力引致之應力，但須裝設在傳動軸鄰近空間。
2. 扭力－應變，扭轉角感測器	裝於已承受扭力應變之軸時，需使扭轉角（twist angle）做精密機械對準（mechanical alignment）。
3. 黏合應變計感測器	將應變計裝於軸上，其中尙需考慮轂緣環（slip ring）讀出、迴轉變壓器讀出、以及遙測（telemetry）讀出等技術，量產開發不易。
4. 引擎脚架反作用力感測器	量測傳動軸（不是引擎）驅動線之扭力，亦需特殊引擎脚架（engine mounts）以隔離反作用扭力引起之應力。
B. 間接量測式	
5. 負載墊圈、應變計、或壓力感測器偵測出汽缸壓力後再計算指示扭力	此法需複雜的訊號處理過程，且不易做校準，計算結果只能提供單缸之指示扭力（indicated torque）值。
6. 磁性拾訊器、加速計、或排氣壓力感測器偵測出引擎轉速調變後可計算最佳扭力與引擎粗度	需複雜之訊號處理程序，且只能取得相對指示引擎扭力，注意因其有遭致機械共振（mechanical resonances）干擾效應的可能，故所得結果應予審愼判斷。
7. 磁性拾訊器偵測自動排檔的滑移速率以取得引擎扭力	此法不適用於手排檔（manual transmission）、與附自動排檔扭力轉換器（torque converters）鎖定裝置之車輛，也無法提供暫態扭力（transient torque）數據。

型感測器各因其缺失的尙未克服而無量產，其中5～7型係間接量測扭力，故根本不列入考慮項目，以下各節將介紹幾個實例以爲說明。

7.3 磁性扭力感測器

此型感測器主要是利用鐵磁金屬的磁效伸縮（magnetostricture）特性，當材料承受負荷引致機械應力時，感測器藉非接觸方式量測其跟隨變化的導磁率，即可求得扭力。

7.3-1 基本構造

圖7.1(a)所示爲非接觸式磁性扭力感測器的構造示意圖，位於感測器中央

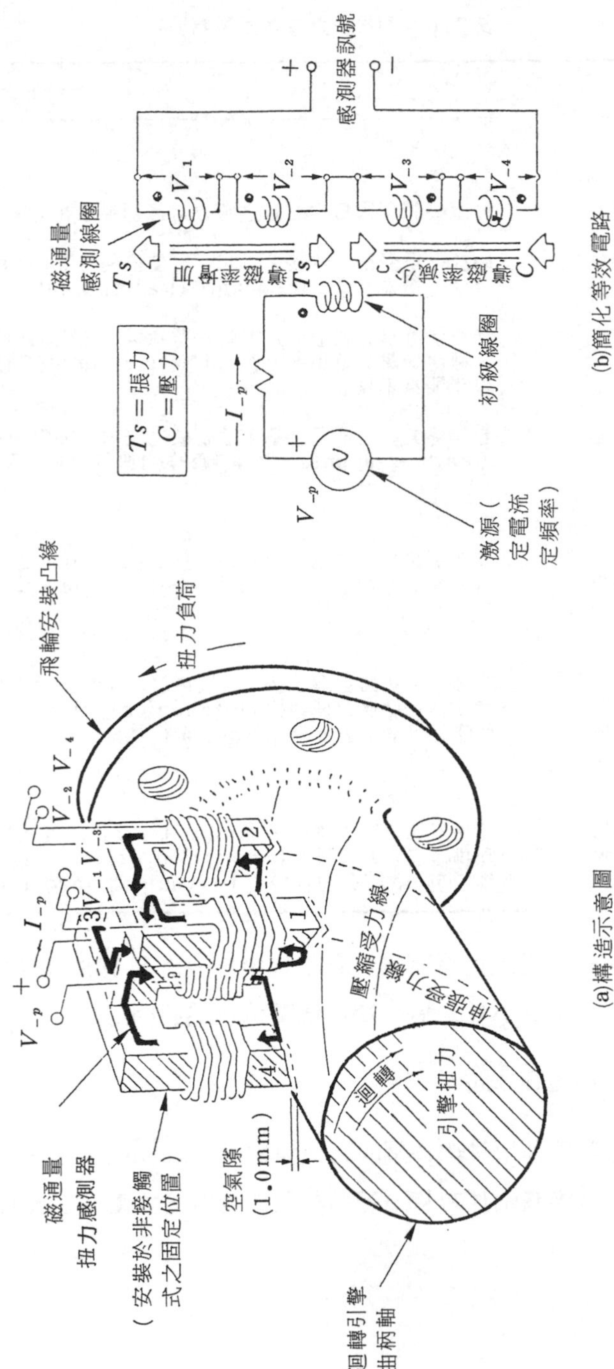

圖 7.1　非接觸式磁性扭力感測器

極片的初級線圈（primary coil）引導磁通量跨越空氣隙而進入曲柄軸內，隨即又透過四個隅角極片（corner pole piece）返回感測器，其中1和3號線圈安裝於對準（align）曲軸主張力應力線（principal line of tensile stress）的隅角極片上；而2與4號線圈則對準主壓力應力線。

如圖當引擎扭力以順時針方向施於曲柄軸，則由於沿軸上張力線的磁通量和導磁率增加，致使線圈1和3之電壓上升；反之，沿壓力線的磁通量與導磁率減少，亦將促使線圈2和4之電壓下降。

圖7.1(b)列出簡化等效電路，由圖可知扭力感測器的輸出訊號係由電壓1加3與電壓2加4兩者之差而得，如此可保持其感測特性不因軸導磁率隨溫度變化效應而受到影響的優點，此外，另擁有緊密、製造簡易、安裝方便等多項好處。

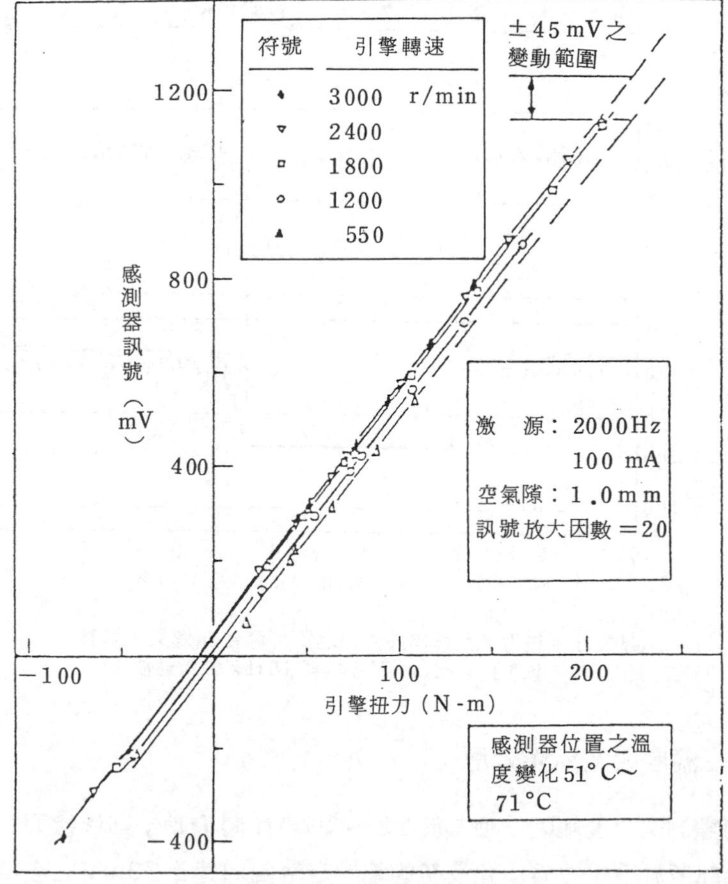

圖7.2　扭力感測器之穩態特性

7.3-2 穩態與暫態特性

最近所發展的扭力感測器不僅功能擴增，且更趨縮小，例如美國通用汽車（GM）研發部門推出第五代的感測器，安裝於曲柄軸空間只需 22mm 長即可，且使用2000Hz，100mA 之正弦激源，其穩態測試特性見圖7.2，於此非接觸式量測中，因引擎轉速引致之輸出訊號變動範圍約± 45mA，故滿標誤差（full scale error）約爲±3.8％。

圖7.3所示爲感測器之暫態特性，其中包括引擎負荷運轉與再啓動之訊號響應，由記錄資料顯示此已足敷車輛控制系統使用。

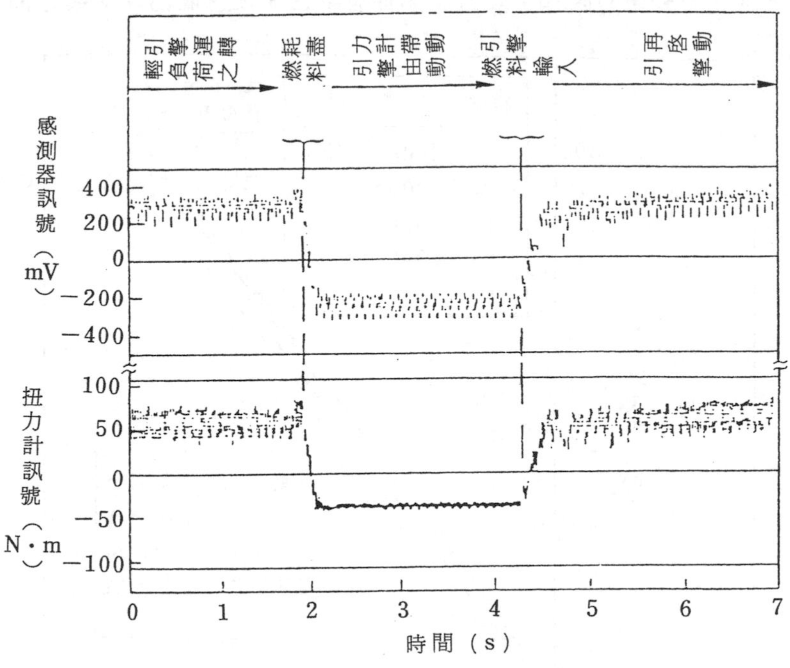

圖7.3 扭力感測器與扭力計之暫態輸出訊號，引擎轉速1350 rpm，兩者均經 10Hz 帶寬濾波

7.3-3 溫度與空氣隙效應

若調整測試溫度範圍，使其於22～87°C間變動，則依據圖7.4數據指出感測器訊號於零扭力時，由最初的零設定值偏移達±70mV之多，而同樣溫

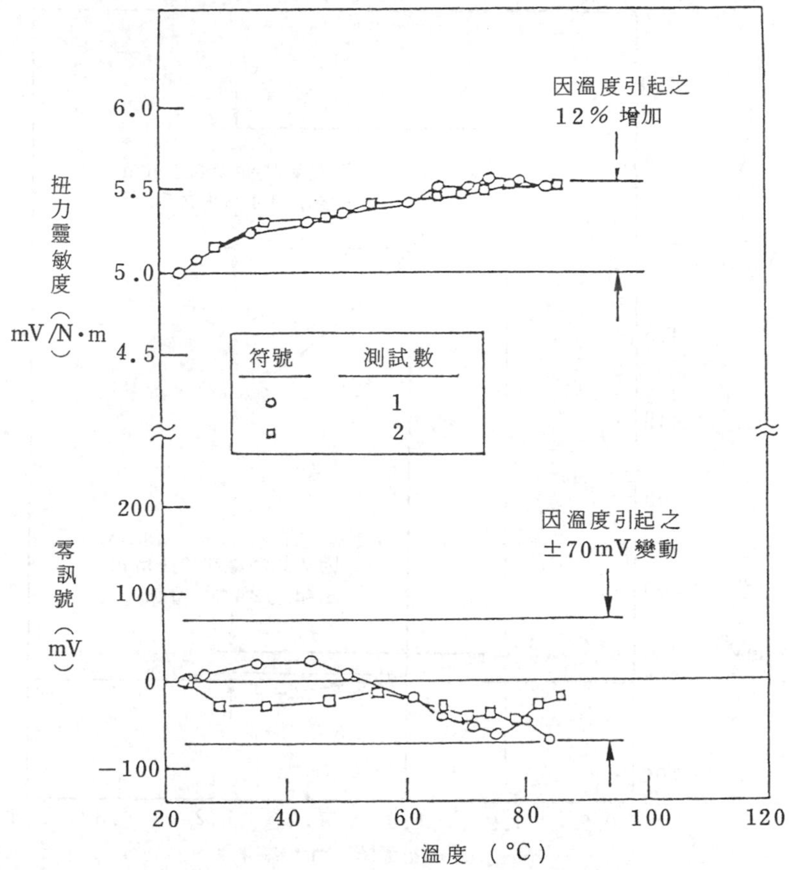

圖7.4　溫度效應對扭力感測器之影響，空氣隙爲1.0mm

度上升狀況下，感測器扭力靈敏度（torque sensitivity）由5.00至5.59 mV/N-m，增加12％。

另者，空氣隙（見圖7.1）效應亦爲重要影響參數，圖7.5所示爲室溫條件下，空氣隙與扭力靈敏度之相對變化，圖中可知當空氣隙由1.0減至0.9 mm，感測器訊號從零扭力提升到24mV，且扭力靈敏度亦由5.00增至5.69 mV/N-m，達14％。

上述空氣隙之所以變化的原因主要係熱膨脹（thermal expansion）引起，故溫度以及空氣隙兩參數是高精確度扭力感測器必須克服的問題，而圖7.4，7.5可供修正參考。

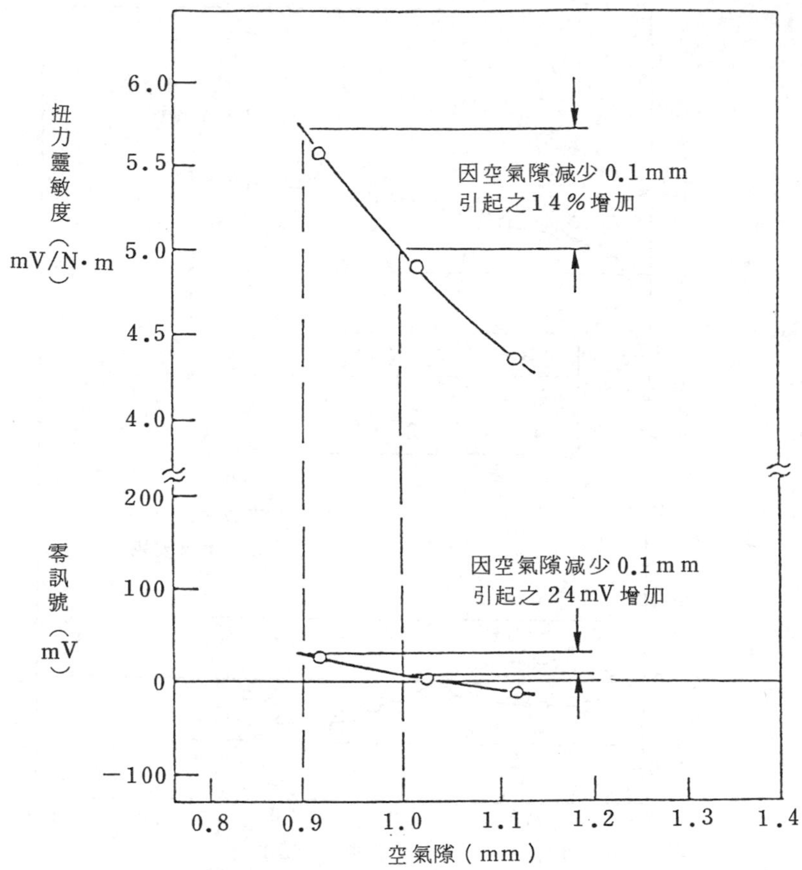

圖 7.5　空氣隙效應對扭力感測器之影響，溫度設定在 22°C

7.4 差作用扭力感測器

此型感測器亦屬於磁性工作原理的一種，但因其應用於電動輔助轉向系統（electrical assist steering system），故另獨立一節詳予討論。

7.4-1 工作原理與性能要求

傳統的動力方向盤大多使用液壓系統，而近年來爲便於更有效率之控制方式，愈益趨向電動轉向系統，其中關鍵就在於是否能製出非接觸、低漂移、線性度良好、滿足性能要求、價廉之轉向軸感測器，以偵測軸承受的扭力。

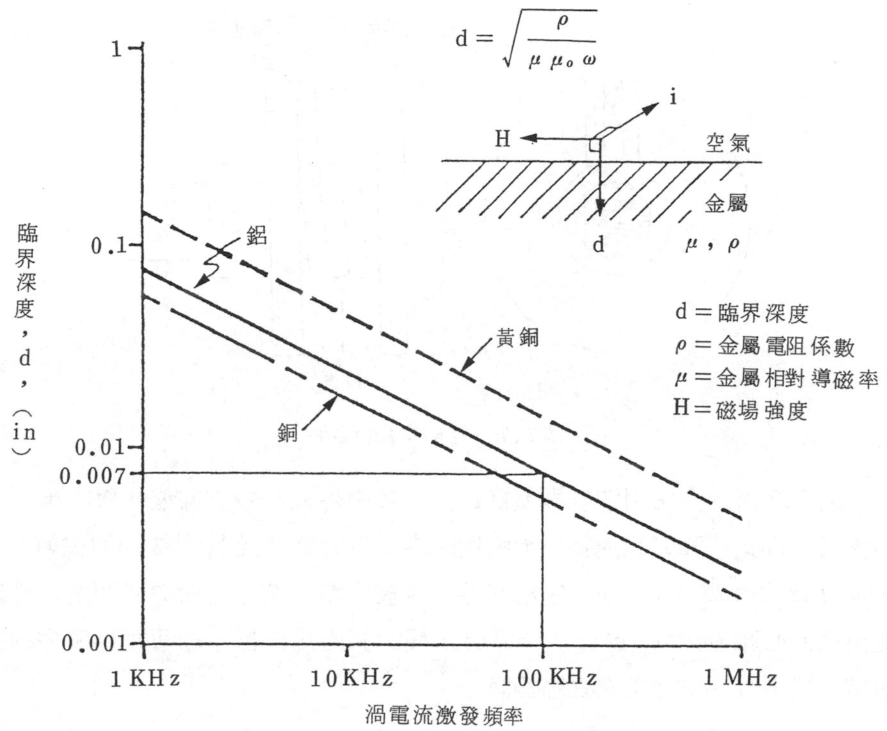

圖 7.6　表面效應感測器深度對工作頻率關係

該型式扭力感測器的理論基礎係渦電流表面效應，現說明於後：

若使用初級線圈發出的交流激發電磁場靠近一導電材料，則將於此材料磁通量線的橫向平面（transverse plane）引發一渦電流，此穿透（penetration）作用通常並不深，圖7.6所示即爲渦電流激發頻率與臨界深度（critical depth）關係，舉例來說，對鋁材施以100KHz激發頻率，則其穿透深度僅約0.007in，故的確是“表面”效應。

另者，當激發線圈愈益靠近傳導表面，則渦電流的流動現象可比擬爲變壓器（transformer）的次級繞組（secondary winding）電流，此將引致跨越線圈兩端的電壓改變，並產生相移（phase shift）訊號，該物理特性亦可予運用。

轉向感測器需隨時檢出駕駛人施於轉動軸（方向盤）的有效扭力，以傳至處理系統與致動器，並提供一適當的附加扭力給轉動軸，達到轉向輕盈的效果。

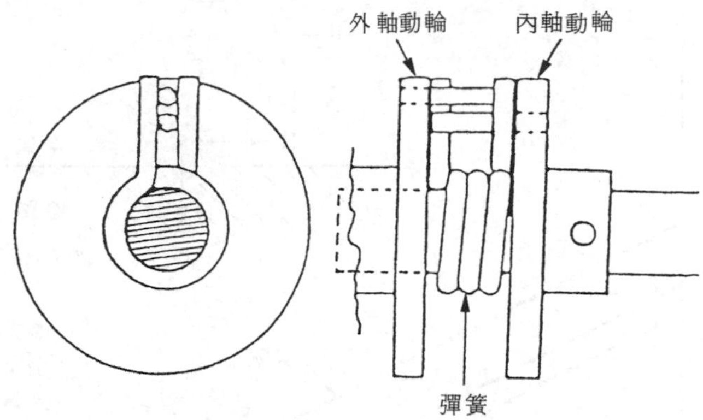

圖7.7 連結彈簧組合件

圖7.7所示為常用連結彈簧組合件，其中外軸（接方向盤）與內軸（接轉向機構）間以一彈簧相連接，於彈性區內，扭力將正比於彈簧的角偏轉（angular deflection）；超出其外，則被定銷阻擋。若設置感測器以動態偵測出兩同心軸（concentric shafts）間的相對角位置，即可提供所需的扭力訊號。以下介紹數種型式之感測器。

7.4-2 擋片式

此種感測器即是應用前述表面效應相移特性以非接觸法檢出同心軸相對角位置，其感測角度可隨需求而設定，唯本例滿標輸出為22-1/2度。

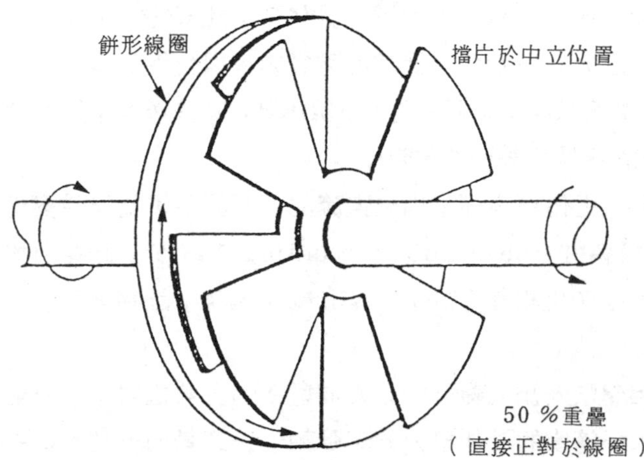

圖7.8 擋片式感測器

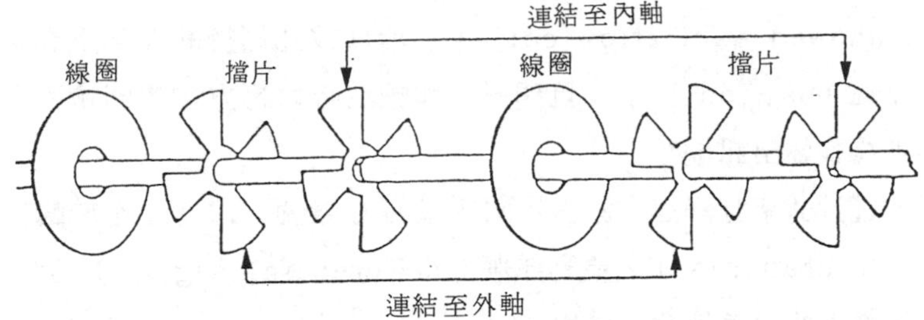

圖7.9　雙通道差動輸出構造

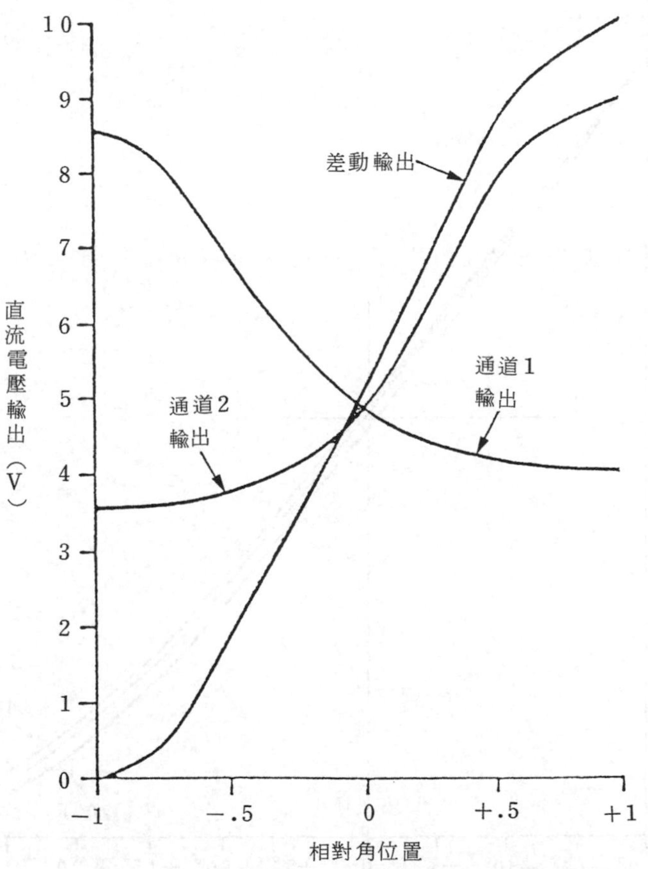

圖7.10　顯現良好線性度之差動感測器輸出特性

圖7.8所示為兩並排四葉片之擋片（shutters）鄰近於一餅形激發線圈（pancake shaped excitation coil），葉片彼此居於相互半重疊之中立位置（neutral position），一旦駕駛人順或逆時針打方向盤即會引致一相移，進而提供操作輸出訊號。

實用的擋片式感測器通常係採用兩組擋片（見圖7.9），至於輸出型式為雙通道（two-channels）之差動訊號（differential signal），因其具有防止漂移與使特性曲線線性化之優點。

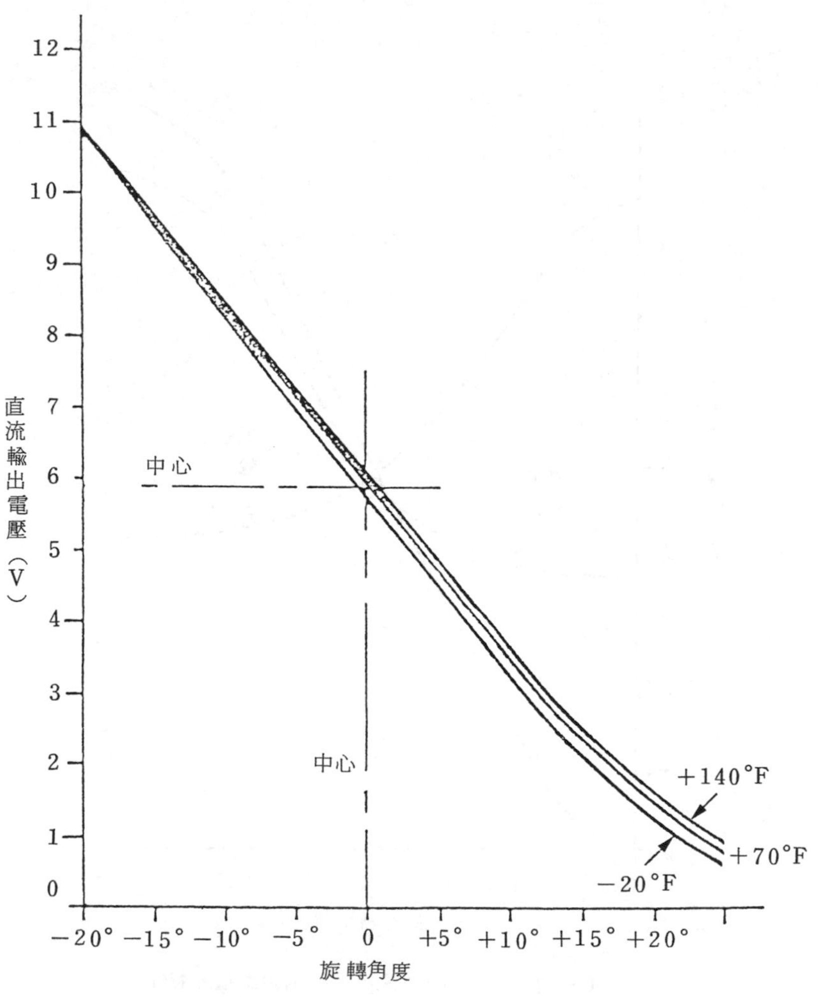

圖7.11　不同溫度條件下，感測器輸出特性

圖7.10指出單通道與雙通道差動訊號之輸出特性，圖中淸楚顯示後者於增益（gain）和線性度等項目均可滿足性能需求。

另者，感測器對溫度的穩定性亦是重要問題，依據圖7.11顯示其特性受溫度效應影響甚小，而擋片的耐久性經環境模擬測試證實轉向迴旋耐用次數可超過10^5以上。

7.4-8 滑動套筒式

此種型式感測器係利用螺管（solenoid）線圈代替前述的餅形線圈，並使用一薄套筒（sleeve）於兩線圈內前後滑動以達成表面效應相移效果。再者，雙通道差動作用方式仍保留原先減少漂移與高線性度優點，通常滑動件係於轉向軸鍵槽內滑動，其構造圖示說明參見圖7.12。

內、外軸之間裝設彈簧（含動輪），藉以提供相對差運動（differential movement），而軸體則以襯套（bushing）支持，外部覆以方形鐵管機罩（housing）。圖7.13所示爲拆裝後各組件的實物照片。

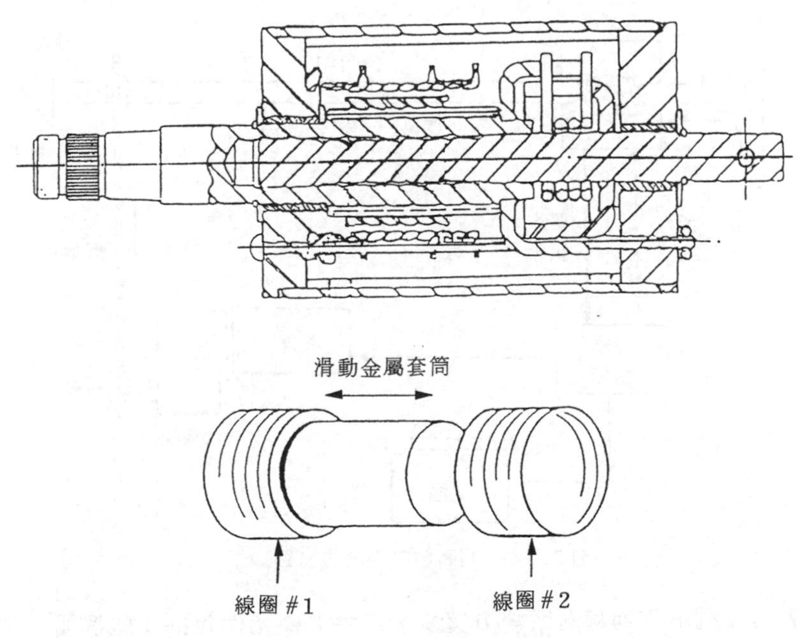

圖7.12　滑動套筒式感測器

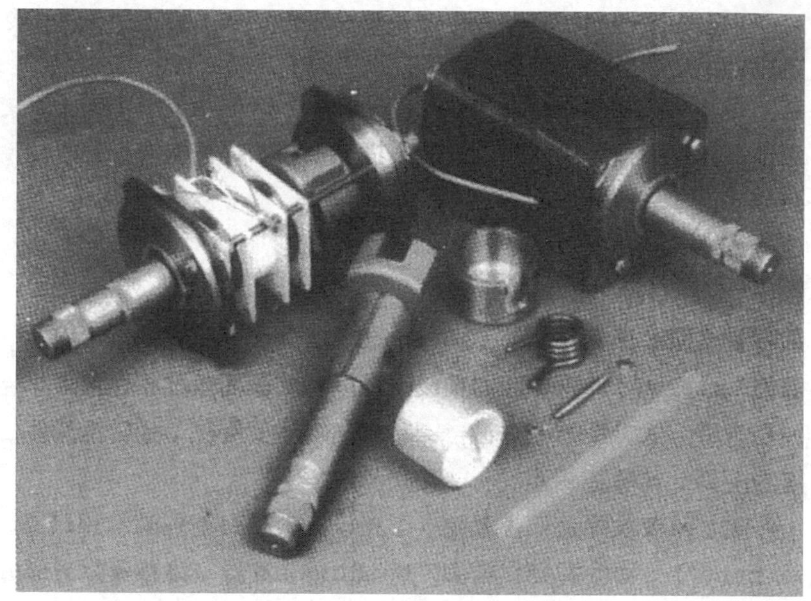

圖7.13　套筒式感測器實物圖

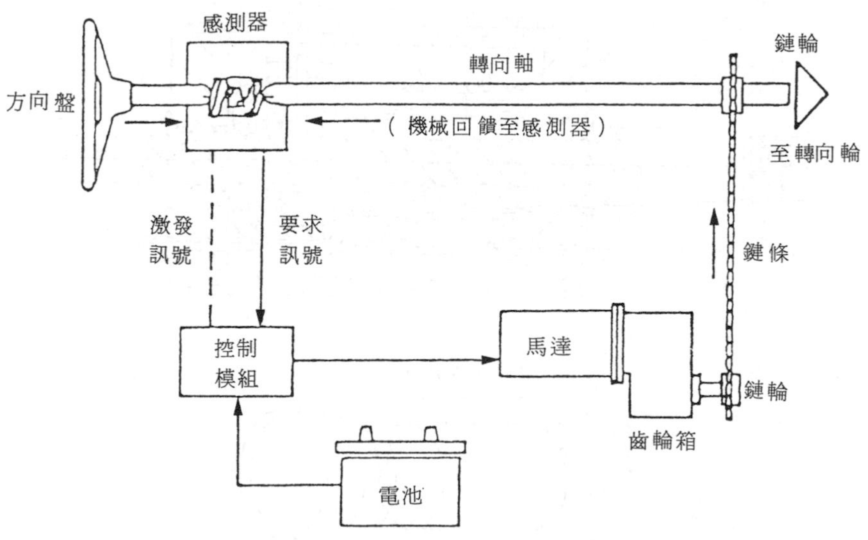

圖7.14　電動轉向系統方塊圖 ω

圖7.14列出電動轉向系統方塊圖，其中主要元件包括：感測器、電子控制器、馬達、以及經齒輪減速（gear reduction）機構驅動轉向軸。圖中輔助動力係藉鏈條輸入，但也可採用直接齒輪傳動。控制器除提供激發訊號，並

處理差動扭力（要求）訊號，將駕駛人輸入的扭力乘以適當倍數，並由馬達提供此計算之扭力給轉向軸，注意該電動增助（electrical boost）可自行選擇，通常是駕駛人施加扭力的6～10倍，甚至能程式化控制。

運用前述感測器所建立的電動輔助轉向系統具有下列優點：

1. 只供給需要動力，故效率高，損失少。
2. 寧靜。
3. 無油壓式的漏失（leak）。
4. 抵抗負荷衝擊（load shocks）能力良好，因而可去除逆轉（kick-back）防止裝置。
5. 閉迴路訊號回饋處理方式可使穩定性、應答速度、精確性予以最佳化。
6. 增助扭力值可依車速或其他參數而程式化設定。
7. 成本較低。

至於缺點則為：

1. 開發初期之費用仍偏高。
2. 故障保安（fail-safing）裝置不夠完善。

7.5 光電扭力感測器

利用光電（opto-electronic）技巧量測扭力具有極高之準確性與可靠度，其中關鍵即在於光電二極體（photo-diodes）與光電晶體對其微小偵測區域內的靈敏程度。

現簡介其基本構造與工作原理，由圖7.15所示，光束從光源S依平行軸線方向射出，且為橫隔於中的一對槽縫擋片間歇切斷，因此到達偵測器D之光線總數（或其接收光的感測強度）為槽縫重疊程度所決定（見圖7.15(b)），若扭力愈大，則重疊長度加寬，通過光線減少，而光電晶體顯示之電壓訊號亦降低。

另者，應用此型感測器尚可精確量測出軸轉速，以及扭力與轉速隨時間的變化率。

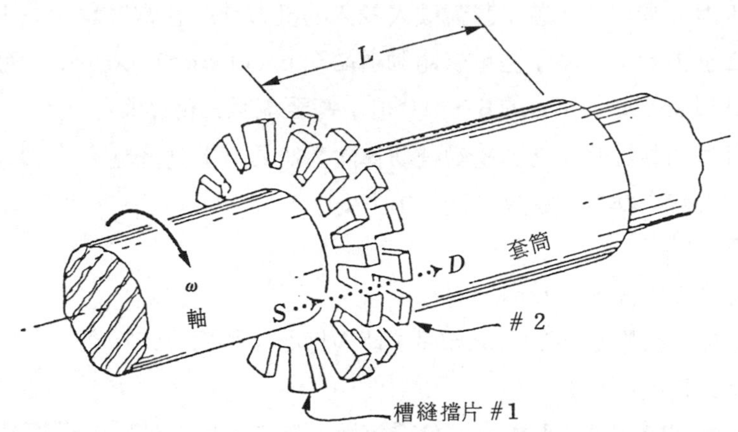

(a)由裝設在負荷軸上的一對槽縫擋片進行扭力量測，S爲光源，而D係偵測器

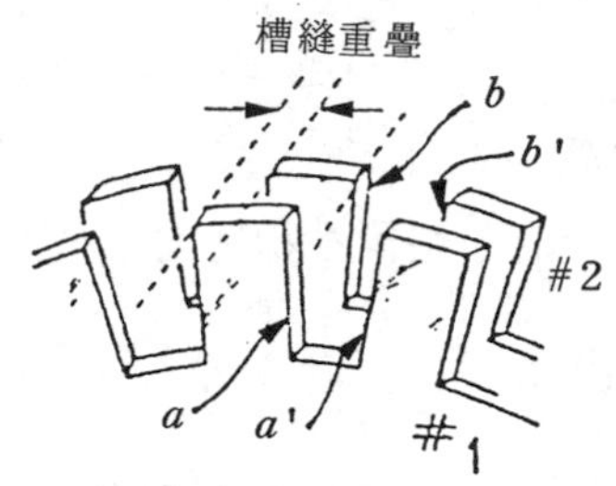

(b)槽縫重疊區域之細部圖

圖 7.15

關鍵字

- manifold vacuum　歧管眞空
- Exhaust Gas Recirculation, EGR　廢氣再循環裝置
- power train　動力系
- brake torque　制動扭力
- mechanical alignment　機械對準
- engine mounts　引擎脚架
- mechanical resonance　機械共振
- inertial loads　慣性負荷
- magneto-stricture　磁效伸縮

- electrical assist steering system 電動輔助轉向系統
- phase shift 相移
- pancake shaped excitation coil 餅形激發線圈
- shutter 擋片
- differential signal 差動訊號
- solenoid 螺管
- sleeve 套筒
- gear reduction 齒輪減速
- opto-electronic 光電

參考文獻

1. G. W. Pratt, "An Opto-Electronic Torqumeter for Engine Control", SAE760070, 1976。
2. William J. Fleming and Paul W. Wood, "Noncontact Mini-ature Torque Sensor for Automotive Application", SAE 820206, 1982。
3. W. Ribbens, "A Non-Contacting Torque Sensor for the Internal Combustion Engine,", SAE810155, Presented at the SAE International Congress, Detroit, Michigan, 1981。
4. W. L. Kelledes and W. K. O'Neil, "A Contactless Surface-Effect Sensor for All-Electric Power Steering", SAE 840305, 1984。

第8章

爆震感測器

§ **本章內容重點**

一、介紹爆震現象

二、介紹共振型爆震感測器

三、介紹非共振型爆震感測器

四、介紹壓力檢出型感測器

五、介紹各車廠使用狀況

由於石油價格昂貴，變動性大，及社會大衆對於節約能源的要求日漸提高，因此，高性能、低耗油量的引擎逐漸受大家注目。爲順應此要求，高壓縮比的小型渦輪增壓引擎的開發爲未來的趨勢。因爲使用渦輪增壓器，引擎的馬力有大幅度的增加，恰好可彌補因排氣污染法規限制所損失的引擎馬力，同時也提高汽車的商品競爭性能，所以目前世界各汽車廠均爭相爲自己的車子裝上渦輪增壓器（turbocharger）。

然有裝渦輪增壓器的引擎比沒有渦輪增壓器的引擎容易發生爆震（knock）。引擎的外在因素如吸氣溫度、大氣壓力、濕度等和內在因素如點火系統的誤差、調整不良，都是產生爆震的原因。引擎發生爆震時，會使引擎汽缸內溫度急遽上升、震動加劇、產生不悅耳的噪音，甚而使引擎破損。因此，設計時必須使引擎與爆震界限（knock limit）保持適當的裕度。以往解決爆震的手段是在燃料內添加抗爆劑如四乙鉛，但是在高溫、低濕度、高負荷等的嚴苛環境下，爆震現象仍會產生。因此延遲點火提前角（ignition advance angle）的手段就被列入考慮。

但是由圖8.1所示，點火提前角與引擎扭力、燃料消耗率及爆震關係顯示，延遲點火提前角會導致引擎馬力降低、燃油消耗率增加，頗不符合現代的要求。因此爲適切地控制點火提前角，與爆震界限保持適當的裕度，爲目前最有

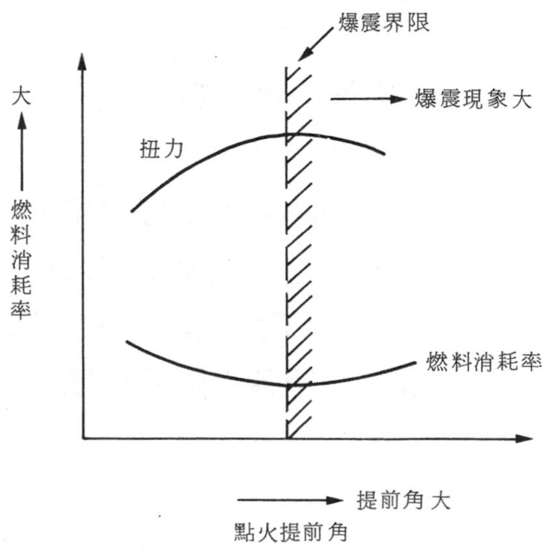

圖8.1　點火提前角和燃料消耗率、扭力

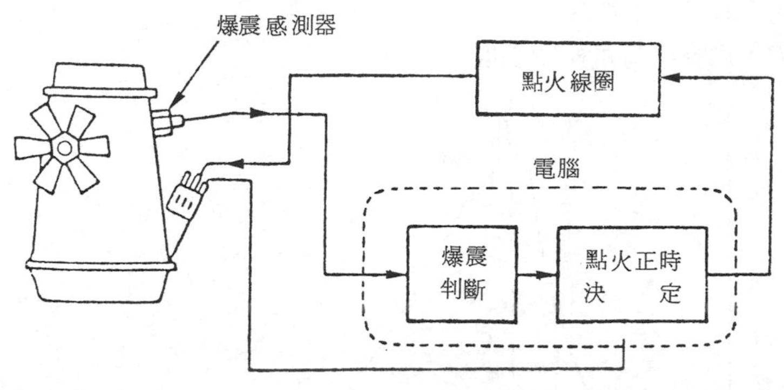

圖 8.2　爆震控制系統

效方法。圖 8.2 所示的爆震控制系統，是利用爆震感測器（knock sensor），配合點火提前角回饋控制系統，在預知爆震即將發生時，就調整點火正時（ignition timing）與爆震界限保持適當裕度，以消除爆震，並得到引擎最佳的性能。此系統用於渦輪增壓引擎效果頗佳，GM公司在 1978 年的渦輪增壓 V 6 引擎率先採用此系統，使節省能源的目的確實達到。

8.1 爆震現象

當人類能感覺到引擎爆震時的噪音和振動時，此時的爆震現象已相當嚴重，稱之爲嚴重爆震（heavy knock）。在嚴重爆震之前即有輕微爆震（light knock），此爆震現象無法爲人類的五官所感覺出來，必須藉由儀器來檢知，此即爲爆震感測器。

爆震發生係因爲混合氣末端產生自燃，使壓力波在汽缸內產生振動現象，此振動頻率（亦即爆震頻率）在汽缸內徑產生半波長的壓力波自然振動其關係式如下：

$$f = V/2d \tag{8.1}$$

f：爆震頻率　　（KHz）

V：壓力波傳遞速度（m/s）

d：汽缸內徑　　（mm）

$$V \alpha C = \sqrt{\gamma R T} \tag{8.2}$$

C：音速　（m/s）

T：燃燒氣體的絕對溫度（°K）

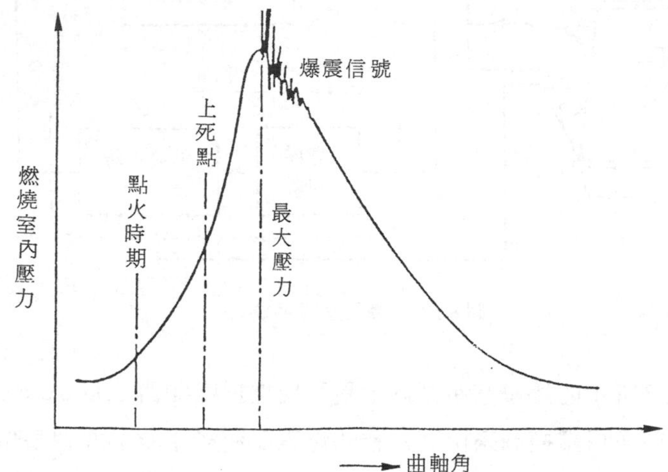

圖 8.3　爆震時曲軸角與汽缸內壓力波形

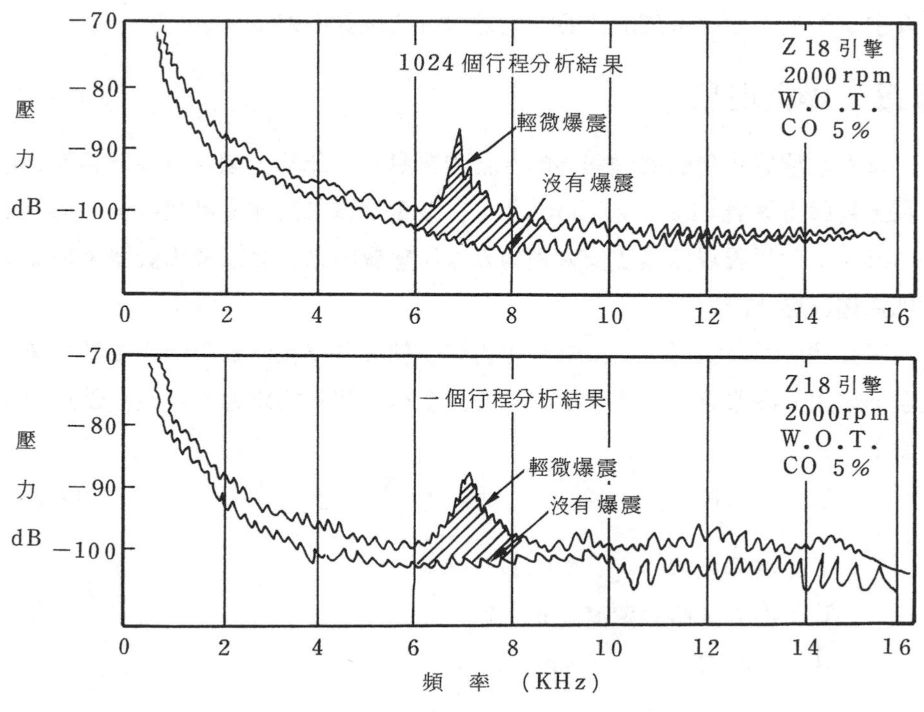

圖 8.4　汽缸內壓力頻率分析

圖8.3所示爲爆震時汽缸內壓力變化情形。由此圖可以明白，當汽缸內的壓力達到峯頂之後，緊接著產生高頻的振動。此壓力振動的發生和引擎運轉條件有關連，一般而言，約在上死點後20～60度之間會發生。

圖8.4所示爲使用狹帶域頻率分析器分析1024個行程產生爆震與沒有爆震的頻率平均值，與分析1個行程兩者的比較。由此圖顯示，引擎產生爆震的頻帶約爲6至9 KHz 。

8.2　爆震現象的檢出

引擎爆震檢出的方法，依爆震現象的特徵區分，有下列四種：

1. 燃燒室內壓力振動
2. 爆震音
3. 引擎振動
4. 離子電流變化

一、燃燒室內壓力振動：

此方法係在引擎汽缸上裝壓力規，此壓力規大都是壓電材料製成，壓力受壓後，會依壓力大小而反應不同的電壓輸出。此種方式檢測爆震訊號敏感度最佳，但是有下列缺點：

(1) 必須在汽缸本體上加工才能固定安裝，不適於量產引擎使用。

(2) 用於多汽缸引擎時，必須在每一個汽缸上裝一個爆震感測器，如此太佔引擎室的空間。

(3) 由於爆震產生的高熱，感測器的熱負荷很大，冷却問題不易解決。

(4) 由於感測器長期處於汽缸內高溫狀態下，耐久性較差。

(5) 實驗室階段使用的感測器亦常在火星塞上鑽孔安裝（如圖8.5），如實際運用於汽車上時，汽車保養更換火星塞時，必須拆下感測器，增加作業麻煩。同時鑽孔之火星塞僅限於有爆震感測器之引擎使用，減小火星塞之泛用性。

二、爆震音：

此方法是在引擎附近約30公分處放置噪音量測麥克風，爆震時產生的噪音較引擎正常時的聲音尖銳，產生的音壓亦較高。此種方式檢測爆震訊號的優點是感測器沒有和引擎接觸，耐久性佳。其缺點爲敏感度差，易受外面環境影

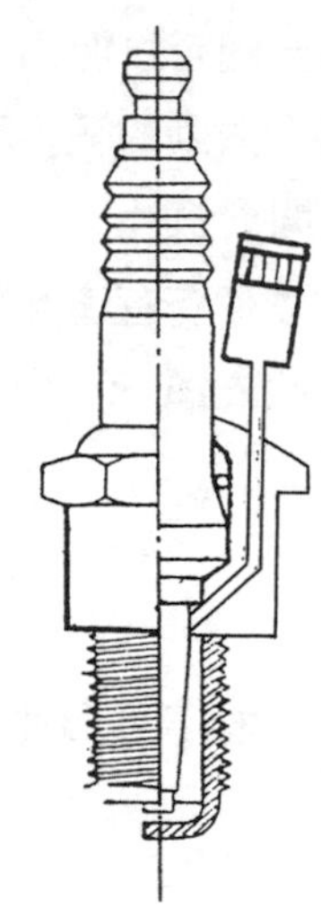
圖 8.5 火星塞鑽孔裝爆震感測器

響，如喇叭聲。

三、引擎振動：

此方法係在引擎汽缸體上裝加速度計或在汽缸頭螺絲裝負荷墊圈（load washer），引擎在爆震時之振動較正常時劇烈，在加速度規上產生之加速度亦較大。此種方式檢測爆震訊號的優點是敏感度佳，固定容易，其缺點爲易受外界之振動影響精確度，感測器長期受引擎振動影響，耐久性較差。目前實用於汽車之爆震感測器大都使用此種方式。

四、離子電流變化：

此方法係利用爆震時燃燒室內離子電流的變化情形來偵測爆震訊號，但是當引擎在高轉速時，爆震產生之離子電流不明顯，實用性差。

就燃燒室內壓力振動，引擎振動及爆震噪音等偵測爆震方式的敏感度，若以定量的評價可由爆震敏感度指標行之，其定義如下：

$$S/N=\frac{\text{爆震時每行程的峯值平均輸出電壓}}{\text{沒有爆震時每行程的峯值平均輸出電壓}}$$

以實際實驗量測，將各種爆震量測方法均裝於引擎上，測得之爆震敏感度指標以燃燒室內壓力振動最佳，S/N 值爲12，引擎振動方式次之，其 S/N 值爲6，噪音量測之敏感度最差，S/N 值爲4。

8.3 實用型爆震感測器

8.3-1 爆震感測器要求條件

實用的爆震感測器應具備下列條件：

1. 檢出敏感度佳：對數 KHz 的高頻率爆震訊號必須能確實地檢知。亦即不能使爆震訊號連續發生，爲了使爆震能迅速被消除，感測器的反應時間（response time）必須很好。
2. 輸出電壓：感測器的輸出訊號需經過控制廻路處理，因此輸出電壓必須充足。感測器受周圍電器裝置的電力雜訊影響不能太大，實用上的爆震感測器需將爆震頻率以 10 mV/G 程度輸出。
3. 小型：爆震感測器因爲裝在引擎上的位置有限，因此必須體積小不佔空間，才易於裝在引擎上。
4. 耐環境性：因爲爆震感測器係裝在引擎上，因此對耐環境的要求非常嚴格。從排氣管輻射出來的熱可使感測器附近溫度高達 110°C，最惡劣的情況亦可達 130°C。引擎本體的振動頻率約數百 Hz，所產生的加速度約數十 G。此外對水、泥土、塩水、機油、汽油等的腐蝕性耐力亦必須很強。
5. 使用容易，堅固耐用：一般量測儀器用的感測器，使用麻煩，同時容易損壞。汽車用的感測器當然不能有上述缺點，不論在生產線上的裝配或是市場上的維修使用時，均不可影響感測器的輸出特性。

8.3-2 爆震感測器的種類

現在已經實用化的各種爆震振感測器的比較如表 8.1 所示。本表所使用的爆震感測器爲振動檢出型式。其安裝位置可放在汽缸體或歧管上。振動檢出型爆震感測器的種類，有下列二種分類方式：

(1) 共振型或非共振型

(2) 壓電材料或磁致伸縮材料（magnetostrive）

共振型的爆震感測器，其機械的共振點和爆震頻率相同，感測器的輸出訊號已經有識別爆震的能力，可使控制電路的負擔減少。

非共振型的爆震感測器，並無具備共振點對應爆震頻率的特性，而具有平

表8.1 震動檢出型爆震感測器的比較

型式	磁致伸縮型 共振	壓電型	
		共振	非共振
外形	稍大	小	小
構造	複雜	稍複雜	簡單
機械－電氣變換效率	小	大	大
阻抗	小	大	大
爆震訊號判別	感測器輸出訊號可識別	←	回路中需有濾波器
調整	需要調整共振點	←	不要
泛用性	隨引擎特性而變更	←	可適用各種引擎
採用車廠	GM. 日產	克雷斯勒、豐田	三菱、紳寶、雷諾

的輸出特性，檢知引擎的振動頻率後，此輸出訊號經過爆震識別回路的頻帶通過濾波器（ band pass filter ），判別是否有爆震訊號。此種形式的感測器電路負擔較大。

但是，共振型爆震感測器，必須與引擎的特性相配合，而變更共振點，在生產線上必須調整共振點。而非共振型的爆震感測器，不論引擎特性如何變更，感測器仍可適用，具泛用性，生產線上不須再作調整。

若以感測器的機械和電氣變換的構成材料分類，可分爲壓電材料和磁致伸縮材料。磁致伸縮型材料是因爲機械的偏移，而使磁力阻抗產生變化的磁性材料，此材質大都以鎳合金製成。壓電材料是因爲機械的偏移而產生電荷，以前所用的壓電材料有酒石酸鉀鈉（ rochelle salt ），水晶等，目前在工業上使用的壓電材料有鈦酸鋇、鈦酸鉛、鈦酸鋯酸鉛等的陶瓷壓電材料。壓電型的爆震感測器機械和電氣間的變換效率高、輸出電壓大、構造上的自由度較高，共振型和非共振型爆震感測器均可以壓電材料製成。總之，近年來陶瓷材料的進步，以陶瓷材料作爆震感測器的實用例子漸多。

一、非共振型爆震感測器

非共振型爆震感測器是以接收加速度訊號的型式，來判別爆震是否產生。

圖8.6所示爲非共振型爆震感測器的外觀與內部構造。爆震感測器內部的附加質量m，因受到振動的關係，而產生加速度a，因此在壓電材料上就會受此外力$F = ma$的壓迫，而產生電荷Q，此電荷與壓電材料的特性關係如下：

$$Q = 2dF \tag{8.3}$$

d：壓電材料的壓電常數

而壓電材料的靜電容量C，和輸出電壓V的關係如下：

$$V = Q/C = 2dF/C \tag{8.4}$$

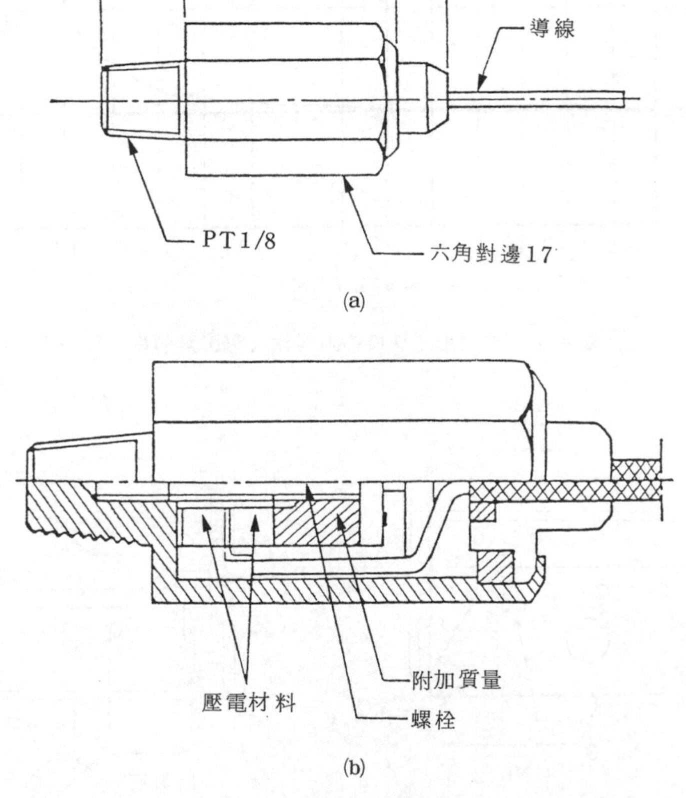

圖8.6　非共振型爆震感測器(a)外觀圖(b)內部構造

非共振型的爆震感測器，在爆震發生時的頻率及其附近，感測器檢測出來的輸出電壓不會很大，通常此型式的感測器，其感測頻率設計由0KHz至數10KHz。圖8.7所示即爲非共振型爆震感測器的量測頻率與輸出電壓關係。此種型式的爆震感測器，可檢測具有很寬頻帶的引擎振動頻率。對於輕微的爆震現象所對應的檢出頻率，在電子回路中要設計濾波器，如要適用於別型引擎時，只須將濾波器的過濾頻率調整，即可使用。而不需更換感測器，此點爲非共振型爆震感測器的優點。

非共振型爆震感測器實際裝於引擎的位置，依引擎型式不同，裝置位置有很大的區別，一般四缸引擎爆震感測器最適的位置如圖8.8所示之第3號放置位置。

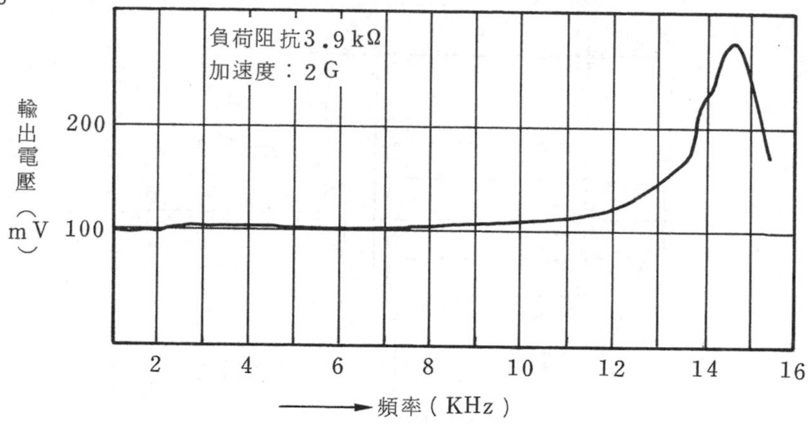

圖8.7　非共振型爆震感測器輸出電壓與頻率

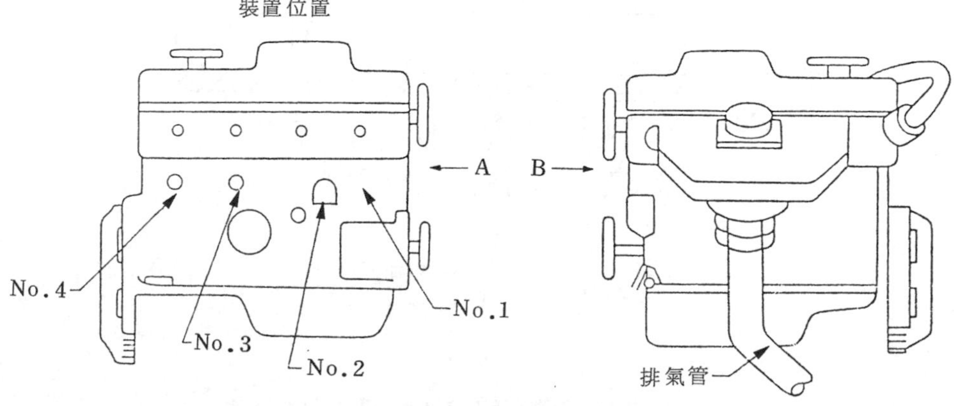

圖8.8　通常四汽缸引擎爆震感測器放置位置

二、共振型爆震感測器

此種型式的爆震感測器係利用輕微爆震時的引擎振動頻率，與感測器本身的自然頻率相符合，而產生共振現象，藉以檢測爆震是否發生。此種型式感測器在爆震時的輸出電壓比非共振型的輸出電壓高很多，因此無需使用濾波器，但是沒有非共振型爆震感測器的泛用性。圖8.9即爲共振型爆震感測器的構造。此構造的壓電元件和振動板接著後的共振頻率以下式表示：

$$f_o = \frac{\alpha t}{r^2}\sqrt{\frac{E}{3\rho(1-\sigma^2)}} \qquad (8.5)$$

f_o ：共振頻率　　t ：厚度

r ：半徑　　E ：彈性係數

σ ：波松比　　α ：比例常數

圖8.10所示爲共振型爆震感測器的檢測頻率和輸出電壓的關係，在爆震時的共振頻率，使感測器的輸出電壓突然增高，由8.10與8.7兩圖比較，在5.8 KHz 時產生的爆震，在共振型感測器的輸出電壓爲100 mV,而非共振型的感測器輸出電壓爲 100mV，而且無峯值出現，因此需用濾波器過濾5.8 KHz 附近的頻率。

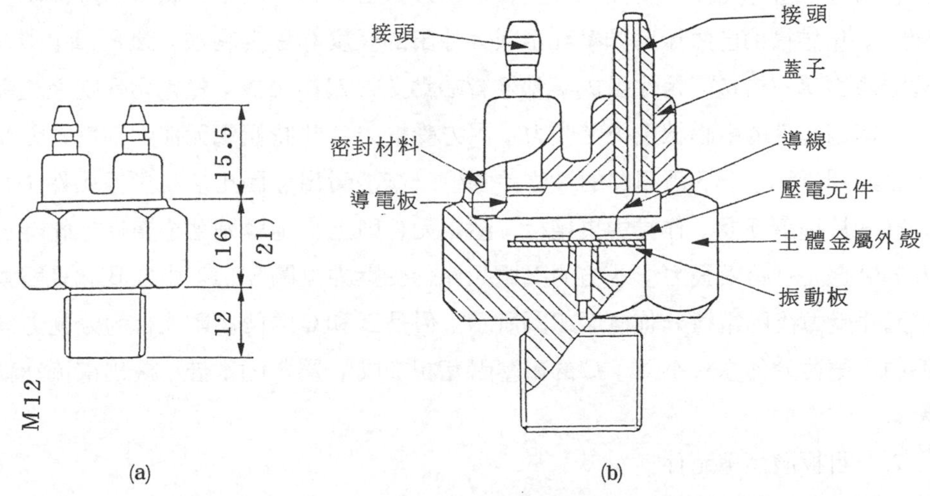

圖8.9 共振型爆震感測器(a)外觀圖(b)內部構造

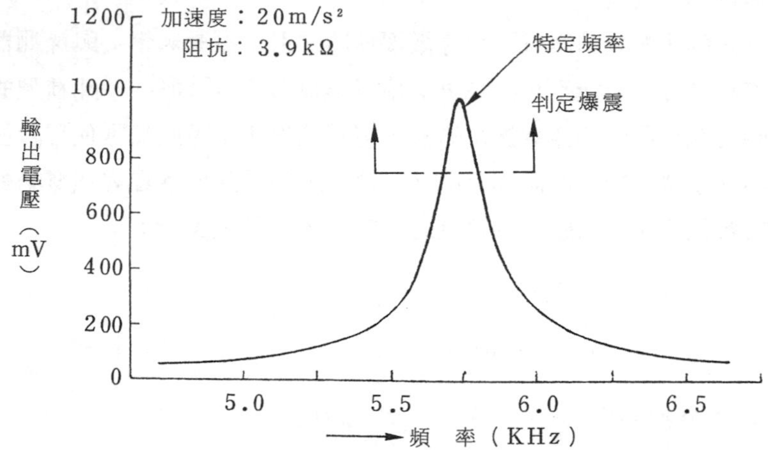

圖8.10　振動檢出、共振型爆震感測器的輸出電壓和頻率特性

共振型爆震感測器因不需要濾波器，反應速度快，可以很迅速的控制爆震產生，但是需要很高的製造技術。此種爆震感測器的壓電元件形狀有兩種，一為長方形，另一為圓形。

1. 長方形壓電元件

圖8.11所示為使用長方形壓電元件之共振型爆震感測器的構造和輸出特性。長方形壓電元件一端固定在主體金屬外殼上，另一端則以懸臂樑方式懸空伸出，此結構的自然振動頻率可由懸臂伸出的長度和厚度調整。圖8.11中A構造僅由單一的壓電元件組成，當懸臂端點受力F作用後，壓電元件就產生變形，壓電元件的中心線上方受張力，下方受壓力，此時壓電元件內部電荷分佈情形如圖所示，上下電極間的電位差很小，無法量出。因此，在壓電元件中間放置一片金屬薄板，作為中央電極，壓電元件則上下地緊貼著金屬片，此時上方的壓電元件仍受張力，下方的壓電元件仍受壓力，圖8.11中之B和C因壓電元件受力後的電荷分佈情形如圖所示，但是B和C兩個壓電元件的分極方向不同，電荷分佈亦有不同，C的電壓因互相加成，為B的4倍，檢出電流亦較大。

2. 圓板形壓電元件

圓板狀的壓電元件構造如圖8.12所示。圓形的壓電元件緊密地貼合在金屬板上。金屬板則固定在主體金屬殼上，此種形式的壓電元件僅需一片，其變形後的電荷分佈如圖所示，由於電位差的關係，可得到其輸出電壓。此種形式的自然振動頻率無法修改壓電元件的尺寸而調整，因此製作上，零件的精度必須嚴格控制，才不會使振動頻率變化太大。

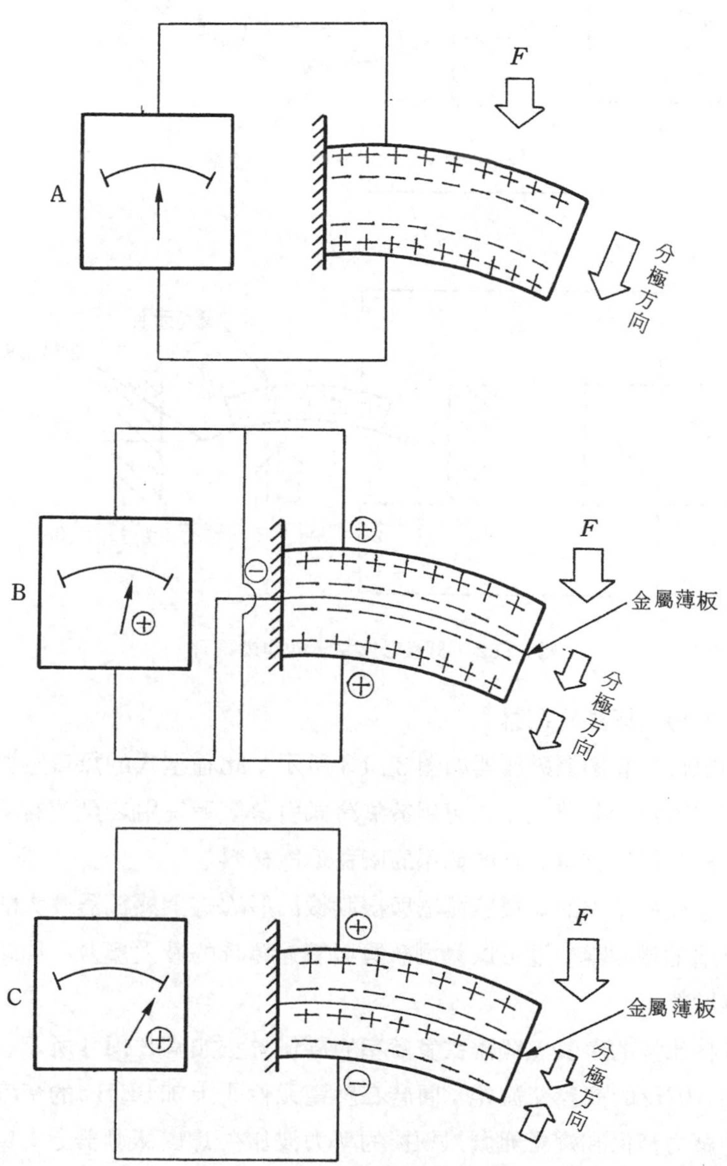

圖 8.11　長方形壓電元件作動原理

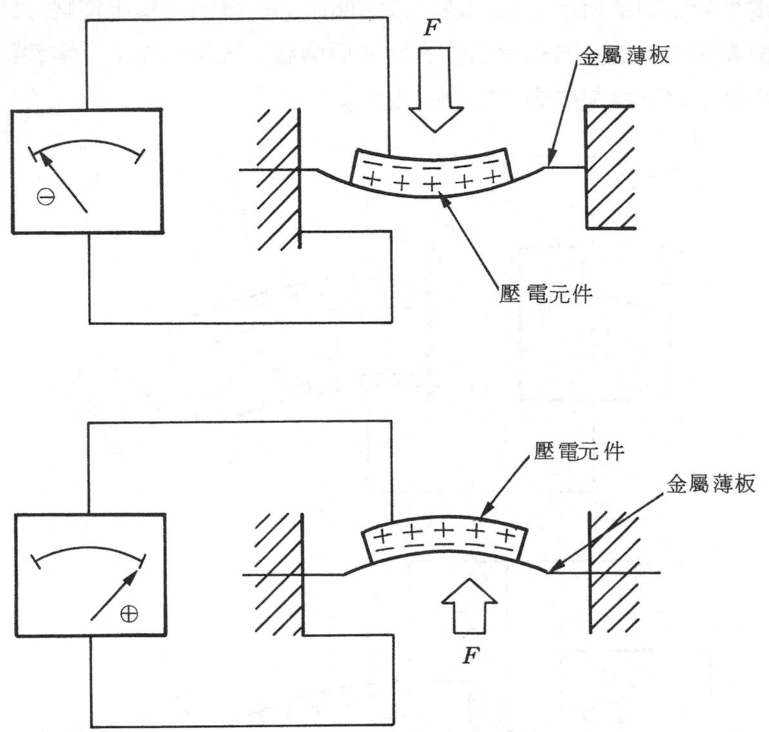

圖 8.12　圓板形壓電元件作動原理

三、壓力檢出型爆震感測器

壓力檢出型的爆震感測器如圖 8.13 所示。此種型式的爆震感測器以汽缸頭螺絲將其固定於引擎上，亦可用於氣冷式引擎，所使用之壓電材料必須可耐高溫，一般使用的材料有鈦酸鉛系的陶瓷壓電材料。

此外，此種型式的爆震感測器與振動檢出形的爆震感測器最大的不同點是壓力檢出型的感測器，還可以量測整個引擎運轉時的最大壓力，同時可檢知混合氣有無燃燒。

壓力檢出型的爆震感測器在實驗室的評價方法如圖 8.14 所示。在壓電元件 I 上加 50Hz的高壓交流電，同時在壓電元件 II 上加 5KHz的交流訊號，引擎運轉的壓力變化和爆震訊號以模擬的壓力波加在爆震感測器上，感測器的輸出訊號由濾波器過濾分離，從負荷計來的5KHz的壓力和感測器輸出的 5KHz 兩者之間的關係來測定。爆震感測器由靜荷重對應的輸出電壓之間的關係如圖

8.15所示，其所受的靜負荷由0.5至3噸對應的輸出電壓均不會改變。M10的汽缸頭螺絲插入感測器鎖在引擎上時，螺絲的鎖緊扭力不可太大，約400 kg-m，以免傷到感測器。同時，感測器裝置位置的溫度不可超過250 °C。

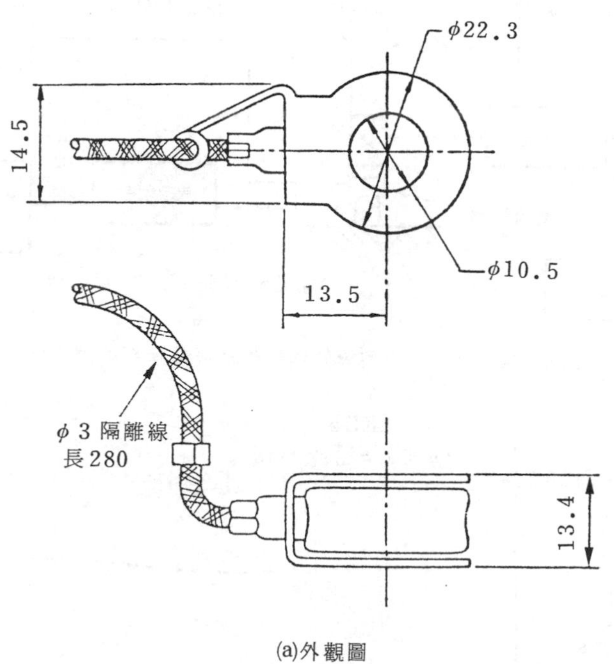

(a)外觀圖

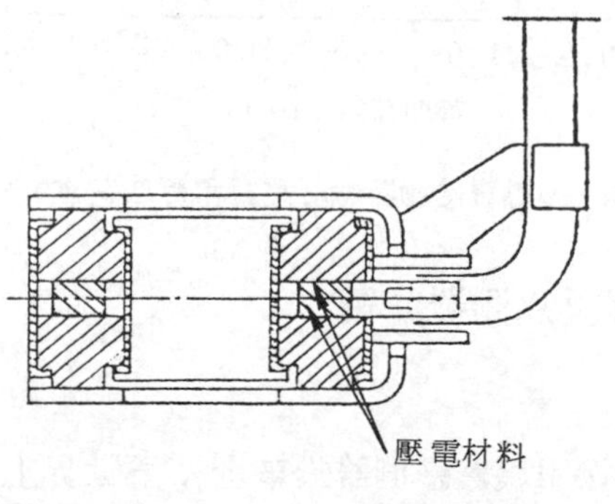

(b)內部構造圖

圖8.13　壓力檢出型爆震感測器

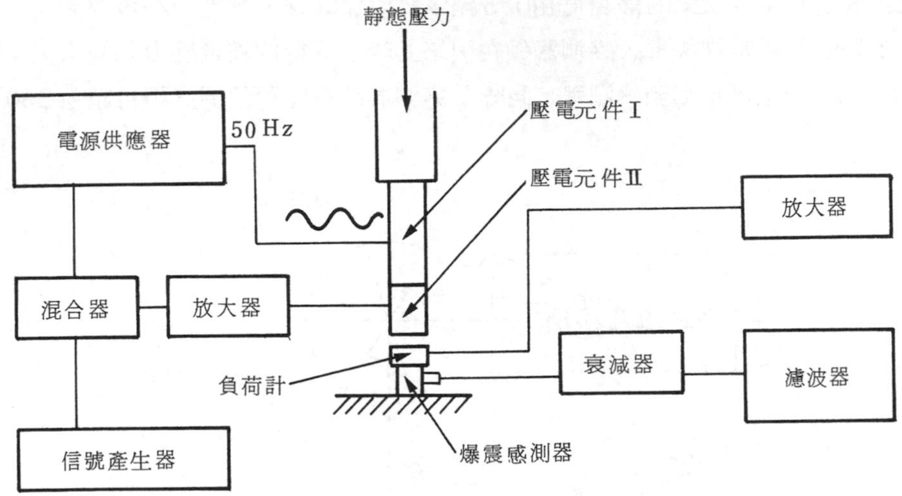

圖8.14　壓力檢出型爆震感測器試驗裝置系統圖

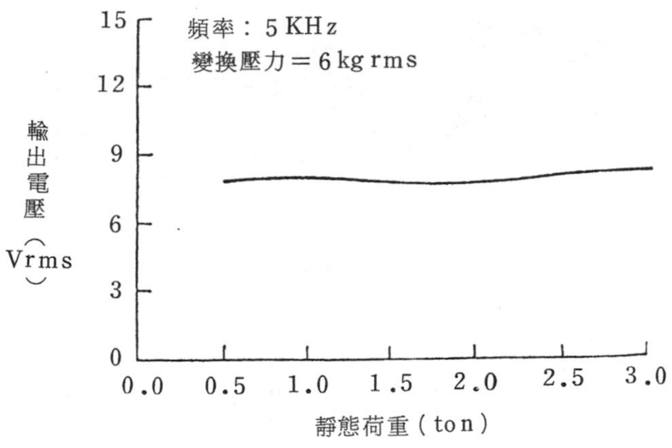

圖8.15　壓力檢出型爆震感測器輸出電壓和靜態荷重特性

8.3-3　各車廠使用的爆震感測器介紹

一、通用公司

通用公司在1978首次採用爆震感測器於車上，爲世界上最早使用爆震感測器的車廠。其使用的型式是磁致伸縮共振型，構造如圖8.16(a)所示，高鎳合金組成的磁心外側設有永久磁鐵，在其周圍有線圈纏繞，框架的構造是決定共振頻率的主要因素，磁心受振偏移使磁力線發生變化，而感應外周的線圈產

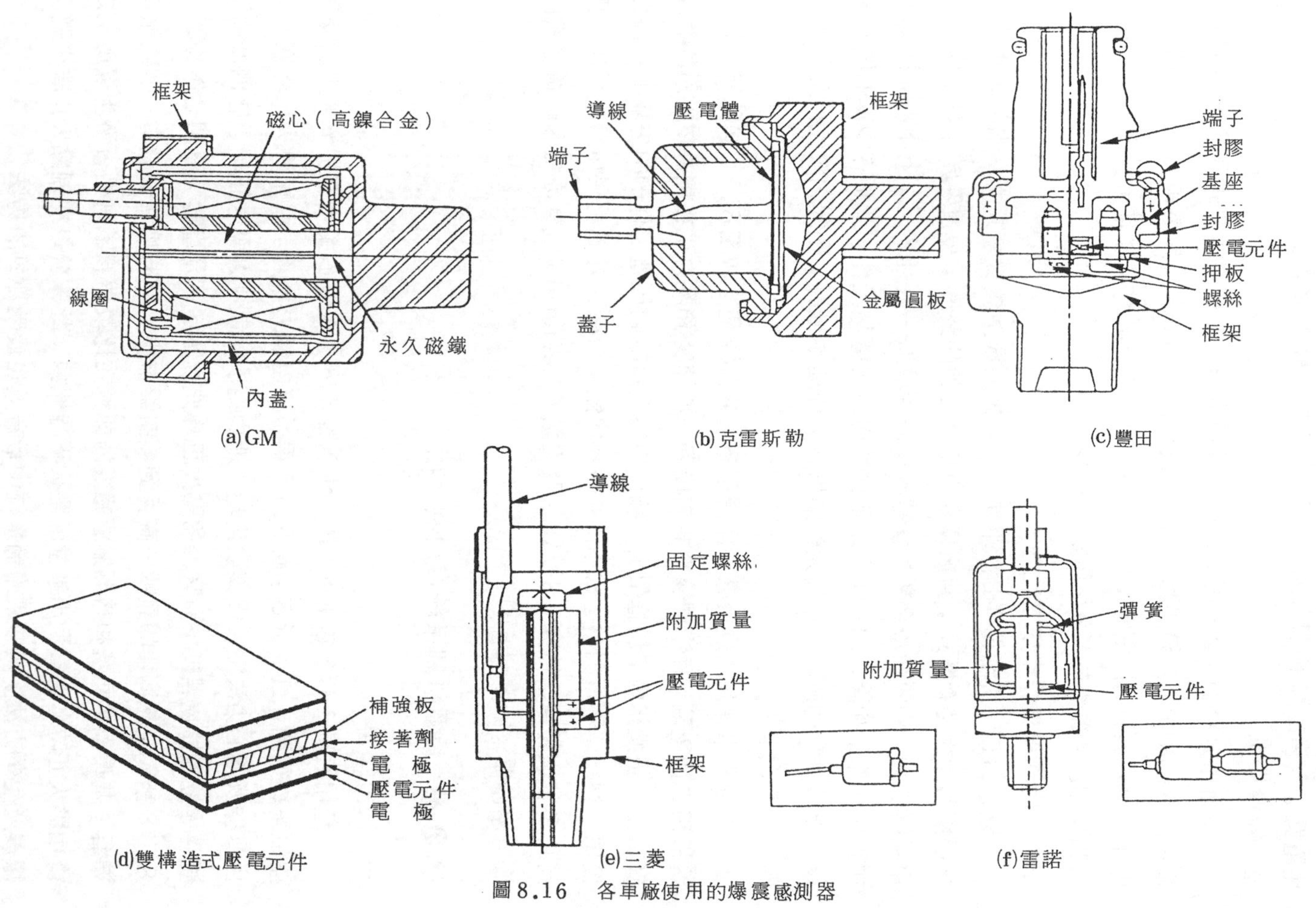

(a) GM　(b) 克雷斯勒　(c) 豐田

(d) 雙構造式壓電元件　(e) 三菱　(f) 雷諾

圖 8.16 各車廠使用的爆震感測器

生電壓。日產的汽車使用的爆震感測器亦採用此種形式。

二、克雷斯勒

克雷斯勒自1980年開始採用爆震感測器，其使用的型式爲壓電共振型，圖8.16(b)所示爲其構造圖，在金屬圓板的一側貼付一片壓電元件，金屬圓板由外框架及樹脂封膠固定，共振頻率由金屬圓板和壓電元件的尺寸決定，其共振頻率用於克雷斯勒V8引擎爲6KHz 。

三、豐田汽車

圖8.16(c)所示爲豐田汽車使用的壓電共振型爆震感測器，內部構造爲長方形壓電元件懸臂樑式，共振頻率由壓電元件的長度，厚度決定，壓電元件採用雙構造式，中間使用金屬板當電極，同時增加一片補強板，上下兩面再黏著在壓電元件，如圖8.16(d)所示即爲雙構造式壓電元件。此種感測器的開發階段，對接著劑的檢討和壓電元件的構造有詳細的檢討，因此信賴性很高。

四、三菱汽車

三菱汽車使用的爆震感測器爲壓電式非共振型，如圖8.16(e)所示，此構造採用二個壓電元件，同極性相向接著，加速度和壓力互相變換時所用的附加質量由一根螺絲固定於框架上，輸出電壓由這兩個壓電元件的中央取出，構造簡單，製造時不須調整。爲了使頻率特性保持平穩，外殼框架和壓電元件的構造必須審慎檢討，紳寶(SAAB)及雷諾(Reynold)汽車亦採用此種形式的爆震感測器。圖8.16(f)。

8.3-4 爆震控制系統實用例介紹

一、通用公司

通用汽車1978年別克(Buick)的3.8 ℓ V6渦輪增壓引擎使用的爆震控制系統如圖8.17所示，圖8.18爲系統控制方塊圖，引擎點火正時基本上由眞空及離心力決定，爆震發生時，則由電子控制延遲點火正時。感測器的訊號經過控制器處理後，將實際的點火正時訊號傳送到分電盤。這個動作由圖8.18所示，感測器的訊號一直受到控制器監視，同時控制器設有一個雜訊基準器，基準器的訊號和感測器過濾後的訊號在比較器裏識別是否發生爆震，之後由點火正時延遲器發出適當的點火正時訊號。此系統以控制點火正時來避免爆震產生的方法，爲爆震控制系統中最有效也最受歡迎的方法。

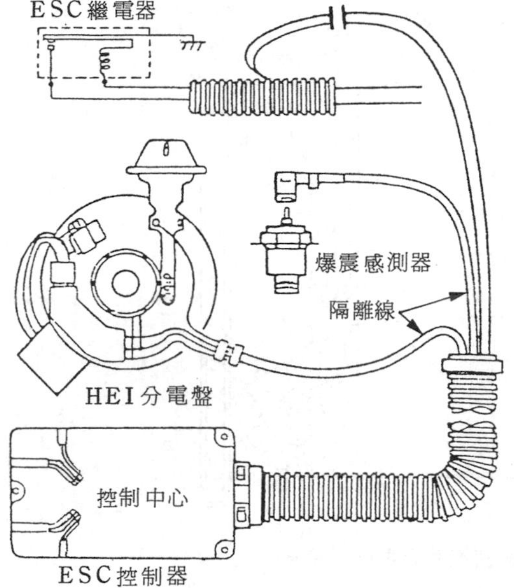

圖8.17　通用汽車爆震控制系統

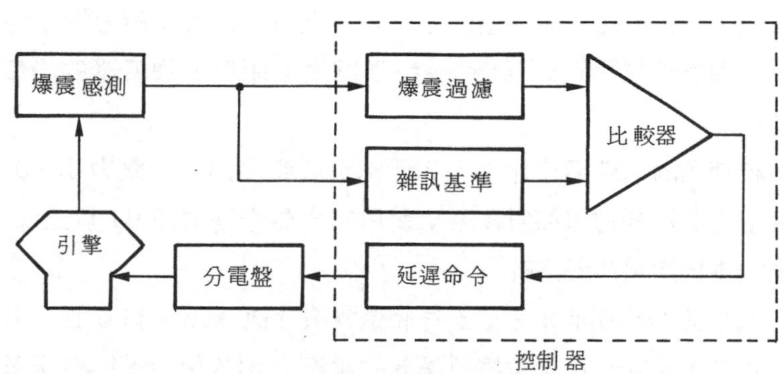

圖8.18　爆震控制方塊圖

二、紳寶汽車的爆震控制系統

紳寶（SAAB）汽車的900型渦輪增壓2.0ℓ引擎在1981年開發上市，此車型配備性能自動控制系統（APC，Automatic Performance Control），用以控制爆震產生，此系統控制對象不是點火正時，而是渦輪增壓器的增壓壓力，如圖8.19所示。

爆震感測器的型式爲壓電非共振型，放置位置在第2缸和第3缸之間的汽缸體上。因爲此系統採用非共振型爆震感測器，爆震頻率從6KHz至9KHz均可能發生。當進氣歧管內之增壓壓力大至使爆震產生，此時壓力訊號和爆震

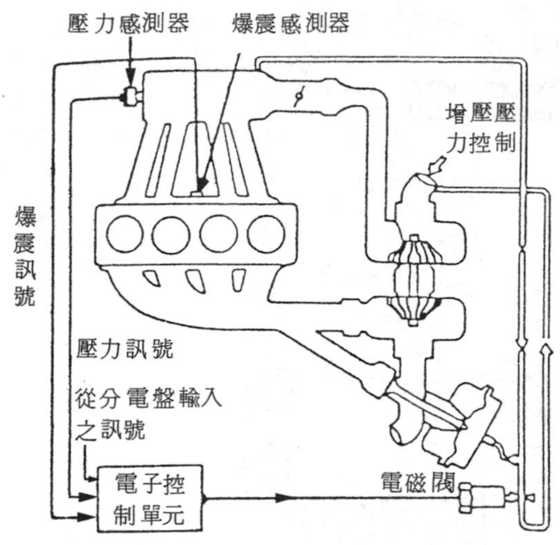

圖8.19 紳寶汽車爆震控制系統

訊號同時輸入電子控制單元，由控制單元判定適當的增壓壓力後，將訊號傳送至電磁閥，調整廢氣門（ waste gate ）開度，而降低增壓器的增壓壓力，抑制爆震發生。

此系統使用的引擎壓縮比由7.2至8.5，最大的增壓壓力由40 kPa至50 kPa，燃料消耗約可節省8％，使用的汽油辛烷值須91以上。

三、日產汽車的爆震控制系統

日產汽車從1980年3月，4月相繼發表4缸1.8 ℓ和6缸2.0 ℓ渦輪增壓引擎，爲日本首次採用爆震控制系統的車廠，由於使用爆震感測系統，引擎的壓縮比可提高至7.6。此系統的結構如圖8.20所示，此系統的主要元件計有磁致伸縮型爆震感測器，爆震判別控制器及可控制點火角度的分電盤所組成，此系統基本上與GM的系統相類似，均是採用點火延遲方式控制爆震產生。

四、豐田汽車爆震控制系統

豐田1980年10月推出的可樂那渦輪增壓車M-TEU引擎採用爆震控制系統，圖8.21爲其構造圖，此系統仍採用點火正時控制方法，因爲此引擎爲V型6缸引擎，所以採用二個爆震感測器，以確實偵測V型引擎兩側汽缸的爆震情形，因爲此系統採用二個爆震感測器，而造成信號處理，點火延遲角度的控制迴路頗爲複雜。

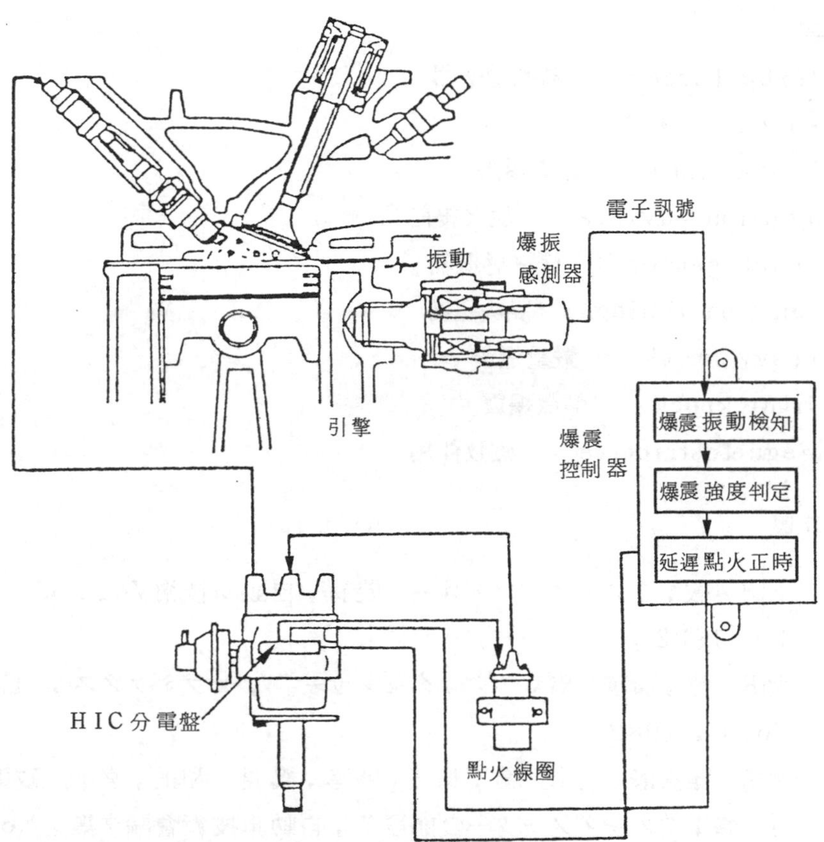

圖 8.20　日產汽車爆震控制系統

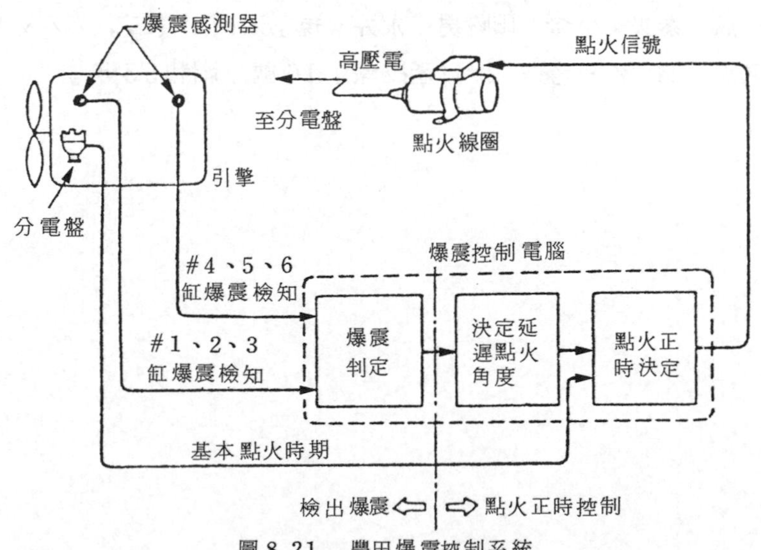

圖 8.21　豐田爆震控制系統

關鍵字

- turbocharger　渦輪增壓器
- knock　爆震
- knock limit　爆震界限
- ignition advance　點火提前角
- knock sensor　爆震感測器
- ignition timing　點火正時
- heavy knock　嚴重爆震
- light knock　輕微爆震
- megnetostrictive　磁致伸縮

參考文獻

1. 上田　敦，"ノックコントロー　裝置，自動車技術Vol.36，No 10，1982。
2. 太田　淳，加茂　尙，"ノックセンサー"，セラミックス，17，No.1，1982。
3. 大島　雄次郎，青木　喬，加藤　隆幸，鷲見　和正，宮下　政則，野村　修，"ノックメーターの開發"，自動車技術會論文集，No.13，1977。
4. 中島　泰夫，小野　田陸男，永井　規，米田　賢二，"ノッキンク〃判別に關する一考察"，日產技報，16號，昭和55年。

第9章

轉速感測器

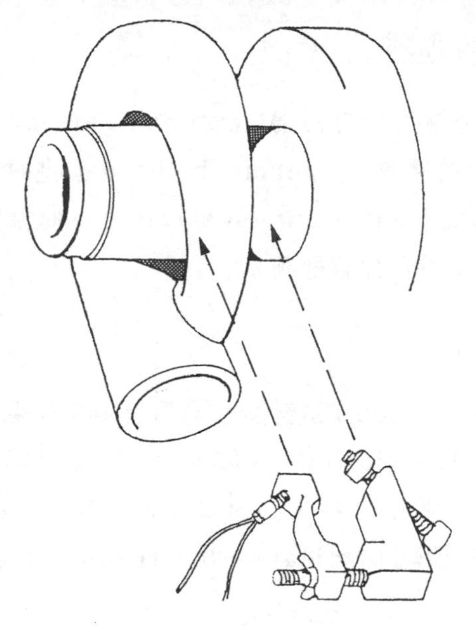

渦輪增壓器葉輪
轉速感測器

§本章內容重點

轉速是電子控制系統中必須掌握的重要參數，此處將介紹用於檢出迴轉軸轉速之感測器，包括：

- 環形鐵心感測器
- 渦輪增壓器葉輪轉速感測器
- 凸輪軸迴轉頻率感測器
- 傳動軸轉速感測器

本章將介紹用於檢出迴轉軸轉速之感測器，其不僅可偵測繁複電子控制系統中必備的重要參數－引擎轉速，亦能經齒輪比(gear ratio)、輪胎半徑等關係式使傳動軸轉速換算成車速表示，以為更廣泛應用。

9.1 環形鐵心感測器

此種感測器主要是透過一外磁場(external magnetic field)來控制鐵心(ferrite core)的導磁率(permeability)，進而決定其功能特性，至於用途則包括防滑系統(anti-skid systems)、曲軸位置感測器，以及其餘旋轉鐵材組件的角速度與位置量測。

9.1-1 鐵心鍵變換器

鐵心鍵變換器(keyswitch)是製造感測器的關鍵組件，它本身屬於非接觸、可變耦合(variable coupling)、線性型式，變換器的心臟部份為一配裝單匝(single turn)驅動(或初級)繞組(winding)與單匝感測(或次級)繞組的環形脈衝變壓器(toroidal pulse transformer)，參見圖9.1

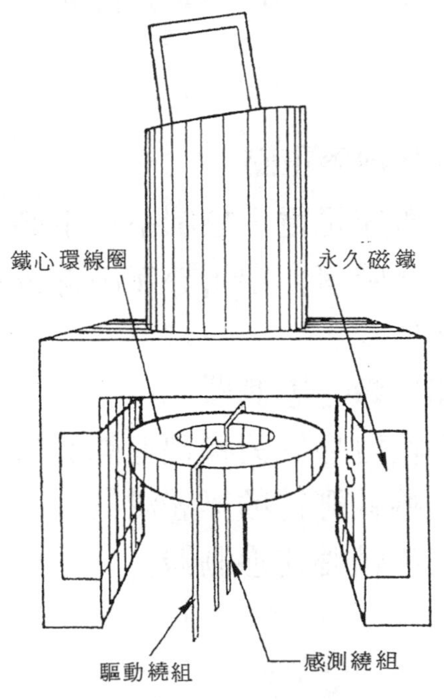

圖9.1　非接觸式，可變耦合線性鐵心鍵變換器

。變換器係一種亞鐵、飽和（saturable）材料，故驅動和感測繞組間的訊號耦合即藉供給心部飽和磁通量的外磁場以改變。

大致上說，變換器由心模組（core module）、安裝外殼（housing）、柱塞（plunger）構成，前者係用以支持鐵心與驅動、感測線；而柱塞包含一對產生外磁場的永久磁鐵。柱塞未受力時的位置使磁鐵夠接近鐵心，並發揮其影響，解除驅動和感測線間的耦合狀態；反之，當柱塞受力時，磁鐵影響力即降低，直至全負荷時耦合作用可達最大值。

圖9.2所示爲鍵變換器之等效電路，其中D爲電流 I_D 的驅動線，S則係電壓V_S的感測線，變換器的轉換特性（transfer characteristics）參見圖9.3，縱軸爲以25°C全感測輸出電壓（full sense output voltage）V_{SF}百分比表示的感測電壓，而橫軸則係以 in 爲單位的柱塞移動行程。

鐵酸塩磁體具有百萬赫頻率的高導磁率，且由於其高阻抗性可使渦電流（eddy current）損失降至最低，故可做頻率高、匝數少感應裝置設計之用。環形鐵心的導磁率決定於外在磁場強度，若將繞線心視爲感應器，則載波頻率（carrier frequency）的振幅可由變動磁場調制（modulated），如選用高載波頻率，則有提供高解析度（resolution）優點。

磁性材料最重要的特性即是B-H圖，B爲磁通量密度（magnetic flux density），而H係磁化磁場強度（magnetic intensity），圖9.4所示爲用於感測器內之環形鐵心B-H特性，而當一鐵心置於某磁場內對其B-H特性所發生之影響則參見圖9.5，注意環形鐵心與永久磁鐵磁極面間距離減少時，材料的初始導磁率亦隨之降低，此效應即可應用於鍵變換器與近距離感測器（proximity sensors）。

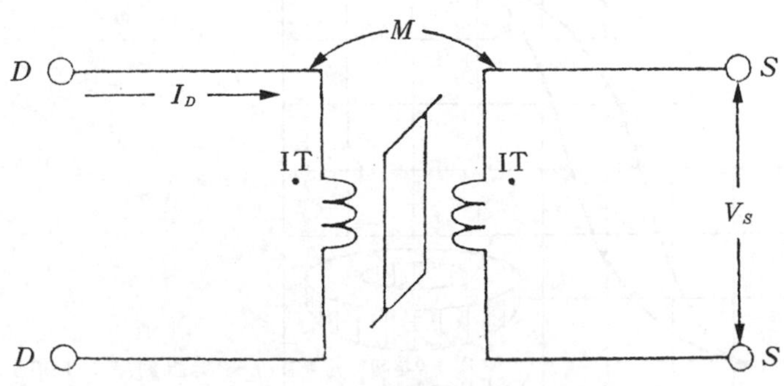

圖9.2　鐵心鍵變換器的等效電路

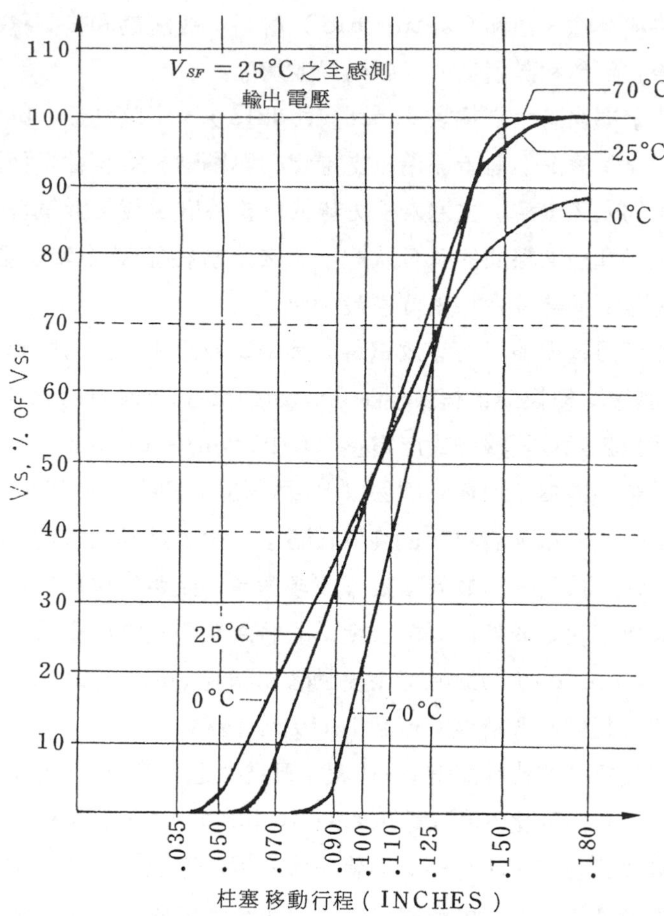

圖 9.3　鐵心鍵變換器之典型轉換特性

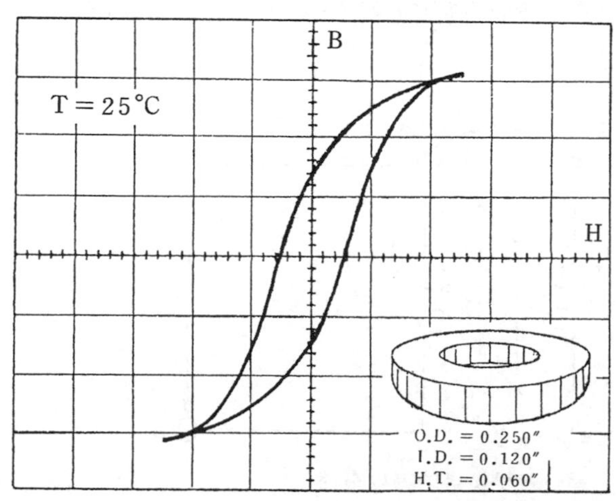

垂直刻度：1000 高斯 / 格
水平刻度：　2 厄士特 / 格

圖 9.4　鐵環線圈心的 B - H 特性

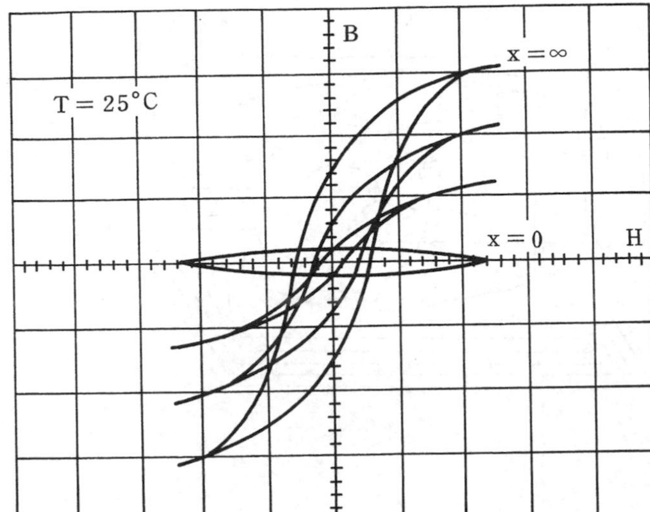

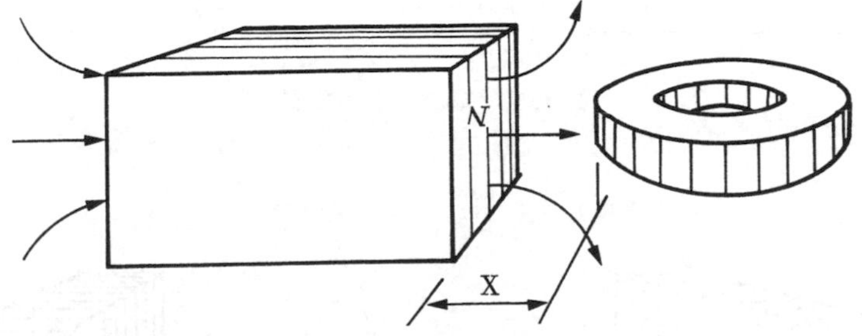

圖 9.5 磁場內鐵心之B－H特性

9.1-2 單心感測器

根據前述鍵變換器原理，再選用高導磁率，適用溫度範圍寬廣的鐵材，即可製出單心距離感測器，圖9.6所示為－40°C～＋180 °C 溫度範圍，且操作間隙約0.1 in 大小的感測器構造簡圖。

感測器本體包含一纏繞幾匝磁鐵線的環鐵心與產生磁偏（magnetic bias）的陶瓷永久磁鐵。當旋轉鐵質齒輪（或激磁輪（exciter ring））靠近時，感測器之阻抗 Z_s 將隨鐵心與激磁輪間距離而改變。由圖9.6所示，當齒端接近感測器表面時即由磁鐵透過鐵心增加其飽和磁通量，此刻感測器阻抗最小；反之，齒間隙接近感測器表面可得最大阻抗值。

環鐵心感測器設計即係基於磁鐵至鐵心間距離的最佳化安排，以使其能適

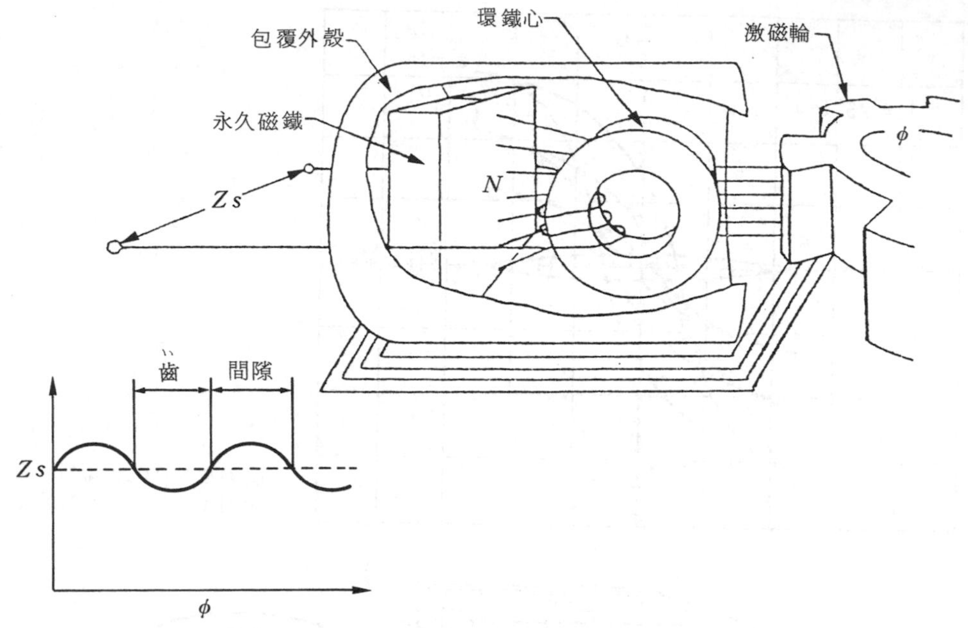

圖 9.6　單心近距感測器

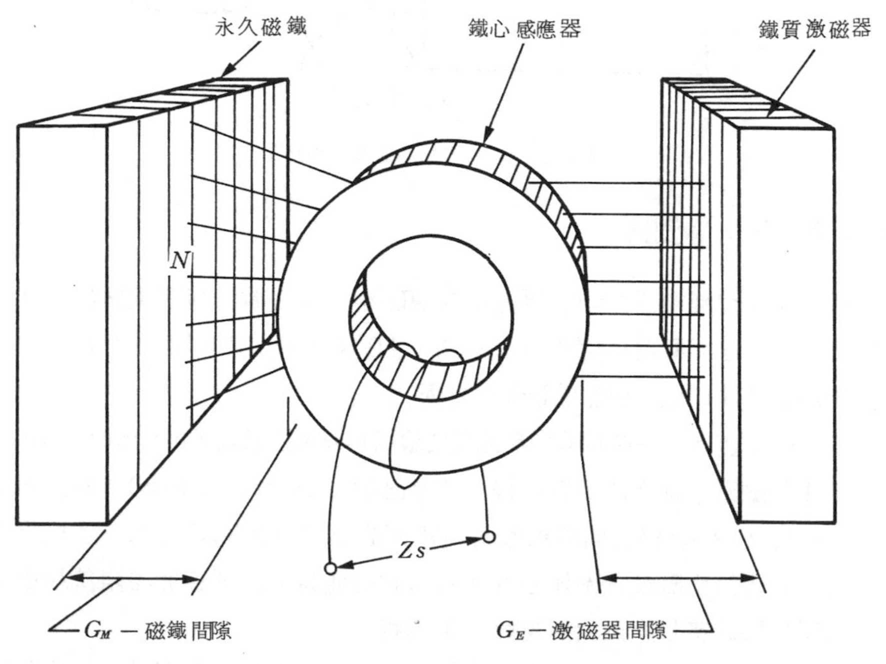

圖 9.7　單心近距感測器測試參數

用於寬廣的溫度操作範圍。圖9.7所示為一鐵心感應器、鐵質激磁器、以及永久磁鐵，對於上述元件之特定組合，其中有兩個間隙具重要物理意義，一為永久磁鐵與鐵心間隙 G_M，另者為激磁器與鐵心間隙 G_E，而鐵心感應器阻抗 Z_S 即為 G_M 和 G_E 的函數。實際應用時，大多將 G_M 固定，而 G_E 有所變動，就如同前述圖9.6中齒輪（或激磁輪）通過時，G_E 間隙即不斷由齒頂變化至齒根。

圖9.8列出室溫條件下典型之鐵心阻抗對激磁器間隙變化趨勢，注意阻抗曲線隨磁鐵間隙 G_M 增加而上升，圖中 Z_{SF} 代表 G_M 無限大狀況之阻抗，並定此為100％，而任一曲線的斜率 $\Delta Z_S/\Delta G_E$ 可視為感測器對於變化磁場之靈敏度量測，故其斜率愈大，靈敏度愈高。

固定磁鐵間隙，溫度參數對鐵心感應器阻抗與激磁器間隙 G_E 關係的影響程度可參見圖9.9，由圖顯示 G_E 大於0.055 in時，阻抗與靈敏度均隨溫度上升而增加，注意 Z_{SF} 為25°C，且 G_M 無限大狀況下之阻抗。

理想上我們希望感測器阻抗與激磁器間隙特定關係能不受溫度影響，因此需選用適當材料方能滿足此要求，基於上述觀點，一單心近距感測器於激磁器間隙為0.1 in狀況下之操作溫度將設計在－40°C～＋180°C範圍內。圖9.10所示為感測器電路方塊圖，振盪器（oscillator）提供一載波訊號，且其振幅為感測器所調變，解調器（demodulator）又把此調變訊號轉換成直流準位（DC level），再經準位偵測器與整形電路（shaping circuit）處理即可得數位輸出。

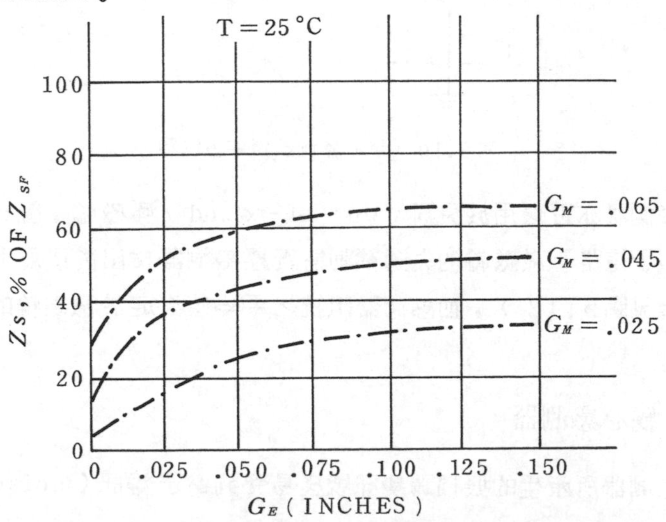

圖9.8　25°C下繞線圈阻抗對激磁器間隙之變化趨勢

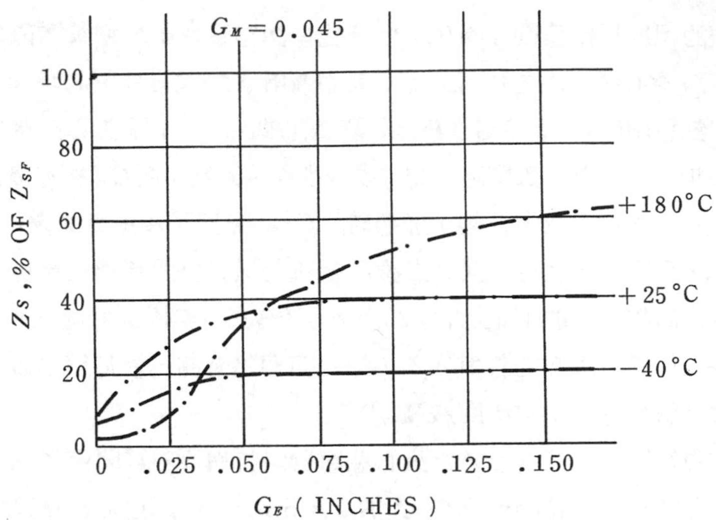

圖 9.9　$G_M = 0.045$ in 條件下繞線圈阻抗對激磁器間隙之變化趨勢

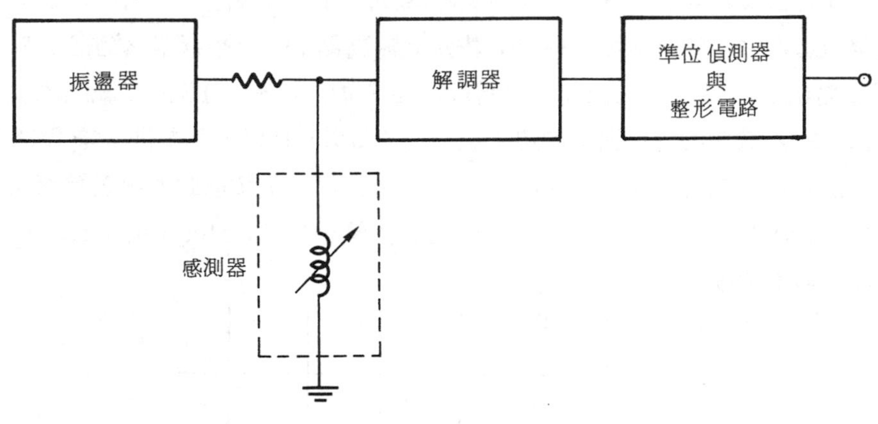

圖 9.10　單心感測器電路方塊圖

單心感測器亦可應用於失圓（ out-of-round ）激磁輪，圖 9.11 即為配合使用的電子電路，激磁輪的失圓變動情況經感測器檢出後成為上下變動之阻抗訊號（參見圖 9.12 ），而感測器阻抗之平均值決定於激磁輪的平均操作間隙。

9.1-3　雙心感測器

單心感測器所產生的振幅調變訊號極易受到電子雜訊（ noise ）與激磁輪

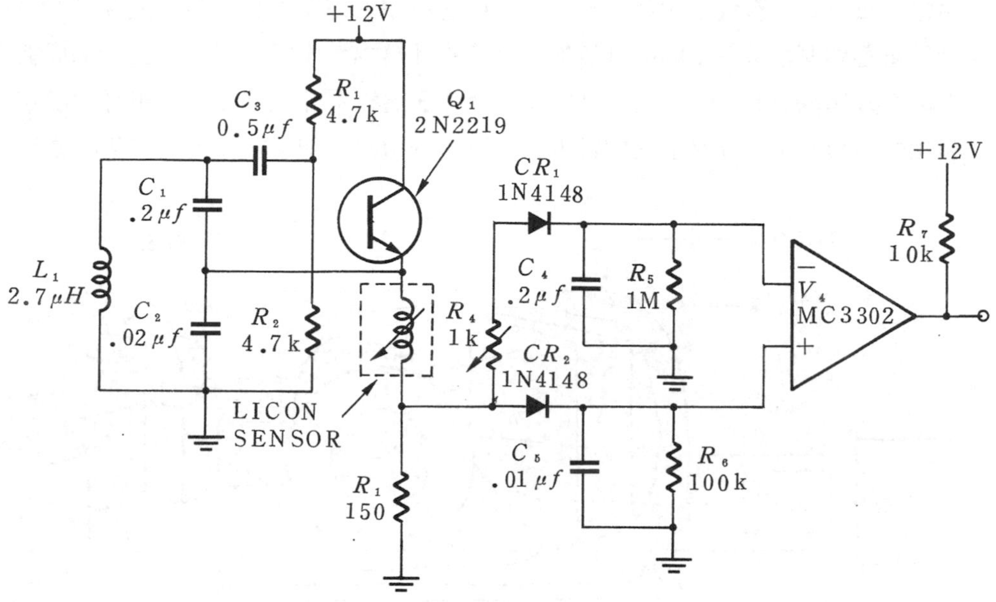

圖 9.11　單心感測器之電子電路

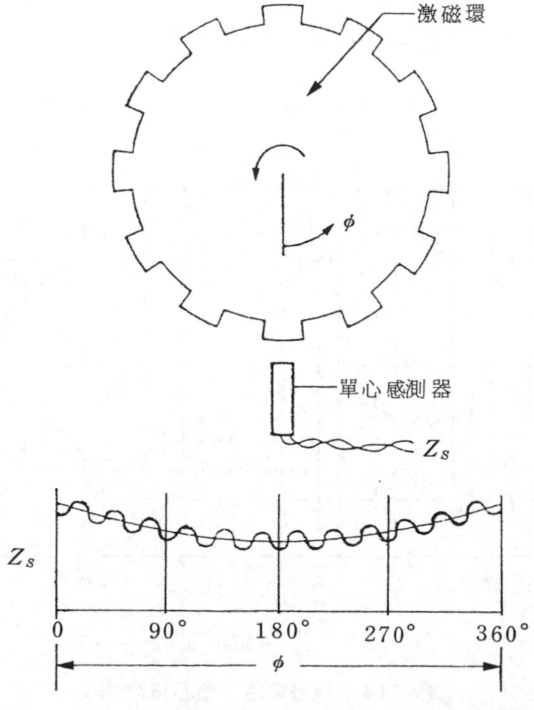

圖 9.12　失圓激磁器對於單心感測器阻抗之影響

偏轉（runout）影響而失眞，此二者均可經由電子電路予以補償。圖9.13所示爲雙心感測器構造，圖中可清楚看出包覆外殼內裝有兩個鐵心，且採用橋式電路（bridge circuit）後，激磁輪近距離通過感測器表面，且輸出訊號即引起相位（phase）改變，此配置方式比單心感測器更能免於受到外在雜訊侵入。

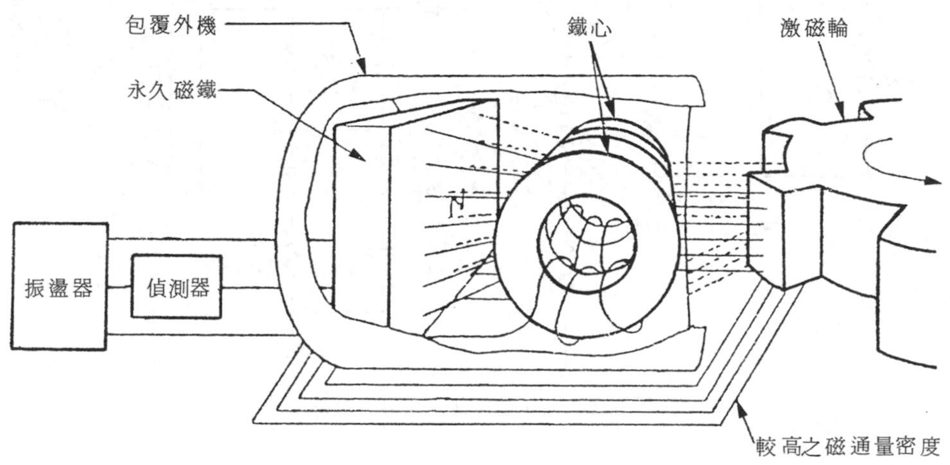

圖9.13 雙心感測器

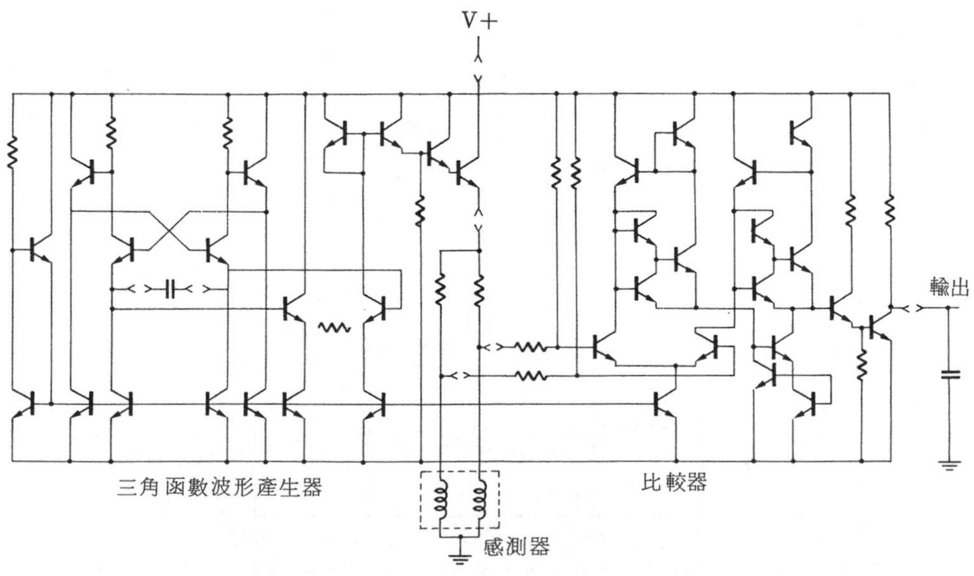

圖9.14 積體電路－雙心感測器

圖9.14所示為雙心感測器之積體電路，此IC中包含一頻率為外界定時電容器（timing capacitor）所控制的三角形產生器，且跨越一鐵心感應器的電位降將與另一鐵心之電位降值相比較，經此比較器（comparator）之輸出訊號再予濾波以除去載波頻率。

9.2 渦輪增壓器葉輪轉速感測器

一般用以偵測零件運動（part motion）的磁性應用技術主要有兩種，例如常用以偵測鐵磁零件動作的方法即是利用靠近組件時導致其磁阻變化的物理特性，前一節所述激磁齒輪檢出其轉速的磁性拾訊號（pick up）就是依此工作原理。另一種零件運動感測技巧則是利用磁或電磁場改變以使鐵磁材料感應出渦電流，再取出訊號。

這兩種感測技巧可擴展至透過鐵磁外殼以偵測零件運動，續將介紹。

9.2-1 基本構造

圖9.15所示為一可穿越1/4 in厚鋁質外殼而偵測出渦輪增壓葉片渦電

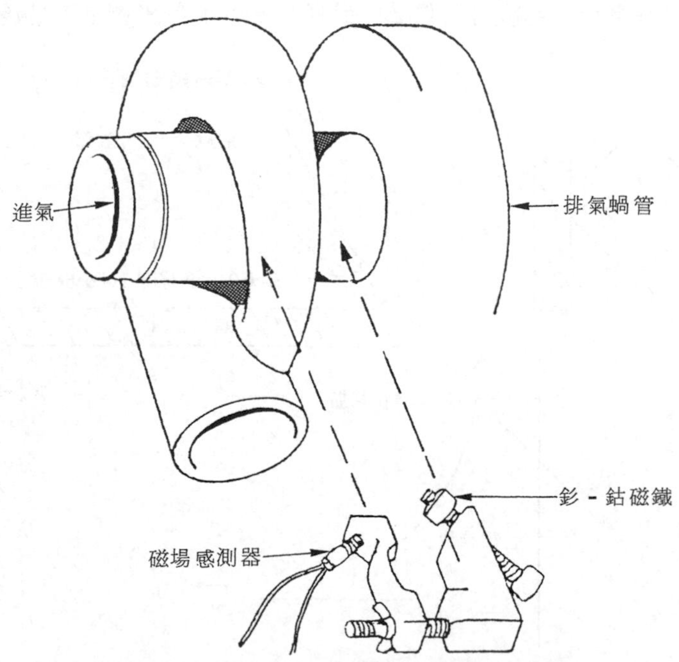

圖9.15　最小接觸渦輪增壓葉片轉速感測器

流之轉速感測器構造，其中釤－鈷（samarium-cobalt）磁鐵位於擴散蝸管（diffuser scroll）的排氣端，而一磁阻感測器則裝設在進氣端（air intake）。由釤－鈷磁鐵提供大約 40 高斯的直流磁場給葉片，且當其旋轉切割磁場時卽產生一渦電流，而此渦電流又製造一交流磁場，並對5000匝之感測器線圈感應出一電壓，再經頻譜分析可於葉片通過頻率（passage frequency）顯示出一峰值。

另者，系統中設計一電子訊號－頻率－追踪器（tracker）使感測器訊號予以濾波，並追踪葉片頻率分量以提供一比例於葉片頻率的類比電壓輸出。爲了解其特性，追踪器操作時已與微處理機相連，以便於儲存、處理數據。

9.2-2 工作原理

爲了解整套感測裝置的作動原理，遂選用Cummins VT-903型柴油渦輪增壓引擎以爲實驗工具，圖 9.16 所示爲動葉輪葉片、磁鐵以及感測器的相對空間位置，注意葉片尖部距離磁鐵 3.3 cm，而距感測器 2.5 cm。當除去外殼，使用一霍爾效應高斯計（gaussmeter）以量測葉片尖之磁感應強度，其值爲35-50 高斯，且預期低導磁率鋁質外殼將不會影響原磁感應狀況。

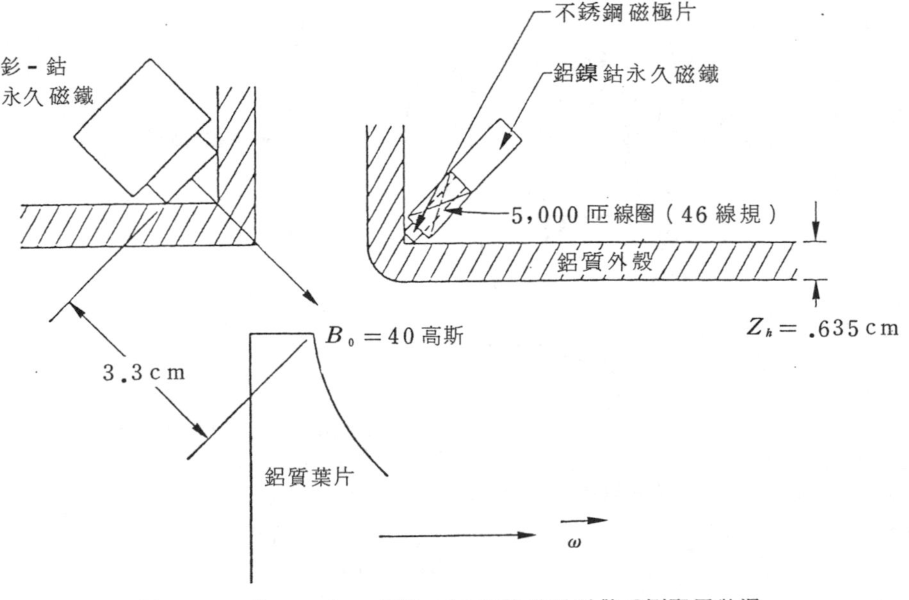

圖 9.16　Cummins VT-903 型狄賽爾引擎感測配置狀況

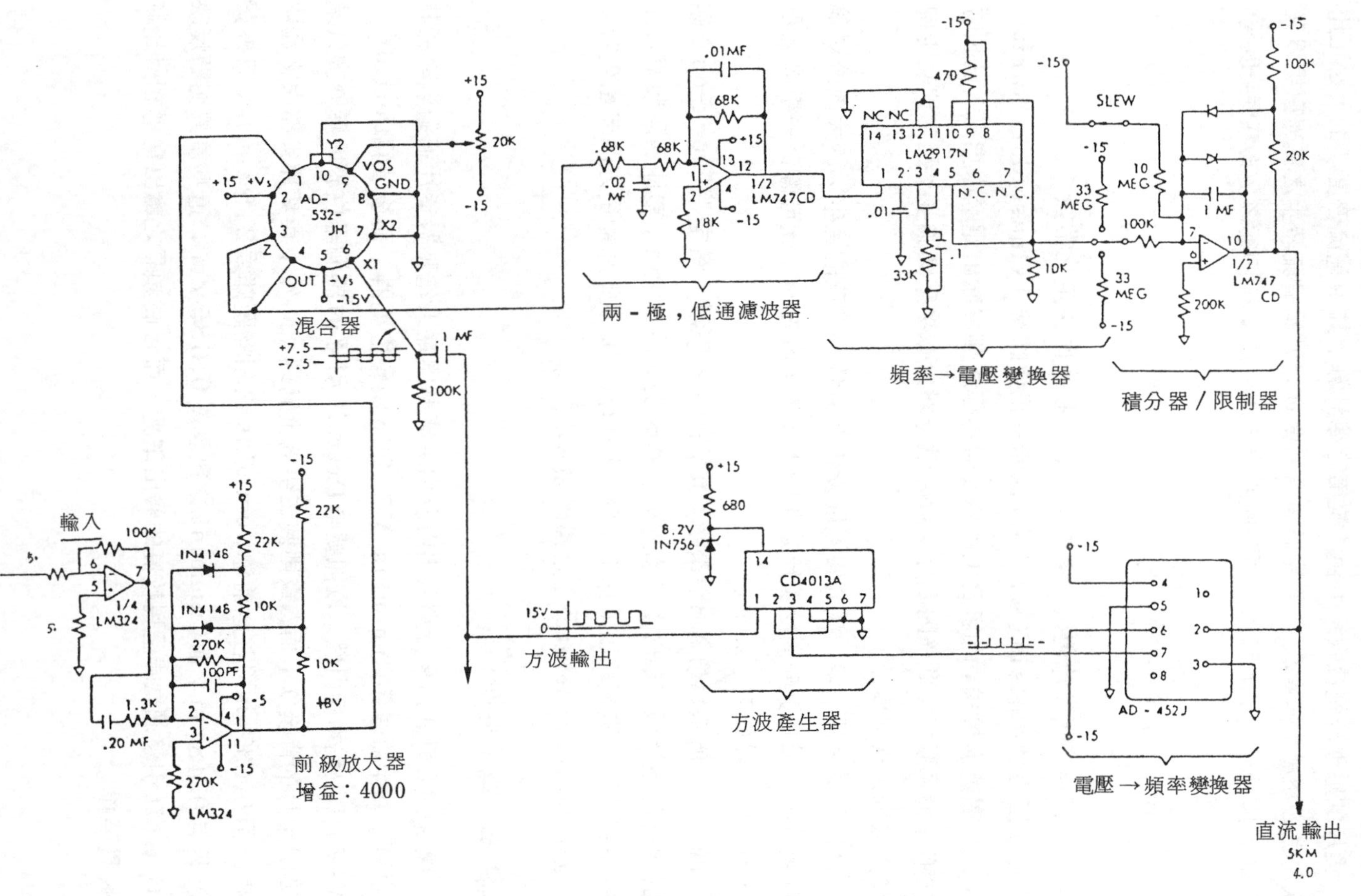

圖 9.17 感測器訊號頻率追踪器

葉片的感應渦電流強度可由法拉第定律計算，其中電流密度J的大小正比於永久磁鐵磁感應強度B_o與葉片通過角速度ω，另渦電流產生之感應磁場B又與電流密度成正比，而與電流源距離的立方成反比，則距離Z處磁感應強度爲:

$$B(r, t)=K\frac{\omega B_o}{Z^3}\sin(\omega t+\Psi) \tag{9.1}$$

式中： K＝一隨葉片阻抗、導磁率、幾何形狀而決定之常數

(9.1)式中的$\sin(\omega t+\Psi)$顯示一正弦時變(sinusoidal variation)磁感應模式，而事實上由示波器追踪感測器輸出電壓亦指出一正弦時變之葉片通過頻率，此係因葉片接近磁鐵時增加磁場感應強度；反之遠離走向則降低磁場感應強度。

這作用於葉片一增一減的磁通量變化又引致渦電流的產生，於大部份渦輪增壓裝置中，沿動葉輪周緣葉片之間距大多2 cm左右，此可確保一平滑之正弦時變感測器輸出電壓波形。

圖9.17所示爲頻率追踪電路，其設計目的係爲“鎖定”(lock-on)感測器訊號的葉片頻率部份，且當迴轉頻率改變時續予追踪。葉片通過頻率可藉追踪電路的直流電壓輸出乘比例常數5 KHz/volt，此亦能從方形波產生器(square wave generator)之輸出頻率決定。

9.2-3 電子特性

圖9.18與9.19分別列出兩種引擎感測器輸出電壓對葉片通過頻率的特性曲線，其中前者係Cummins VT-903渦輪增壓器，而後者爲Detroit 8V-71T渦輪增壓引擎。取訊號時Detroit引擎的感測器位於增壓器排氣端(亦即葉片的背後)，而磁鐵則裝在空氣進氣端。此外，其葉片尖部與感測器間距小至0.635 cm(注意前述Cummins之相隔距離爲2.5 cm)；且外殼厚度只有0.48 cm，而Cummins之殼厚達0.685 cm，這些差異明顯反映在Detroit引擎測試時呈現較高的輸出電壓，而且高頻區之輸出電壓相對比較下較爲平緩。

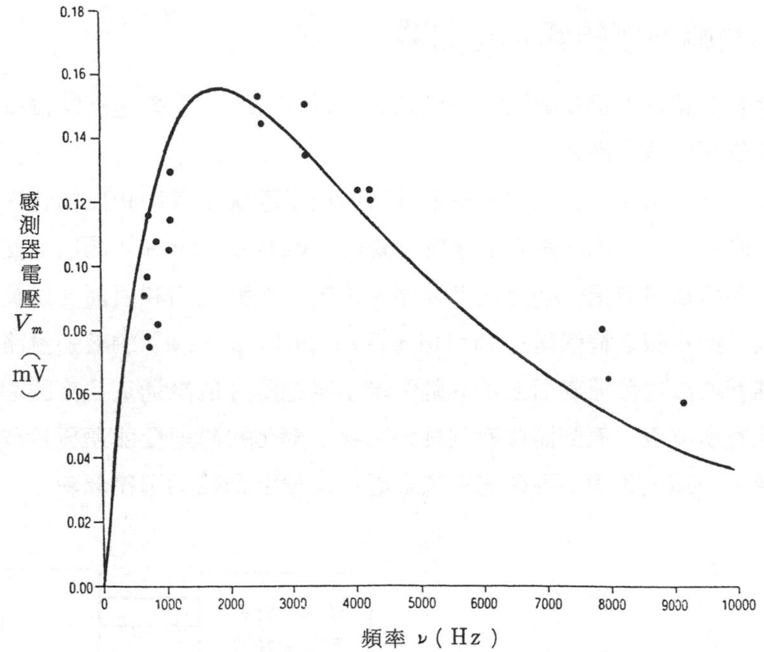

圖 9.18 Cummins VT-903 渦輪增壓器之感測器輸出電壓對訊號頻率特性

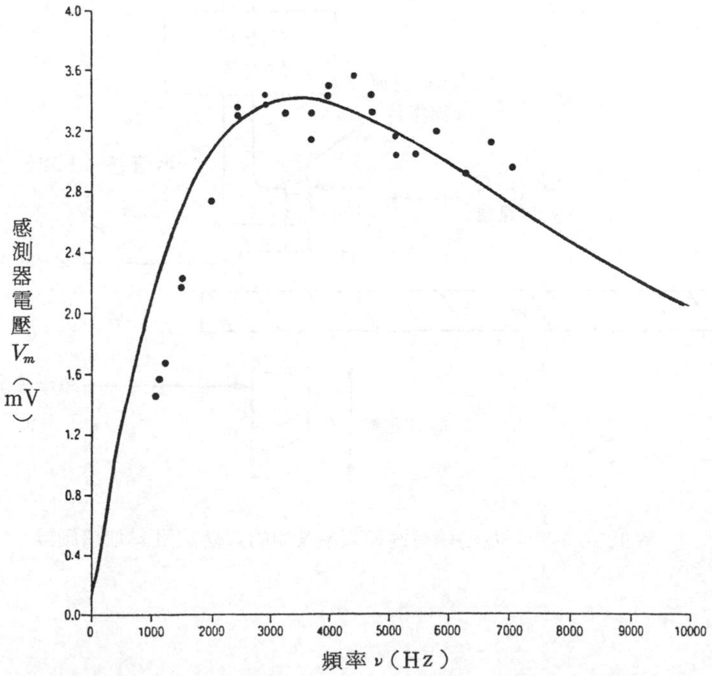

圖 9.19 Detroit 8V-71T 渦輪增壓引擎之感測器輸出電壓對訊號頻率特性

9.3 凸輪軸迴轉頻率感測器

接著再介紹利用可變磁阻（variable reluctance）轉速感應器做凸輪軸迴轉頻率量測原理與構造。

圖9.20所示爲凸輪軸迴轉頻率量測系統示意圖，其中鐵磁搖臂零件運動可透過一傳導性（可能亦是鐵磁材料）閥蓋（valve cover）測出，置於閥蓋上的釤-鈷磁鐵將製造一通過鐵磁零件、閥蓋、磁鐵底面和頂面、以及位於磁鐵上用以支持線圈之軟鋼極片（mild steel pole piece）的磁通量路徑。

當搖臂隨凸輪軸運動而上、下動作時，穿越極片的磁通量（亦即迴路的磁阻）因此有所改變，直到搖臂達到最大高度，變化的磁通量即藉極片作用使感測線圈產生一電壓脈衝，再經適當電路處理以檢出凸輪軸迴轉頻率。

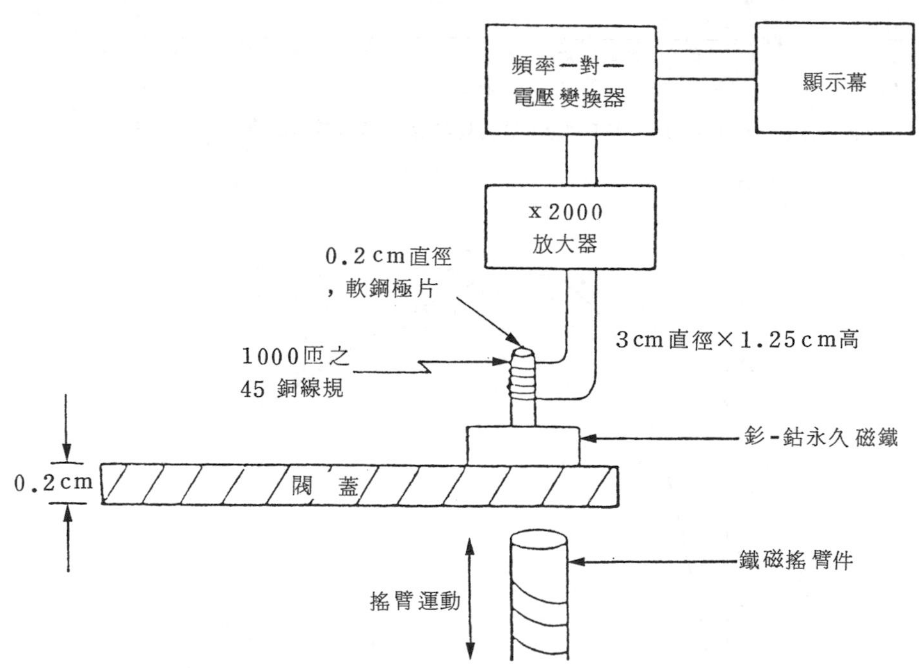

圖9.20 應用於凸輪軸迴轉頻率量測的可變磁阻轉速感測器

9.4　傳動軸轉速感測器

以往車輛里程表（odometer）與車速計（speedometer）多係由傳動軸（transmission shaft）處藉類比裝置輸出；而近來則愈益趨向液晶儀表板，故要求這些引擎參數能以數位讀出，並納入微處理機監控。

圖 9.21 所示爲利用威根（Wiegand）感測器所組成的轉速記發器（speed sender）構造，其中輪葉下方外殼內部固定安裝了兩小形釤－鈷磁鐵

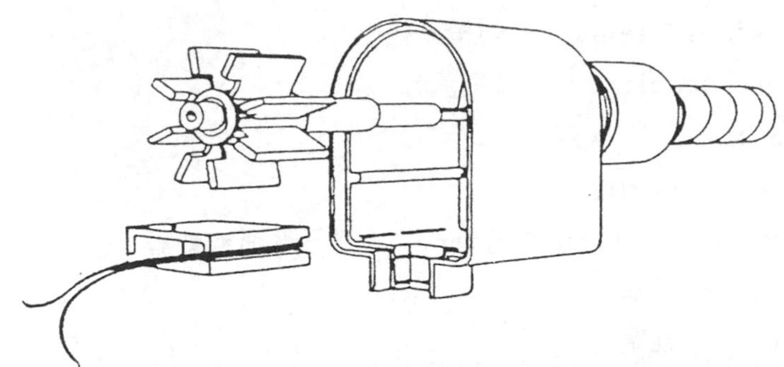

圖 9.21　轉速記發器示意圖

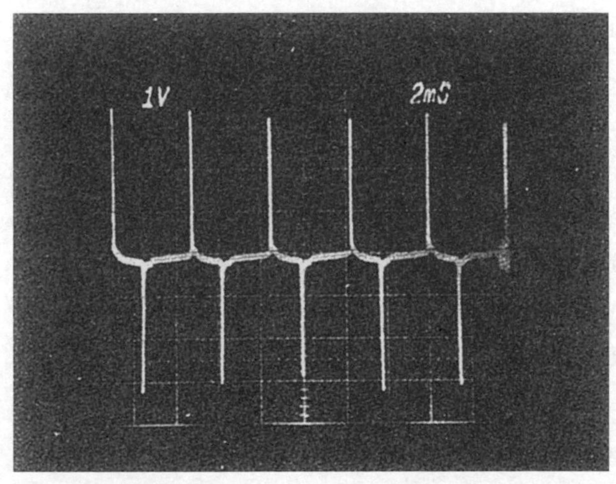

圖 9.22　轉速記發器檢出之脈衝列

與附有感測線圈的模組（module），而多片輪葉瓣（lobe）的調變器（modulator）則係由傳動系統驅動，且當調變器旋轉產生之脈衝，將正比於車速，這是因爲每一輪葉瓣掃過磁感應區時，其前緣引發一極性（polarity）之脈衝，而後緣亦導致另一極性的脈衝，故而輪葉瓣轉一圈，脈衝數恰爲葉瓣總數的兩倍，圖 9.22 即爲轉速記發器檢出之脈衝列（pulse train）訊號。

關鍵字

- permeability　導磁率
- anti-skid systems　防滑系統
- variable coupling　可變耦合
- single turn　單匝
- winding　繞組
- toroidal pulse transformer　環形脈衝變壓器
- housing　外殼
- plunger　柱塞
- transfer characteristic　轉換特性
- eddy current　渦電流
- carrier frequency　載波頻率
- magnetic flux density　磁通量密度
- magnetic intensity　磁場強度
- magnetic bias　磁偏
- demodulator　解調器
- bridge circuit　橋式電路
- pick up　拾訊號
- sinusoidal variation　正弦時變
- magnetic reluctance　磁阻
- transmission shaft　傳動軸
- sender　記發器

參考文獻

1. Edward F. Sidor and Rand J. Eikelberger, "The Licon Wheel Velocity Sensor-An Application of Ferrite Core Technology", SAE 760067, 1976。
2. J.D. Rickman, "Magnetic Methods of sensing shielded Part Motion", SAE 820201, 1982。
3. J. David Marks and Michael J. Sinko., "The Wiegand Effect and Its Automotive Applications", SAE 780208, 1978。
4. J. David Marks, "A Wiegand Effect Transmission-Mounted Speed Sender", SAE 810431, 1981。

第10章 路面高度感測器

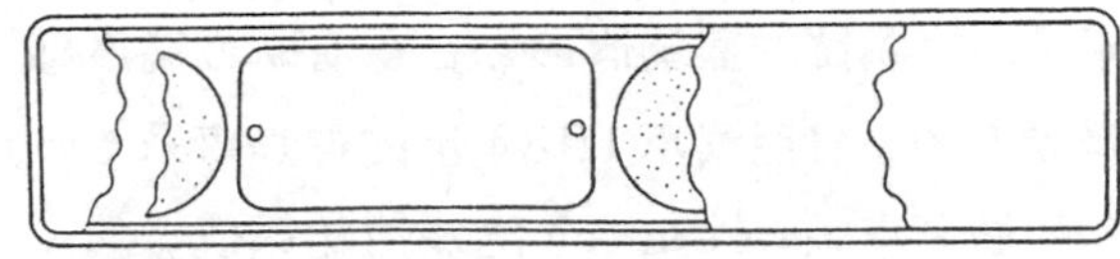

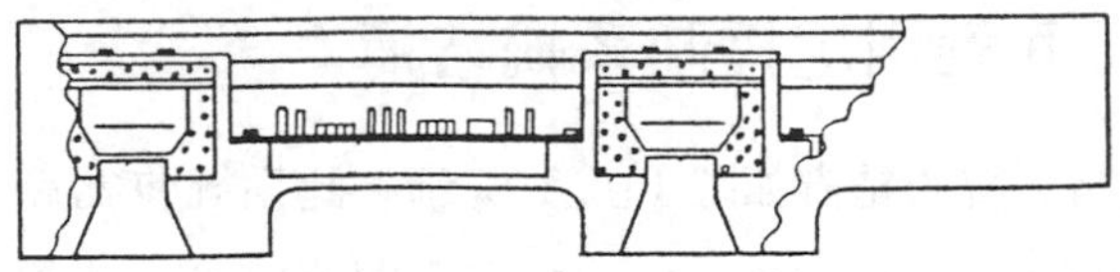

§本章內容重點

電子控制式避震系統最主要的元件爲可變阻尼式避震器及路面高度感測器，本章主要介紹路面高度感測器的原理。

傳統的汽車避震系統設計，如何使汽車底盤儘可能地遠離地面，同時又不喪失車子的駕駛性和穩定性，是項極難克服的挑戰。近年來，因電子科技迅速發展，目前已發展完成一個利用路面高度感測器來控制避震系統中避震器的阻尼力量（ damping force ），使車子在各種路況下，均能得到最佳的避震功能。使車子既舒適又不失駕駛性能。此系統的關鍵因子在控制軟體，其主要工作在於控制阻尼力量的值和條件。使用路面高度感測器，能容易地測知由路面狀況造成車子輕微跳躍的震動情形。在沒有路面高度感測器之前，車子的震動情形是很難預知的。日產汽車1984年的青鳥車系（ Bule bird maximun ）和1986年的勝利車系（cedric）已採用此系統。

10.1 可變阻尼控制系統結構

此控制系統的結構如圖10.1所示。此系統包括超音波路面高度感測器（ supersonic road sensor ）共有5個感測器，感測器的訊號送至控制單元的微處理機，由控制單元判斷後，依路況決定最佳的阻尼力量。而將控制訊號傳送到可變阻尼式的避震器，以得到最佳的駕駛性和舒適性。

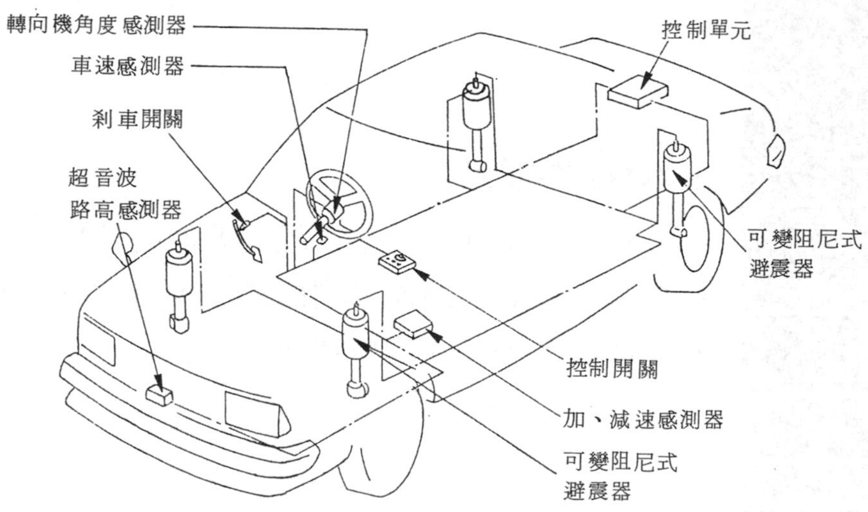

圖10.1　系統結構

此系統的最佳優點在於利用超音波路面高度感測器，提供路面與車身底盤的距離訊號，而能依實際的路況，做最佳的控制。

10.2 可變阻尼式避震器

可變阻尼式避震器如圖10.2所示。避震器內有一內臟式馬達，用來控制旋轉桿的轉動，而選擇阻尼孔(damping orifice)的孔徑。阻尼孔有三種直徑，可使避震器表現的性能分爲軟、中等、硬等三特性。由此三種阻尼孔徑的選擇，車子不但可具有舒適性且具有穩定性，給駕駛者優越的駕駛感。

旋轉桿停止的位置，係由控制單元精確地控制。阻尼力量由一種狀態變換至另一種很快地完成，可充分地滿足駕駛者對避震性的要求。

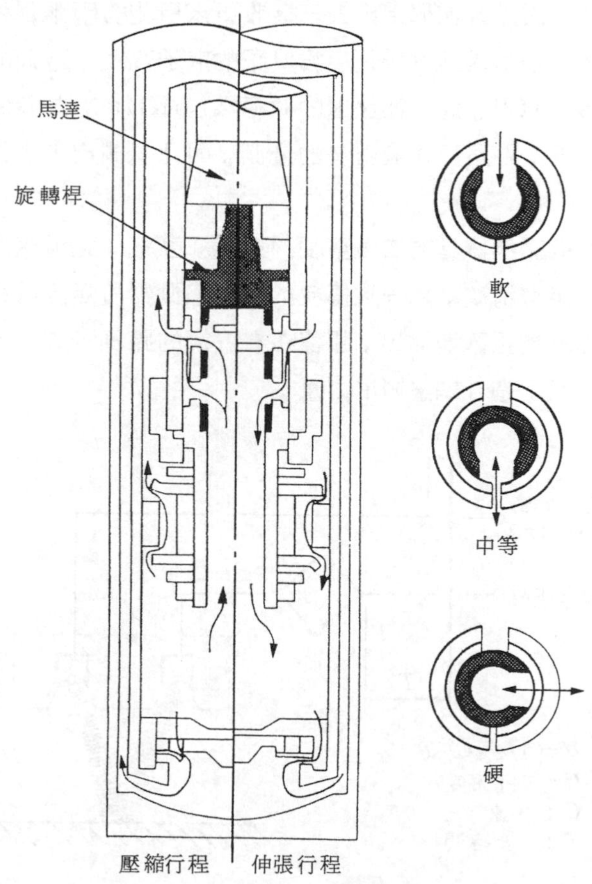

圖10.2　可變阻尼式避震器結構

10.3 超音波路面高度感測器

如圖 10.3 所示，路面高度的計算是利用超音波發射出去後，碰到地面反射回接收器之間所耗用的時間來計算車子與路面間的高度。計算式如 10.1 式。

$$H=\frac{1}{2}\cdot C\cdot T \qquad (10.1)$$

H：路面高度感測器與地面間距離（m）

C：音速（m/s）

T：超音波發射至接收所需時間（s）

10.1 式中，因超音波傳播出去至接收回來所走的距離爲路面高度感測器與地面間距離的 2 倍，因此需乘½，爲眞正的車子高度。路面的高度即由超音波傳遞時間快慢可算出。超音波發射的頻率爲40KHz，如此快的頻率已足夠車子在任何速度下，將路況作最密集的量測。因此量測出來的路面高度應可視爲連續的路況。

此種路面高度感測器具有二個重要的功能，第一，此種感測器可以量測很短的距離，而且非常精確，爲一般傳統的距離感測器所無法做到的。第二，不論路面如何變化均能正確地測出，即使在有坑洞的路面行駛，亦有足夠的時間反應出坑洞的狀況，適時調整阻尼力量。

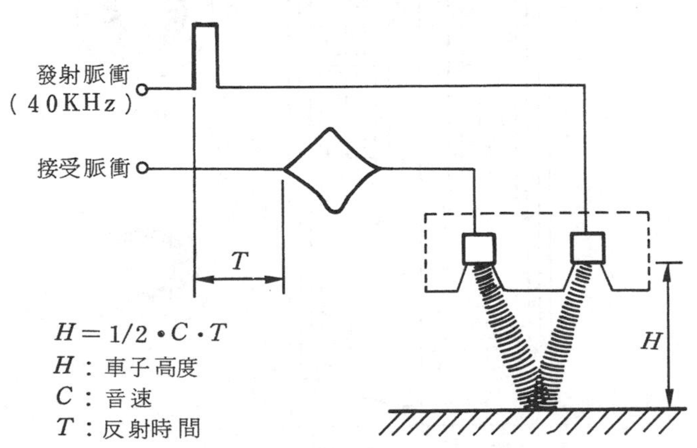

圖 10.3　路面高度量測原理

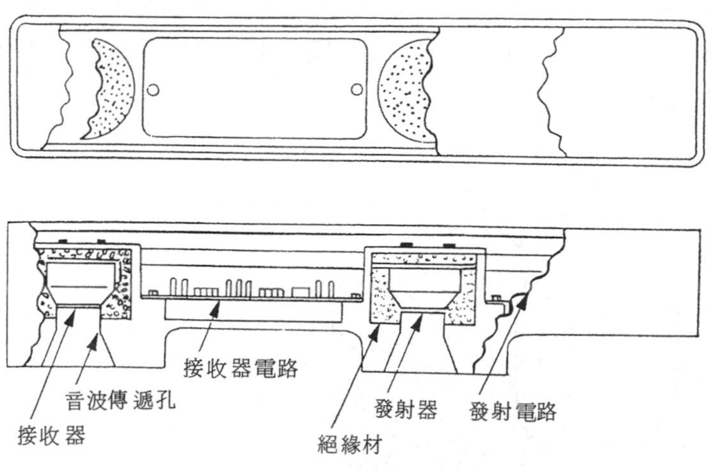

圖 10.4　感測器的結構

圖 10.4 所示爲路面高度感測器的結構，超音波的發射器和接收器均有隔絕材料包覆，超音波發射孔和接收孔均有類似喇叭形狀的音波傳遞孔，可以增加音波傳遞方向的正確性及強度。有關的訊號放大器和處理電路亦安置在此感測器的殼子裏，以減少訊號傳遞損失。

10.4 增進短距離的量測精度

在作短距離量測時，因爲發射波和接收波的時距很短，不易區別兩個波之間的差別。假如距離的量測是直接利用發射波而不用反射波，則音波傳遞所需時間更短，因此更不容易將兩個音波辨別。超音波路面高度感測器則有下列的進步作法：

一、愼選隔絕材料。如此可以減少音波由隔絕體傳導出去。因爲橡膠在低溫時容易變硬，經由隔絕體傳出的音波即會因溫度降低而增加，爲解決此一問題，採用適當的橡膠材料，使其即使在低溫下，仍能維持柔軟的特性，如此便可使音波均由傳遞孔傳出而不會損失。

二、音波傳遞孔形狀最佳化。音波傳遞孔形狀做最佳化設計可減少音波由空氣傳遞散失，因爲音波傳遞的方向會受傳遞孔形狀所影響。圖 10.5 所示爲有做傳遞孔與沒有傳遞孔的音波受阻尼的量比較，側向的音波受阻尼量影響較大。

三、改進感測器電路。如圖10.6所示，利用電子控制產生繞行訊號（circumvention signal），將發射波與反射波分離。據此，即可正確地量測發射波與反射波的差距。

—·—有傳遞孔
—··—沒有傳遞孔
0
−10
−20
−30
−40
30°
60°
阻尼器（dB）
−40
−30
−20
−10
0
阻尼量（dB）

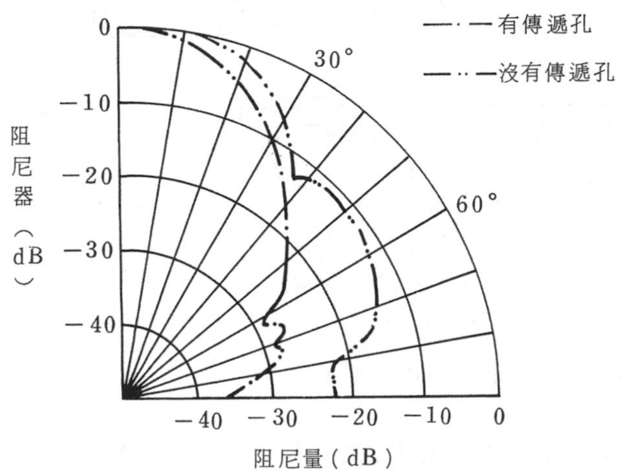

圖10.5　改善方向性

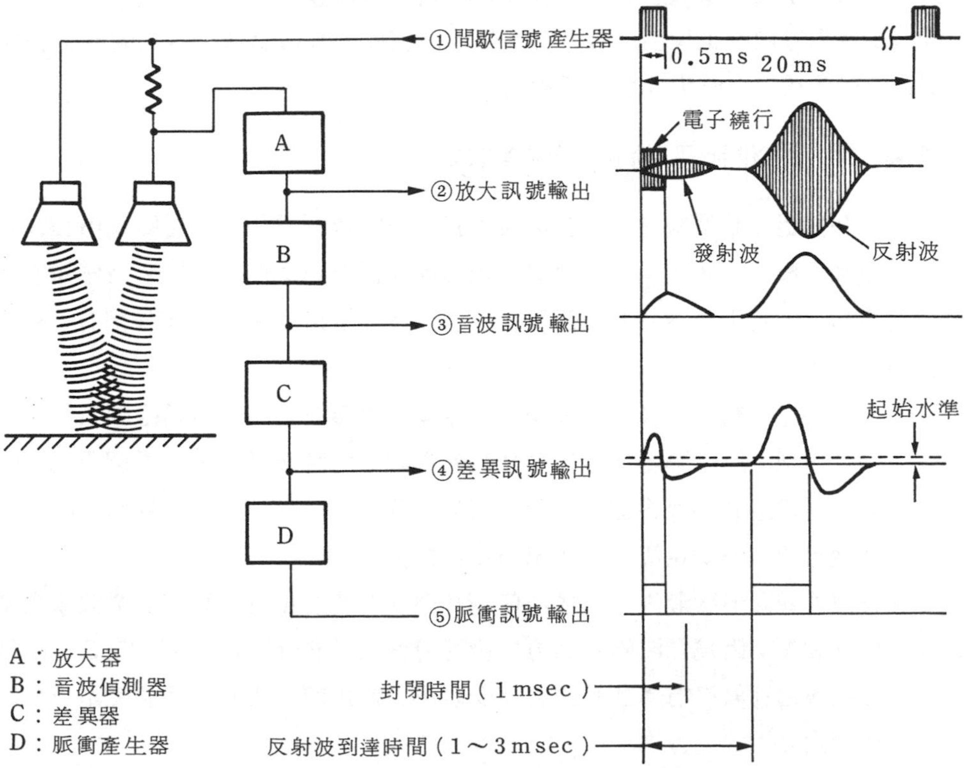

①間歇信號產生器
0.5ms
20ms
電子繞行
發射波
反射波
A
B
C
D
②放大訊號輸出
③音波訊號輸出
起始水準
④差異訊號輸出
⑤脈衝訊號輸出
A：放大器
B：音波偵測器
C：差異器
D：脈衝產生器
封閉時間（1msec）
反射波到達時間（1～3msec）

圖10.6　波形處理方法

10.5　訊號處理方法

圖 10.7 所示為車輛與路面高度訊號計算處理流程。車輛與路面間的高度最初是由反射波抵達時間來計算。然後依反射波的強度再予補償，計算正確的車輛與路面間的高度。不正常的數據需予摒除，通過濾波器，得到正確的值。反射波的強度補償功能是為了防止因反射波的強度變弱而使反射波收訊時間延遲造成的誤差。

不同形式的噪音亦會影響超音波的使用，由外界產生的散漫噪音（random noise），及高頻噪音（high-frequency noise）無法由補償器來校正，而需使用不正常數據摒排器及濾波器予以修正，如此才能測得真正的路面高度。

圖 10.8 所示為目前使用的路面高度感測器輸出值與實際高度的比較結果。在室溫下，高於 15 cm的高度均可正確地測出，其解析度為 2 mm。

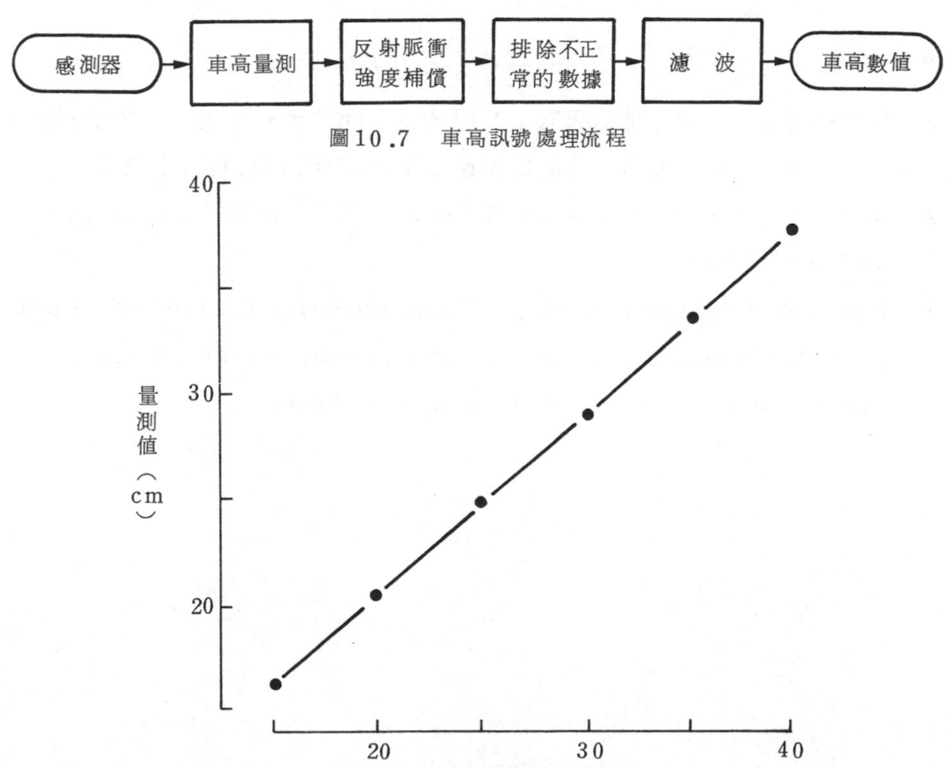

圖 10.7　車高訊號處理流程

圖 10.8　感測器測量特性線

關鍵字

- Damping force　阻尼力量
- super-sonic road sensor　超音波路面高度感測器
- Damping orifice　阻尼孔徑
- shock absorber with variable damping force　可變阻尼式避震器
- acoustic horn　音波傳遞孔
- transmitter　發射器
- receiver　接收器
- circumvention signal　繞行訊號
- Random noise　散漫噪音
- high-frequency noise　高頻噪音
- resolution　解析度

參考文獻

1. 黑木純輔，　深，柿本壽彥，"超音波路面ソナーを用いた電子制御サスペンミヨンの紹介"，自動車技術，Vol.39，No.12，1985。
2. 黑木ほカ，"スーパーソニックサスペンミヨンの開發"日產技報，Vol.22，1984。
3. Fukashi Sugasawa et al，"Electronically controlled shock absorber system used as a road sensor whick utilizes super sonic waves"，SAE paper 851652。

第11章

雨滴感測器

雨滴感測器

§本章內容重點

清晰的擋風玻璃是駕駛安全的首要因素，傳統的雨刷控制需由駕駛者依雨勢而調整雨刷速度，容易使駕駛者分心，本章介紹以雨滴感測器控制雨刷速度，使駕駛者能專心駕駛，確保交通安全。

目前的擋風玻璃有兩種雨刷系統可有效的用於下雨天。一種是間歇雨刷系統（intermittent wiper system）；雨刷刷雨的操作週期設定在某個時間，如日產間歇雨刷系統每隔6秒操作一次。另外一種是可自由調整式間歇雨刷系統（freely variable intermittent wiper system）—雨刷刷雨的操作週期可由下雨的程度由駕駛者選擇，如日產可自由調整式間歇雨刷系統操作週期3～12秒可由駕駛者選擇。但是，即使是可自由調整式間歇雨刷系統，要適應各種雨勢及車速去調整操作也是一項很煩人的工作。爲了解決此項煩人的工作，使用雨滴感測器間歇雨刷系統（intermittent wiper system with a raindrop sensor）的需求應用而生。

日產汽車最近已發展成功雨滴感測器間歇雨刷系統，此系統的操作週期由0～20秒（亦即每分鐘雨刷可操作3至50次）。雨刷感測器是安裝在車子的外面，並且裝有一個壓電元件（piezoelectric element），當雨刷開關調在自動操作的位置時，此系統即可依雨勢的改變或車速的變化而自動調整操作週期，駕駛員可專心的駕駛，不需分神去調整雨刷速度。日產1983年日本地區使用的車子，已有很多裝置此系統。

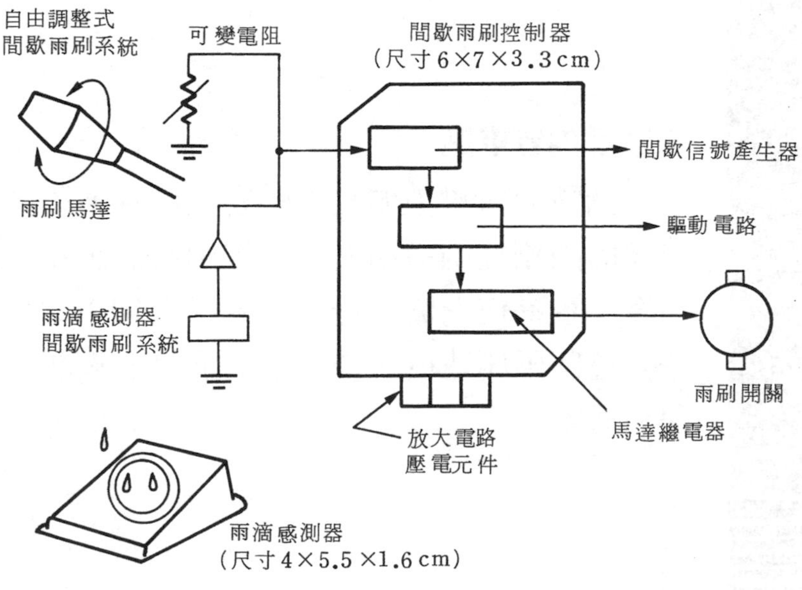

圖11.1　雨刷系統構造圖

11.1 系統結構和功能

11.1-1 系統結構

圖11.1所示為雨滴感測器間歇雨刷系統。此系統包括雨滴感測器用以偵測下雨情形，雨刷控制器和部份修改過的間歇訊號產生器，設有自動操作位置的雨刷開關，傳統的雨刷馬達。因此，此系統與傳統可自由調整式間歇雨刷系統的主要不同點是，此系統以雨滴感測器控制雨刷操作，取代傳統系統中雨刷開關的可變電阻。

11.1-2 雨滴感測器的構造

雨滴感測器包括一個振動板；此振動板將雨滴的動能轉變成振動訊號，一個壓電元件；此元件將振動訊號轉換成電壓訊號，一組電路；此電路將電壓訊號放大。如圖11.2所示。因為此感測器裝在汽車的外面，所以用一個不銹鋼盒子裝著，並且有防水措施。

壓電元件安全地附著在不銹鋼振動板後面，其直徑約 26mm 。振動板的彈性由橡膠阻尼器(rubber damper)裝在盒子上提供，而且此橡膠阻尼器必須將汽車的振動頻率與振動板隔離。訊號放大器的電路由30幾個電子元件組成，如電晶體、電阻、電容和IC等。除了大的電容器因能圓滑地提供電源外，其他元件均以積體電路方式組合於一個複合式的積體電路(hybrid IC)。

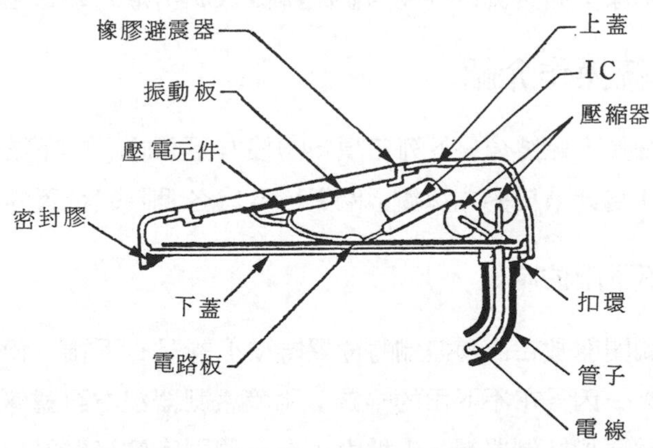

圖11.2 雨滴感測器的斷面圖

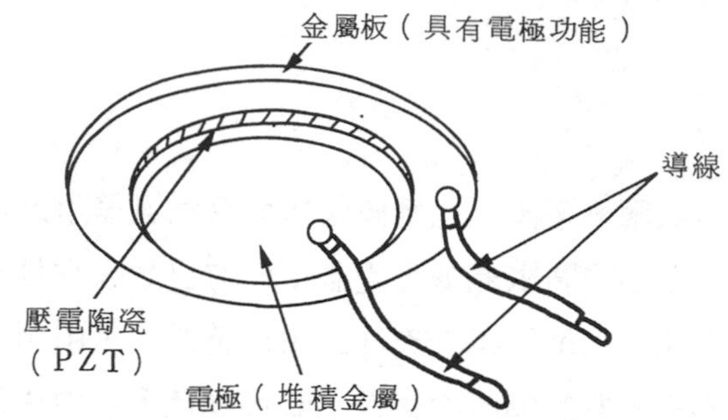

圖11.3　壓電元件的構造圖

11.1-3 壓電元件

雨滴感測器的壓電元件，使用的材料爲鉛、鋯、鈦的陶瓷，亦稱爲PZT。如圖11.3所示爲壓電元件的構造，壓電元件的一邊附著一片圓的金屬板，另一邊以堆積金屬（deposited metal）做爲電極。當機械的應力（mechanical stress）加於壓電元件時，此時壓電元件就在兩邊的電極上產生電壓。此乃壓電元件的特性。由於這個特性，壓電元件所產生的電壓是與雨滴打在振動板的動能成正比。其產生的電壓約從50 μV至60mV。

11.1-4 訊號放大

由於從壓電元件所產生的電壓相當微小，根本無法傳到雨刷控制器，因此必須先經過放大之後才能傳遞至雨刷控制器。放大倍率約一萬倍，以交流電輸出，並將雜訊消除。此交流電再經過整流器轉換成方形波輸送至雨刷控制器。

11.2 系統操作介紹

此系統的操作介紹將分成下列三項：(一)沒有下雨時。(二)下微雨時。(三)傾盆大雨。圖11.4爲此系統的方塊圖，圖11.5爲各個關鍵位置的輸出波形。

11.2-1 不下雨的時候

如果將雨刷開關放在自動控制的位置時，不論是否下雨，雨刷將會每隔20秒操作一次。因爲在不下雨的時候，雨滴感測器沒有訊號輸出，但是在圖11.4中，間歇雨刷控制器迴路方塊中，有一個固定電流電路，該電路有一個20秒的計時器，每隔20秒自動輸出一個固定電流到充電電路，而操作雨刷。

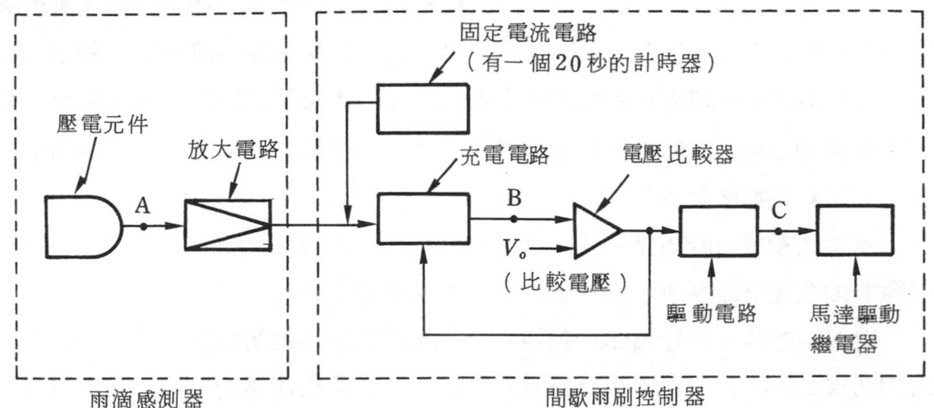

圖11.4　系統方塊圖

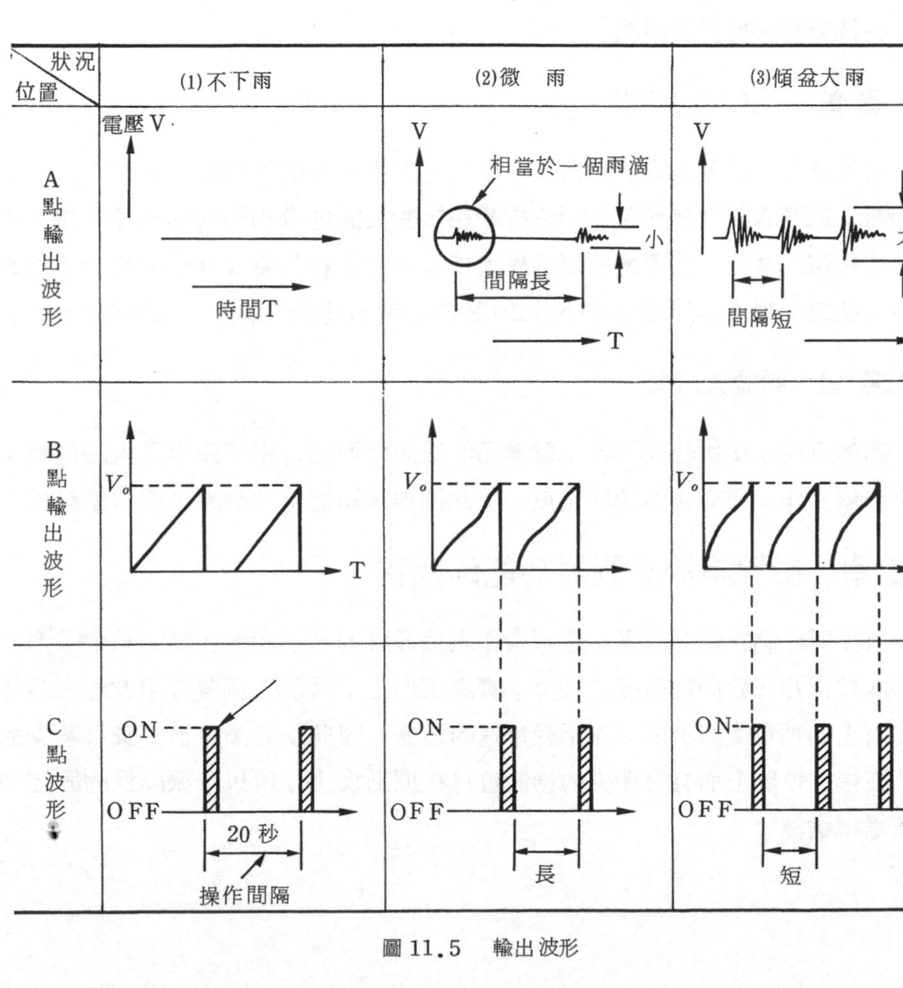

狀況／位置	(1)不下雨	(2)微　雨	(3)傾盆大雨
A點輸出波形	電壓V 時間T	V 相當於一個雨滴 小 間隔長 T	V 大 間隔短 T
B點輸出波形	V_o T	V_o	V_o
C點波形	ON OFF 20秒 操作間隔	ON OFF 長	ON OFF T 短

圖11.5　輸出波形

當充電工作進行時，雨滴感測器的壓縮器電壓即上升，並且將此電壓傳到電壓比較器。（參考圖11.4的B點和圖11.5B點的輸出波形）。每隔20秒，B點的電壓將超過給與的比較電壓V_o。電壓比較器即將電壓訊號輸出，送至雨刷驅動電路，再傳送至馬達驅動繼電器，繼電器操作0.8秒，雨刷操作一次。（如C點波形所示）

電壓比較器同時回饋一個訊號到充電電路，作為重新操作的訊號。此時，壓縮器的電壓隨即釋放，並重新做下一次的充電工作。

前述的操作工作每隔20秒執行一次，因為20秒的計時器提供雨刷操作最大週期為20秒。此目的在於提醒駕駛員，目前雨刷開關的位置在自動操作位置。以防止當駕駛員忘了把自動開關關閉，而將車子送入自動洗車機，造成雨刷片在洗車機裏操作而損壞。

11.2-2 下微雨的時候

當雨滴打在振動板時，壓電元件產生的電壓波形係與雨滴的動能成正比。（如圖11.5A點的波形）。雨滴打擊在振動板的能量由雨滴的質量及速度決定。由壓電元件產生的電壓波經過放大後，與20秒計時器訊號同時送至充電電路。結果，壓縮器的電壓在小於20秒內已超過比較電壓V_o，而使雨刷操作。

11.2-3 傾盆大雨時

如前所述，在傾盆大雨時，壓電元件受到大雨的打擊將產生更大的電壓，促使雨刷操作，同時操作週期也更短，此操作週期將受雨勢大小而自動調整。

11.3 影響雨滴感測器功能的因素

以下所介紹的幾個因素，是影響雨刷感測器的功能和性能很重要的因素，其基本技術乃在於振動感測的技術。實際工作上，雨滴感測器必須有能力將擋風玻璃上的雨量偵測出來，而不受車速的影響。因此，必須澄清到底有多少的雨打在擋風玻璃上而且有多少的雨滴會打在振動板上，所以，振動板的固定角必須審慎選擇。

11.3-1　車速與擋風玻璃上雨水的關係

從圖11.6中所示爲雨滴打在擋風玻璃的數量與車速的關係。以數學式子表示如下：

$$N = n \times \sin(\theta_1 + \theta_w) \times v_1 \qquad (11.1)$$

各符號代表意思如下：

N：單位面積、單位時間內的雨量

V：車速

n：每單位空氣體積內所含的雨量

θ_w：擋風玻璃的傾斜角度

θ_1：$= \tan^{-1} v/V$ 雨滴相對於擋風玻璃落下的方向

v：雨滴垂直落下的速度

v_1：$\sqrt{v^2 + V^2}$

11.1式依三角函數正弦複角公式展開如下：

$$\begin{aligned} N &= n \times (\sin\theta_1 \cdot \cos\theta_w + \sin\theta_w \cdot \cos\theta_1) \times v_1 \\ &= n \times \left(\frac{v}{v_1}\cos\theta_w + \frac{V}{v_1}\sin\theta_w\right) \times v_1 \\ &= n \cdot v \cdot \cos\theta_w + n \cdot V \cdot \sin\theta_w \end{aligned} \qquad (11.2)$$

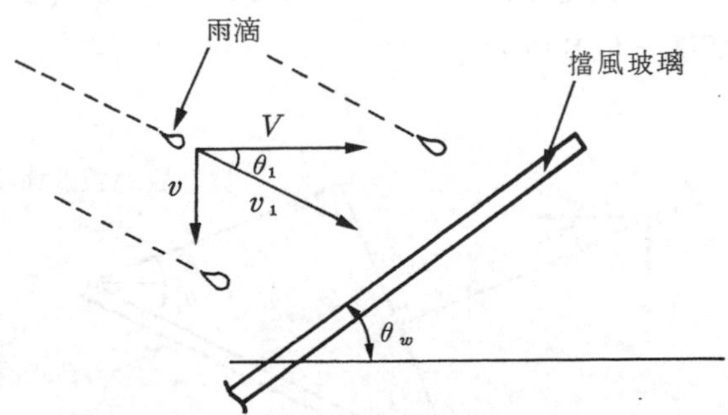

圖11.6　雨滴落在擋風玻璃與車速關係

假設11.2式中的n，v，θ_w，不會變化，是一個常數，則$n \cdot v \cdot \cos\theta_w$和$n \cdot \sin\theta_w$均可看做常數，因此11.2式改寫如下：

$$N = A + B \times V \tag{11.3}$$

$A = n \cdot v \cdot \cos\theta_w$　爲常數

$B = n \cdot \sin\theta_w$　爲常數

由11.3式很明顯地知道，打在擋風玻璃上的雨量是和車速成線性關係。

11.3-2 振動板的固定角和投影面積

圖11.7所示爲振動板的投影面積和車速的關係。其投影面積依車速不同而變化。振動板的投影面積在不同車速下亦受固定角而決定。因爲振動板的面積等於雨滴偵測面積，因此振動板的投影面積和振動板的固定角之間的關係如下式：

$$S' = S \times \sin\left(\tan^{-1}\frac{v}{V} + \theta_s\right) \tag{11.4}$$

S'：振動板的投影面積

S：振動板的眞實面積

v：雨滴垂直落下的速度

V：車速

θ_s：振動板的固定角

假設雨滴垂直落下的速度爲4 m/s，則11.4式中計算振動板投影面積與固定角度之關係如圖11.8所示。

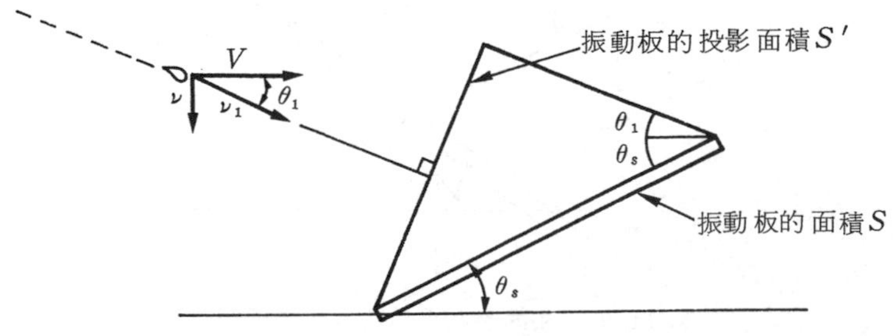

圖11.7　振動板投影面積和車速關係

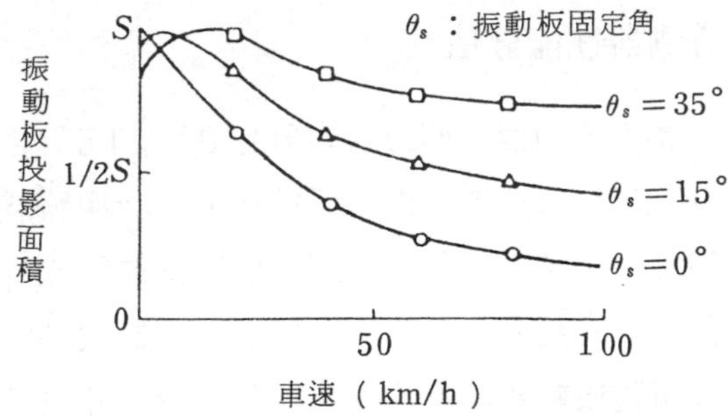

圖11.8　振動板角度與投影面積關係

11.3-3 打在振動板上的雨量

由11.4式，單位時間內打在振動板的雨量與車速的關係如下式：

$$N_s = n \times S' \times v_1 \tag{11.5}$$

N_s：單位時間內打在振動板的雨量

11.5式依11.2式的方法可轉換成下式

$$N_s = n \times s \times (v \cdot \cos\theta_s + V \cdot \sin\theta_s) \tag{11.6}$$

圖11.9係由11.6式計算而得振動板固定角和每單位時間內打在振動板的雨量在不同車速下的關係，其下雨的速度假設為4 m/s 。

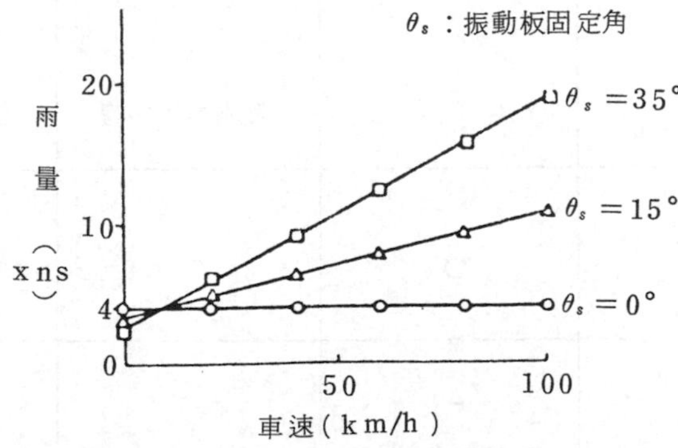

圖11.9　振動板固定角和雨量的關係

11.3-4 雨滴感測器性能評估

表11.1所示為雨滴感測器不同的固定角度0°，15°，35°用實車測試由駕駛者以主觀的評價方法之結果。由此評價結果，以雨滴感測器與水平夾角15°，無論在何種車速下，其功能最好。如雨滴感測器與水平夾角35°（約與擋風玻璃傾斜角相同），在高速駕駛時，雨刷操作次數太頻繁。

以上評價結果，可從振動感測系統的特性上理解，此系統中，在擋風玻璃上的雨量可從雨滴打在感測器振動板的動能計算而得。如11.3式所示，阻礙在擋風玻璃上的雨量和車速成正比。相對地，由雨滴感測器偵測到的雨量的動能和車速三次方成正比。

由11.5式，單位時間內落在雨滴感測器的振動板上的雨滴動能E可表示如下：

$$E \propto N_s \times \frac{1}{2} m \cdot v_1{}^2 \tag{11.7}$$

m：一個雨滴的重量

表11.1　振動板固定角的主觀評估

振動板固定角	低速駕駛 0～30 km/hr	中速駕駛 40～60 km/hr	高速駕駛 70 km/hr以上
0°	○	Δ 雨刷操作略慢	× 視線很差
15°	○	○	○
35°	Δ 雨刷操作略慢	○	Δ 雨刷操作太快

○很好　Δ仍有缺陷　×安全堪慮

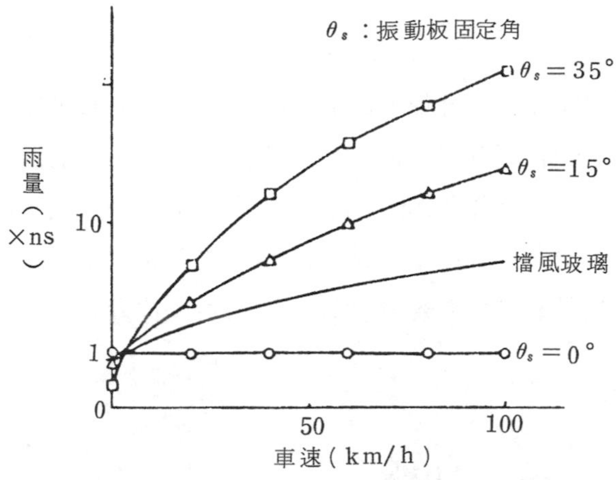

圖11.10　雨量比較

將11.6式代入11.7式得到下式

$$E \propto \frac{1}{2} m \cdot n \cdot s \times (v \cdot \cos\theta_s + V \cdot \sin\theta_s)^3 \tag{11.8}$$

因爲車子在高速行駛時，車速V影響動能E的值比雨滴速度v更大，所以11.8式簡化如下：

$$E \propto C V^3 \tag{11.9}$$

$$C = \tfrac{1}{2} m \cdot n \cdot s \cdot \sin^3\theta_s$$

由11.9式很明顯地知道，雨滴落在雨滴感測器的動能是和車速三次方成正比。

圖11.10所示爲落在擋風玻璃上的雨量與由雨滴感測器測得的雨量之比較。擋風玻璃上的雨量是由11.2式計算而得，而雨滴感測器上的雨量由11.8式計算而得。由此圖中，當車子靜止時，擋風玻璃和雨滴感測器上的雨量一樣多，當車速愈快時，振動板水平夾角爲15°和35°兩種情形，其雨量均比擋風玻璃上的雨量多，此項結論似乎使此系統的精確度另人懷疑，但是由表11.1的主觀評估裏，駕駛員覺得振動板水平夾角15°的刷雨功能很好。造成其間差異是因爲駕駛員在開快車時，希望有較清晰的視界，比較有安全感，因此希望雨刷操作週期較短，而不會覺得振動板水平夾角15°的操作頻率太快。

11.3-5 安裝位置

當車速增加時，在汽車周圍的氣流將會使車子表面造成正壓區與負壓區，圖11.11所示即爲車子在行走時的壓力分佈情形。雨水落在擋風玻璃上的速度與車子周圍的壓力分佈有關係，因此爲了確保雨滴感測器測得的雨量與擋風玻璃中央(即正壓區)的雨量一樣多，所以，雨滴感測器應放置在正壓區。基於這個理由，一般均將雨滴感測器放在引擎蓋靠近儀表板的中央位置。

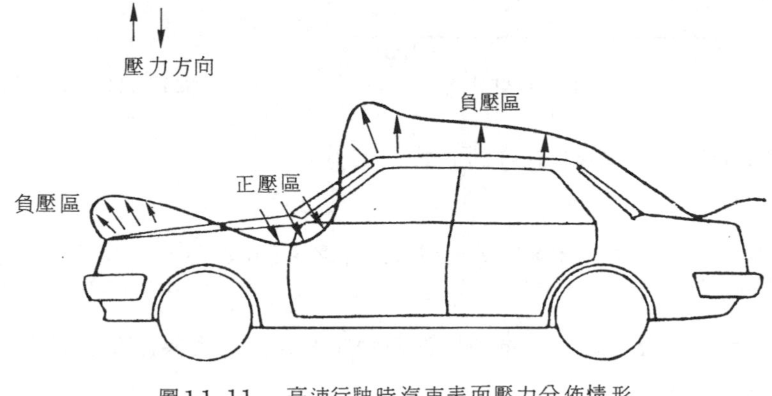

圖11.11　高速行駛時汽車表面壓力分佈情形

11.3-6 雨滴偵測敏感度

雨滴感測器的固定角度與固定位置決定後，本節將討論振動板的面積和雨滴感測器的輸出訊號振幅，亦即壓縮器的充電時間，這是控制此系統的重要因素。

很顯然地，雨刷振動板面積愈大，雨水落在振動板的或然率就愈大。量測的精度也愈高。但是如果振動板面積太大，將使雨滴感測器製造困難，且不夠輕巧。此外，必須使振動板的自然頻率提高，以防止系統誤動。但是如果振動板的面積太小，同時會使壓電元件的輸出訊號降低，而減少了系統的精確度。爲了考量上述因素，以主觀的評價結果，振動板的直徑爲 26 mm 是很恰當。此外雨滴感測器輸出訊號振幅亦可由主觀評價，選擇一個最佳值。

11.4 雜訊的消除

假如雨滴感測器的振動板受振原因不是來自雨滴或雪，雨刷將會做不需要的操作。因此必須對機械及電子的量測，以預防不正常的雨刷操作。

11.4-1 造成雨刷不正常操作原因

各種可能造成雨刷不正常操作的原因和傳統途徑如表11.2所示。由本系統的操作原理，若要阻止因異物直接打擊在振動板所引起的誤作，那是不可能的事。因此以下將討論如何防止誤作現象。

表11.2　造成雨刷不正常操作的原因

傳送途徑	項目
聲波經由空氣的傳遞，打在感測器	● 其他車子的喇叭聲 ● 大卡車的引擎噪音 ● 火車經過鐵軌的噪音 ● 剎車嘯音
車體振動傳遞至感測器	● 汽車喇叭聲 ● 車體在粗糙路面上行駛 ● 道路的接合縫和卵石路面 ● 輪胎裝有雪鍊
受異物打擊	● 砂 ● 道路上塩類 ● 小昆蟲

11.4-2 消除振動的方法

就車體振動而言，高頻振動雜訊可由固定振動板的橡膠阻尼消除，低頻振動雜訊由訊號放大電路中的濾波器消除。橡膠阻尼的特性如圖11.12所示。此橡膠阻尼能將高於1 kHz的高頻振動隔絕。訊號放大器的頻率特性如圖11.13所示。此頻率特性可用電壓的振幅來表示，圖中小於5kHz的訊號均被阻絕，大於5kHz的輸出電壓即可被放大輸出。

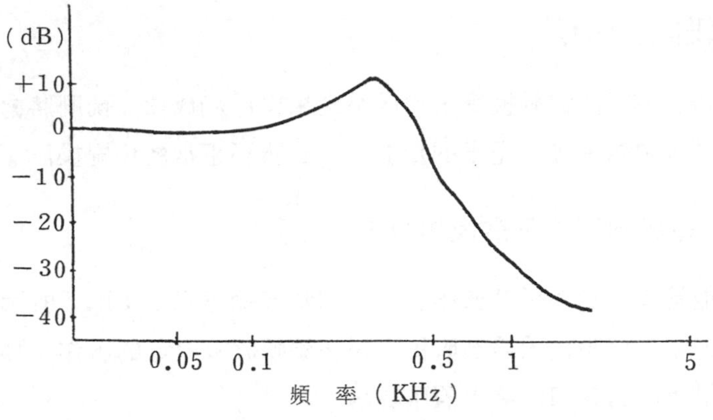

圖11.12 橡皮阻尼特性

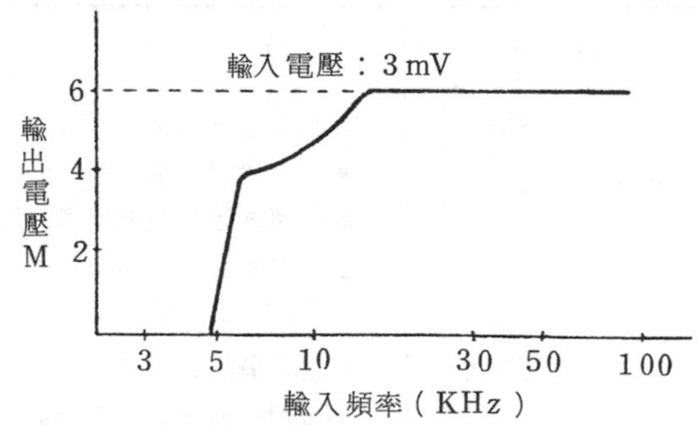

圖11.13 訊號放大器的頻率特性

因爲振動波能藉由空氣傳送至雨滴感測器的振動板,且於5kHz的低頻振動訊號均可由訊號放大器的濾波器消除,但是仍有一些高於5kHz的振動雜訊會通過濾波器,造成系統的誤動。經過調查結果,會產生此現象的原因係少部份高於15kHz的振動波造成。其中最具代表性的因素是汽車喇叭聲所造成,如圖11.14所示,汽車喇叭聲壓頻率的量測係將量測儀器放於與喇叭距離1公尺的位置量得。

由以上的調查結果,經由空氣而影響振動板的因素可藉由15kHz以上的共鳴室設計,來消除此種狀況。爲了要提高共鳴室的共振頻率,同時會使振動板的剛性增強,而降低感測器的靈敏度。由測試結果,使用15kHz的共鳴室是很理想的共鳴室,實車測試時並未發生不作動的情形。

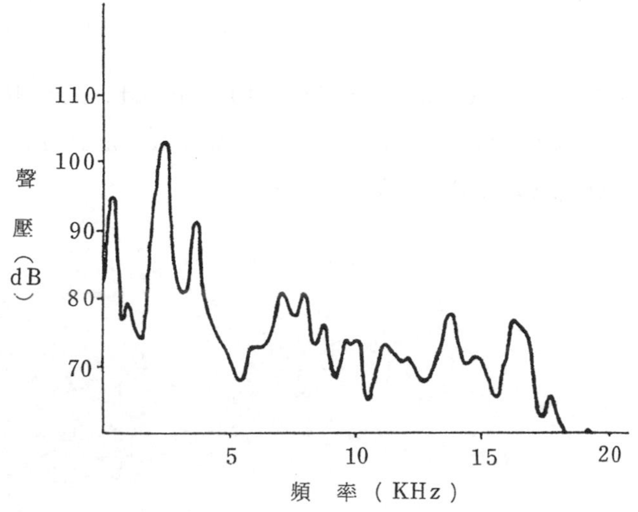

圖11.14　汽車喇叭的頻率特性

11.5 系統的主觀評估

主觀評價(subjective evaluation)的結果，一般是用來決定汽車性能的最後最有效的方法。

本系統的主觀評價方法是由駕駛員在各種不同車速下行駛，並配合各種不同的雨量及雪量，由駕駛員以主觀的意念評價最理想的雨刷操作頻率，及由此系統的實際作動情形，兩者互相比較、修改，如此返復地測試，直到雨刷操作最理想的情形。評價內容包括振動板固定角度，感測器放置位置，感測器面積及輸出訊號的電壓等。

關鍵字

- Intermittent wiper system　間歇雨刷系統
- freely variable intermittent wiper system　可自由調整式間歇雨刷系統
- raindrop sensor　雨滴感測器
- piezoelement　壓電元件
- Rubber damper　橡膠阻尼器
- stress　應力
- subjection evaluation　主觀評價

參考文獻

- Kazuyuki Mori , Yasuhiro Shiraishi and Masami Kuribayashi , " An Intermittent wiper System with a Raindrop sensor " , SAE paper 851637 , 1985 。

第12章

液面高度感測器

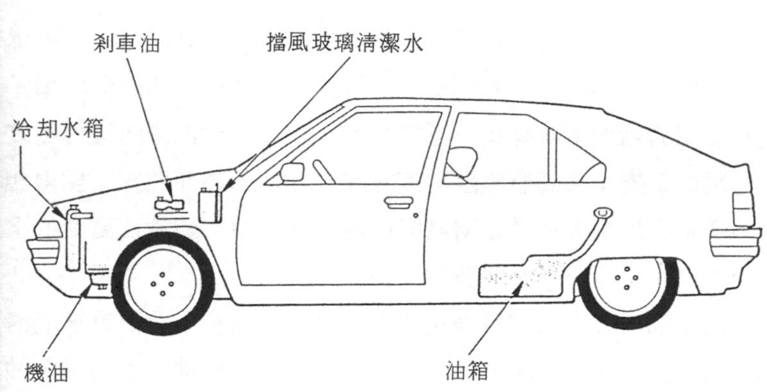

§本章內容重點

燃油指示計爲汽車必備裝置，而剎車油、擋風玻璃清潔水、引擎冷卻液、機油之貯量訊號取得亦是最新故障檢測系統所需。

文中敍述主題包括：

- 感測器性能基本要求。
- 電熱式感測器。
- 壓電式感測器。

對於駕駛人而言，車輛能正確的指出燃料剩餘量為其最基本要求項目之一，因此油量指示計是任何汽車必備的裝置，而液面高度（liquid level）感測器即為本章所要介紹的主題。

12.1 引 言

近年來液面高度指示裝置已陸續開發並應用到剎車油，擋風玻璃清潔水（windshield washer fluid），以及引擎冷却液與機油的輸送組件上。綜觀現行使用的燃油系統係以一浮筒（float）定出油箱內液面高度，再轉換至可變電阻的改變，藉調整電阻對箱內貯存容積的特性曲線，即得相對電壓值。另一種較為少用的方式是以兩電容板浸在燃油中，隨液面高度的不同，其電容值亦有所變化，也能得到需要的訊號輸出。

剎車油的高度量測原理主要是採用浮筒開關，而擋風玻璃清潔水與引擎冷却液係用簧片開關（reed switches）方式，機油則多使用量油尺（dip-stick）或電熱（electrothermal）感測器，另有些感測器是應用傳導特性，簡單圖示整理見圖12、1。

12.2 基本要求

對於現有感測器缺失，其改良目標為：

1. 感測器之作動機構需排除運動件，例如槓桿式感測器即係因電阻軌道（resistor tracks）接觸點磨損，導致電位計不準確、遲滯，也減低使用壽命。
2. 感測器輸出特性須維持液面高度與容積含量間線性關係，由於空間和車重的限制，使現代汽車設計時無可避免需觸及複雜的不規則油箱，此點應予仔細檢討。
3. 感測器設計應涵括箱內燃油高度的整個範圍，槓桿式即因尺寸限制，以致無法量出滿油箱或貯量下限等兩狀況。
4. 感測器應具通用性（適用於任何燃料），例如電容式即無法用於含酒精之燃料。
5. 價格應力求競爭性。

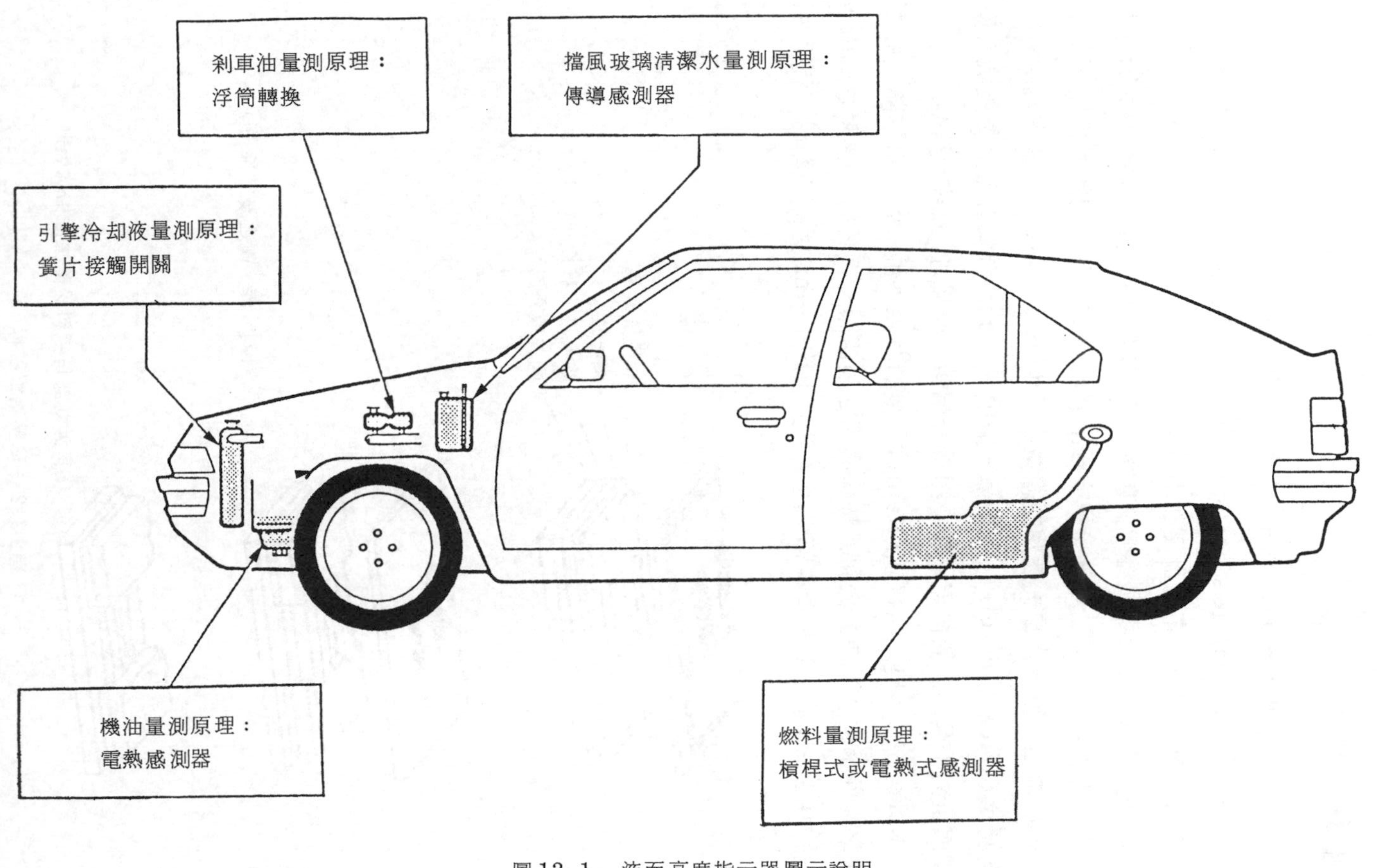

圖 12.1　液面高度指示器圖示說明

12.3 電熱式感測器

舉一電流饋接（current-fed）電阻為例，當其為氣態燃料包圍時，對於環境之熱阻（thermal resistance）愈高，則電阻的溫度上升量亦愈大，若其浸在液態燃料內時，電阻溫度即下降。

依據上述原則，選擇高溫度係數的電阻材料，量測其熱阻差異，則可得知電阻浸在燃油中的深度，亦即轉換成輸出訊號和液面高度間的特性關係。

至於電阻本體已從原先使用的線電阻（wire resistor）改良為附著在撓性金屬片（flexible foil）的薄鐵－鎳膜片，此設計具有可大量製造，與抗機械與電力干擾能力較佳等優點。以下介紹感測金屬片的製造過程：

先以一50μm厚之開普敦(Kapton)金屬片為基體（此材料抗熱、機械、化學之特性極佳），使其表面經特殊處理過程清潔，接著對其噴鍍(sputtered)一約0.1 μm厚的鐵－鎳薄膜，隨後再鍍上約1 μm 厚的銅薄片，藉照相平

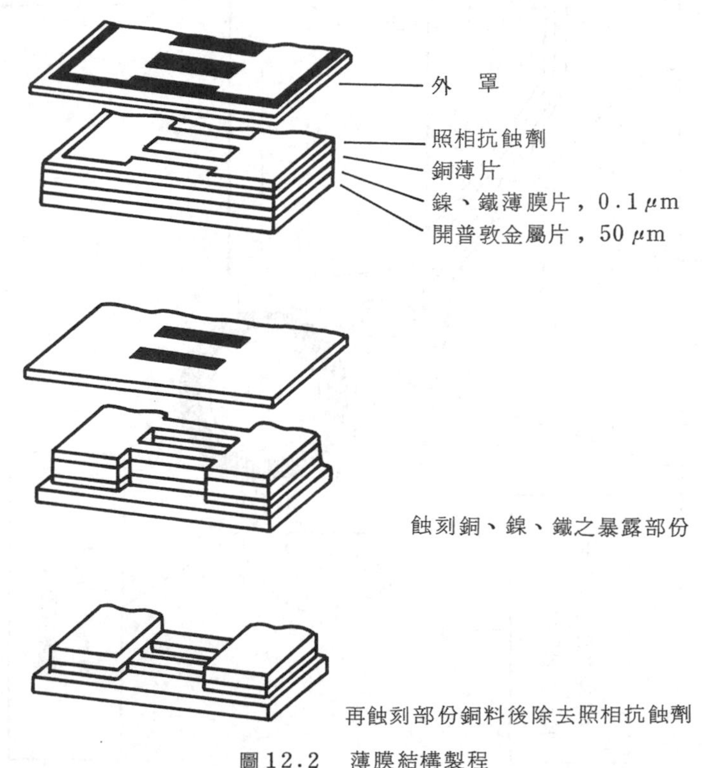

圖 12.2 薄膜結構製程

版（photolithograph）法使感測元件和接觸面結構分別製造於鐵－鎳與銅等薄片上。

最後是將整個系統用第二層肼普敦金屬片被覆（clad），以作爲抗侵蝕與機械損害之用，前述製程詳細圖示說明參見圖12.2。

12.4 壓電式感測器

此種感測器主要是應用振盪器（oscillator）原理，並以滿足下列性能需求爲目標：

- 操作溫度範圍應涵括－40°C～＋150°C。
- 需適用於引擎冷却液、燃油、機油、擋風玻璃清潔水、刹車油等各種不同液體。

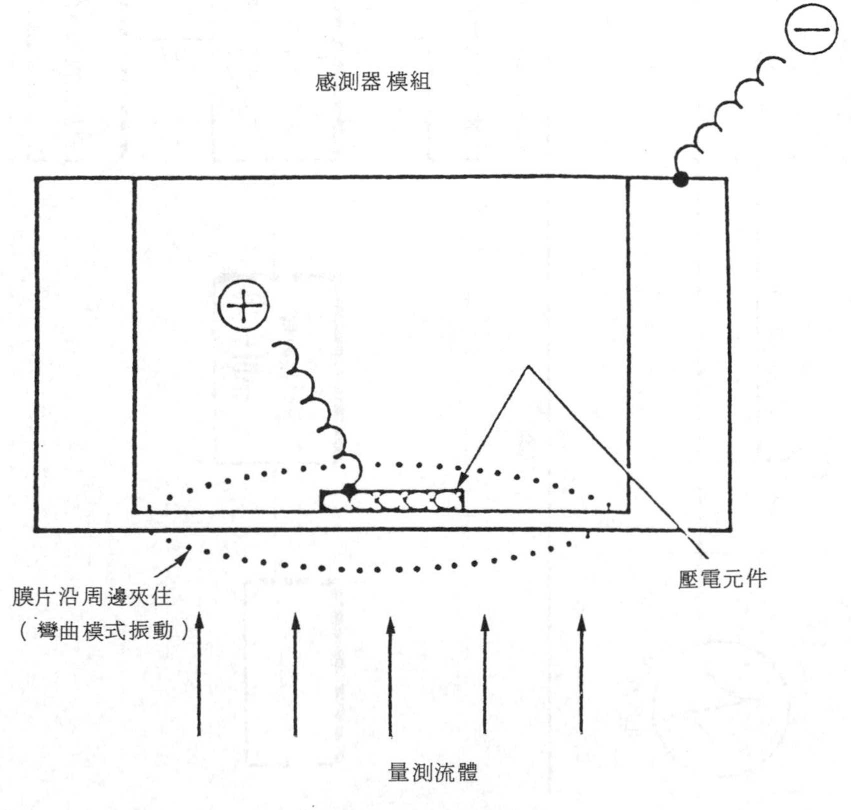

圖 12.3　壓電感測器構造

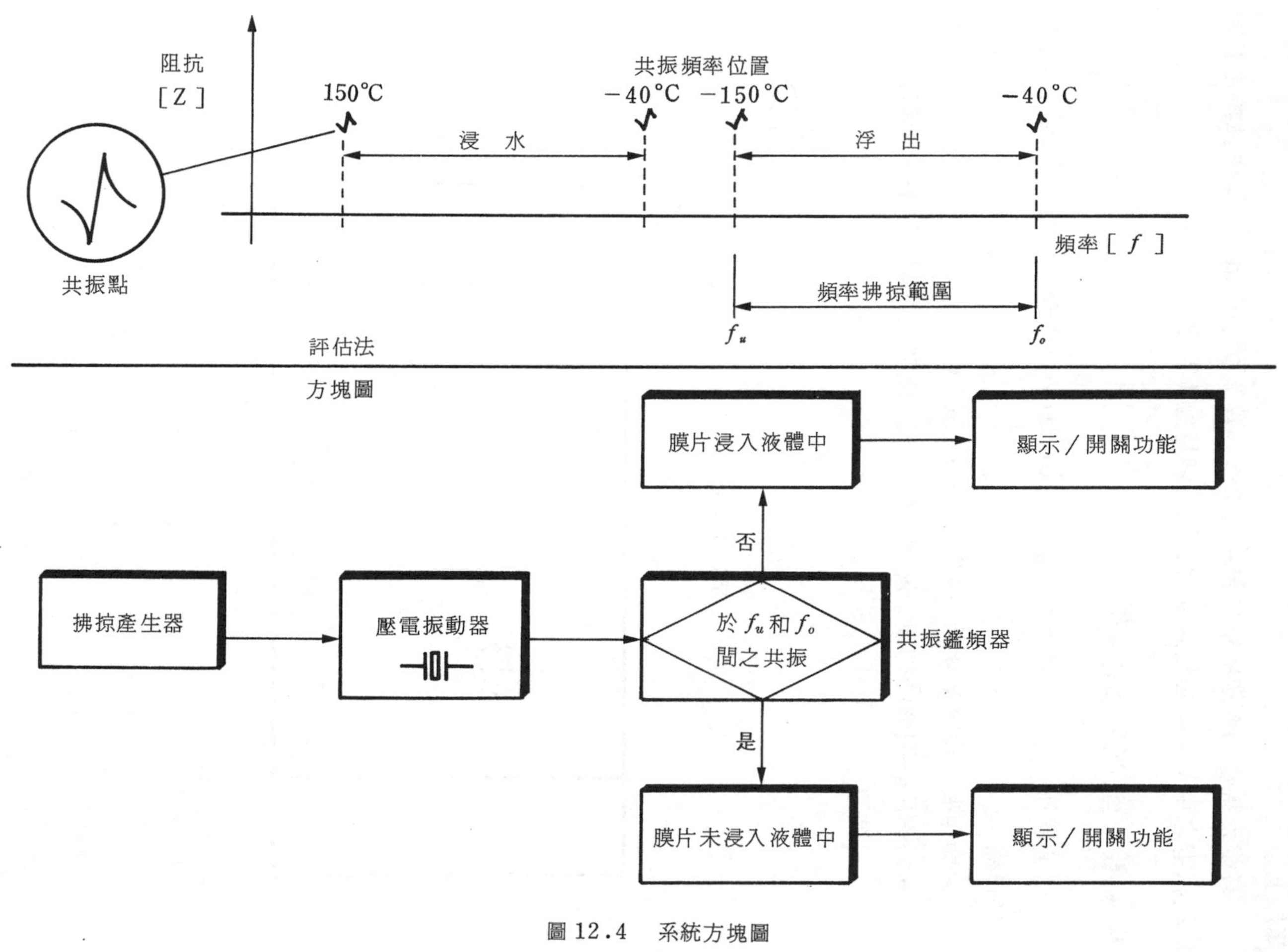

阻抗
[Z]
共振點
共振頻率位置
150°C
−40°C
−150°C
−40°C
浸　水
浮　出
頻率[f]
頻率拂掠範圍
f_u
f_o
評估法
方塊圖
拂掠產生器
壓電振動器
於 f_u 和 f_o
間之共振
共振鑑頻器
否
是
膜片浸入液體中
顯示／開關功能
膜片未浸入液體中
顯示／開關功能

圖 12.4　系統方塊圖

- 尺寸要小，結構堅實，且不可有機械磨耗。
- 由於可能在高溫環境下工作，所以需將液面高度開關和電子電路分開，電子部份應力求積體電路化。
- 感測元件本體應予統一，但為配合顧客需求可設計適合的外殼形狀。
- 價格應低廉。

如圖12.3所示，感測系統包括一壓電（piezoelectric）元件與罐狀膜片，壓電平板經振盪器激發後使膜片於其機械共振頻率（resonant frequency）範圍內振動。若存在液體與膜片接觸，即發生阻尼作用並使共振頻率移位（shift），此效應即引用為工作原理，頻率移位狀況可由壓電元件偵測出，另再經下游電子電路處理。

系統中除感測器外，尚備有一拂掠訊號產生器（sweep signal generator）與一共振鑑頻器（resonance discriminator），而振盪壓電元件所拂掠過的頻率範圍為：

$$\Delta f = f_0 - f_u$$

於考慮溫度漂移和製造容差條件下，上述範圍應包含膜片的共振頻率，若此共振現象為鑑頻器偵測出，其連接的顯示器即啟動；反之，當感測器與液體接觸，共振頻率將移位至一較低的範圍，也就超出拂掠頻率區間，其方塊圖參見圖12.4。

實際設計中只需定數個量測點，並擴增需要的電子電路，即可製出適用於所有液體的液面高度指示裝置。

關鍵字

- 擋風玻璃清潔水 windshield washer fluid。
- 簧片開關 reed switches。
- 量油尺 dip-stick。
- 熱阻 thermal resistance。
- 噴鍍 sputtered。
- 振盪器 oscillator。
- 壓電 piezoelectric。
- 共振頻率 resonant frequency。

- 拂掠訊號產生器 sweep signal generator 。
- 鑑頻器 discriminator 。

參考文獻

1. M. Haub, R. H. Jakobs, and F. kuehnel, "An Advanced Electrothermal Sensor for Automotive Level Measurement", SAE 830106, 1983。
2. Egon Vetter, "Automotive Liquid Level Monitoring", SAE 860471, 1986。

第13章

導航感測器

§本章內容重點

一、導航裝置的機能和構成

二、方位感測原理

三、磁氣環境的影響

美國及日本開發汽車導航裝置時，曾經大規模地使用衛星和地面接收站的電波傳送開發此系統。但是仍需數年的發展方能達到實用化的水準，而且使用廻轉儀(gyroscope)的方式，成本高，重量大，體積大，凡此都違反汽車使用的基本要求，尚需進一步的改良。

另一方面，利用地球磁力檢出型的方位感測器，目前已屆實用化的階段，運用此方位感測器於汽車導航裝置，具有價廉，體積小，重量輕，適於汽車搭載性等優點。但是，地球磁力因地而異，而且汽車的板金易受磁場影響而磁化，就方位檢出精度而言，很容易受到周圍磁場環境的影響。為了解決此一問題，著磁補正機能的開發，使汽車導航裝置得以商品化。

13.1 導航裝置的機能和構造

導航裝置是為了隨時隨地顯示汽車行駛時與目的地的方位和方向，此裝置具有路線導向機能裝置，方位感測器，車速感測器，及演算裝置，顯示器等。

13.1-1 導航裝置機能

導航裝置的機能具有指南針的功能，導航功能，駕駛監視功能等。

一、指南針功能

指南針為指示駕駛員在行車時的方位，具有指示 16 方位的功能。圖 13.1 所示為車輛行駛方位，目的地方位指示計的構造圖，表示東西南北等方向的圓板由步進馬達驅動，車輛行駛方向即可馬上知道。

二、導航功能

導航功能係藉著輸入到達目的地的距離，及方向等二種資料，而使車子在行駛時隨時顯示目的地的方向，及到目的地的到達率。

關於目的地的方向，如圖 13.1 所示的方法，車輛行駛方位顯示圓板的周圍，配置有16個發光二極體(LED)，顯示目的地的方位。此種方式同時可指出車子與目的地相對方位，為其優點。

目的地到達率為從出發地到目的地之間所行駛距離的表示方法，如圖13.2所示為目的地到達率的表示部，車子離目的地愈近，到達率愈高，到達率達 90％以上時，9 個發光二極體的燈光均會亮，通知駕駛者目的地即將到達。

三、監視功能

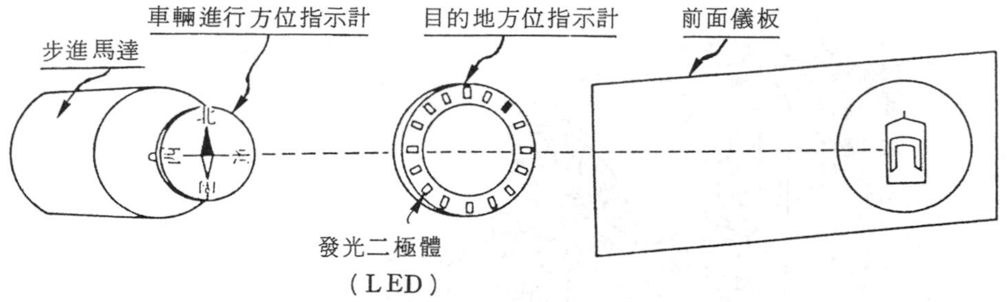

圖 13.1　車輛進行方位，目的地方位指示計的構造

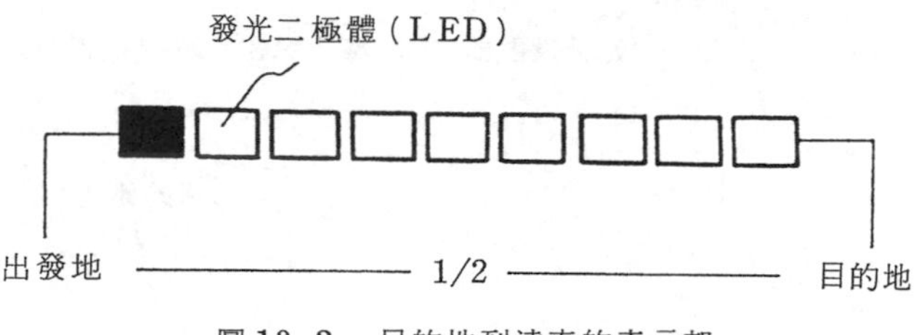

圖 13.2　目的地到達率的表示部

監視器的功能需提供駕駛者已航行距離，消耗燃料量，續航距離（剩餘燃料可行駛之距離），時鐘等 4 項機能，並在同一個顯示器顯示。

13.1-2　主要構成組件

一、方位感測器

方位感測器係利用地球磁力檢出方式，在鎳鐵合金的環狀强磁性體上，捲繞激磁線圈而成。

二、車速感測器

車速感測器藏於車子車速錶內，由速度軟軸電纜帶動，利用車速感測器的輸出訊號得以計算車子行駛的距離，如圖 13.3 所示爲車速感測器的外觀圖，光電式車速感測器的翼輪受驅動後，翼板切割光子投射器的光束，而產生電子脈衝訊號，訊號頻率即可換算成車速。

三、演算裝置

演算裝置時時刻刻將方位的變化，和距離的訊號迅速處理，從出發地往目的地行進過程中的方向變化，行走距離累積演算，而計算出車子目前位置和目的地間的相對位置。由此計算結果，隨時顯示目的地的方向，和目的地的到達

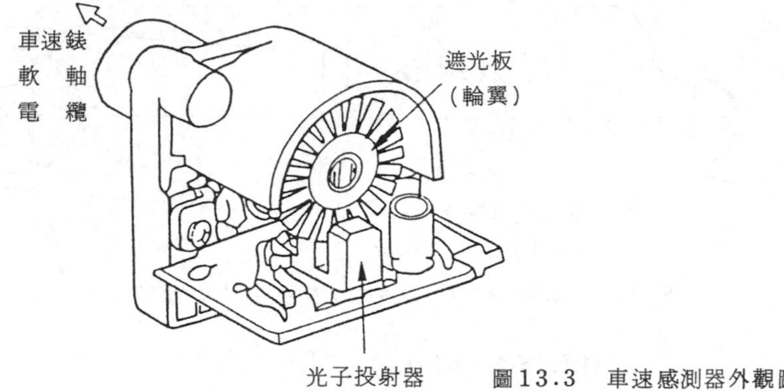

圖 13.3 車速感測器外觀圖

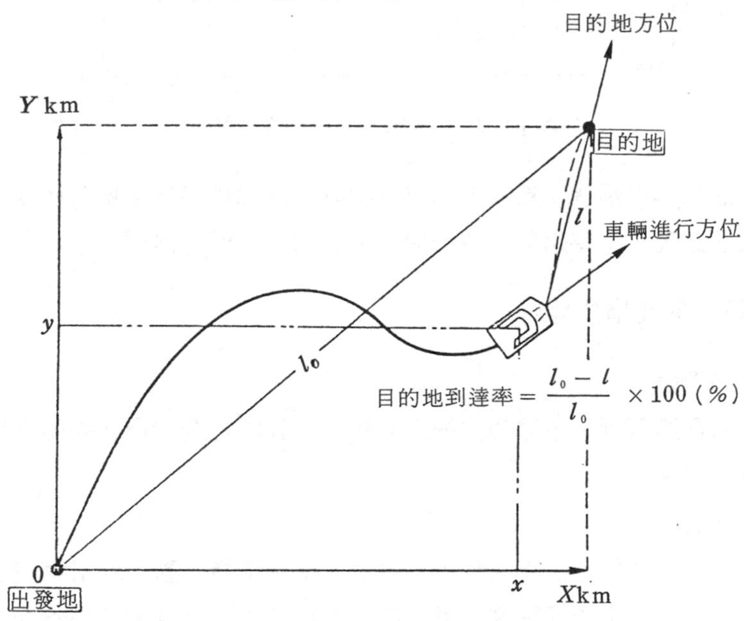

圖 13.4 各表示項目的說明圖

率。此計算主要由 4 bit 和 8 bit 的微電腦處理。圖 13.4 所示爲汽車從出發地出來之後所行經的路徑，由微電腦處理的模式。下記公式 13.1 爲其計算方法，計算出汽車現在位置以二維座標（ x ， y ）表示。

$$x = \sum_{i=1}^{n} l \cdot P_i \cdot \cos\left(\tan^{-1}\frac{V_{yi}}{V_{xi}}\right)$$

$$y = \sum_{i=1}^{n} l \cdot P_i \cdot \sin\left(\tan^{-1}\frac{V_{yi}}{V_{xi}}\right) \quad (13.1)$$

l：車速感測器1個脈衝相對於實車行駛距離。

P_i：車速感測器的脈衝數。

V_{xi}：方位感測器的 x 軸輸出。

V_{yi}：方位感測器的 y 軸輸出。

四、顯示裝置

顯示器裝置位置必須設在視界良好的地方，以利駕駛員觀看，一般均將顯示器放於儀表板中央的下部。如圖13.5所示為顯示器的外觀圖，右方所示為目的地資料輸入鍵，可輸入目的地的方位、距離。中間部份為導航羅盤，可指示車子前進的方向及與目的地的相對位置。左邊部份即為監視車子燃料剩餘量，可續航距離，時鐘等顯示鍵，均以數位表示，同時也有目的地到達率指示計。

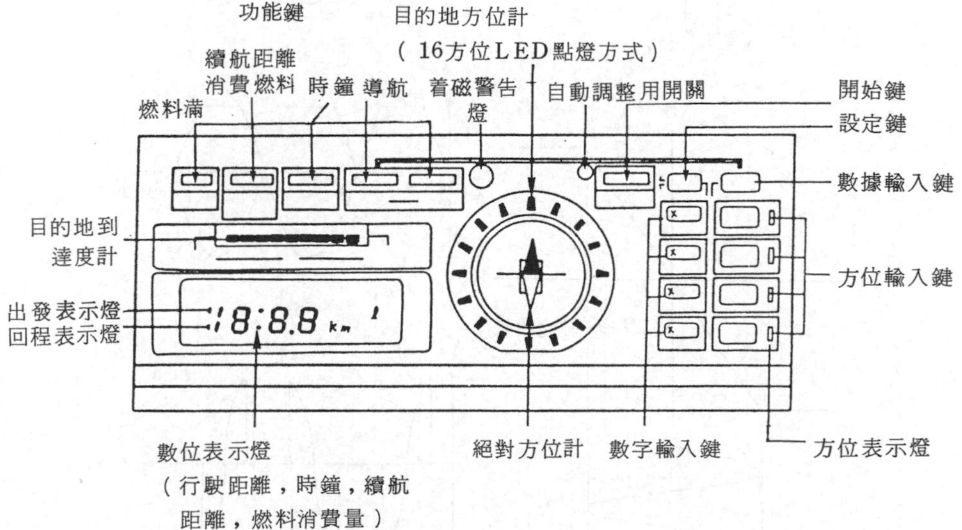

圖13.5　顯示器外觀圖

13.2 方位感測器

如前所述，方位感測器是以地球磁場檢出的方式所作成，以下介紹方位感測器檢出原理和有關誤差的探討。

13.2-1 方位檢出原理

方位感測器的檢出原理如圖13.6所示說明。環形鐵鎳合金磁力未飽和之前，由激磁線圈通電激磁。在無磁場的狀況下，如圖13.6(a) S_1，S_2通過的

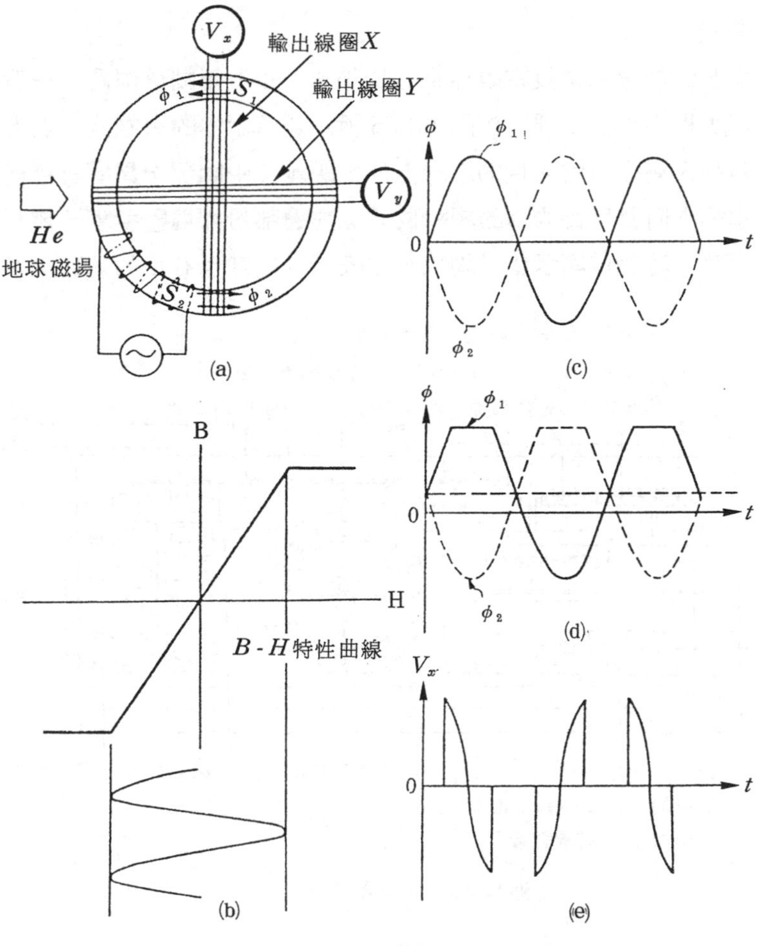

圖13.6 方位感測器的作動原理

磁束ϕ_1，ϕ_2，其強度相同，方向相反，如圖13.6(c)所示。這個結果造成與輸出線圈x垂直的磁束變為0，輸出電壓V_x（$=-N\cdot d\phi/dt$，N：線圈數）也變為0。同樣地，輸出線圈Y的輸出電壓V_y也為0。

其次，假如地球磁場和輸出線圈X垂直，且地球磁場強度He僅在環形合金圈誘發磁束密度Be（$Be=\mu He$，μ：透磁率），因為如此，使得圖13.6(d)中S_1、S_2的通過的磁束ϕ_1，ϕ_2變成非對稱性，輸出線圈X產生的電壓即如圖13.6(e)所示。同時，因輸出線圈Y未與地球磁場垂直，其線圈仍未受地球磁場影響，故其輸出電壓仍然保持為0。

在一般情況下，地球磁場方向和車子前進方向，兩者間的夾角θ隨時依車子行進方向而變化。因此，方位感測器的輸出電壓，可以用下列的式子表示。

$$V_x=KB\cos\theta \tag{13.2}$$
$$V_y=KB\sin\theta \tag{13.3}$$

K：輸出線圈依存係數

B：地球磁場的水平分力

由13.2及13.3兩式的輸出電壓，即可得知車子前進方位θ，如下式所示：

$$\theta=\tan^{-1}(V_y/V_x) \tag{13.4}$$

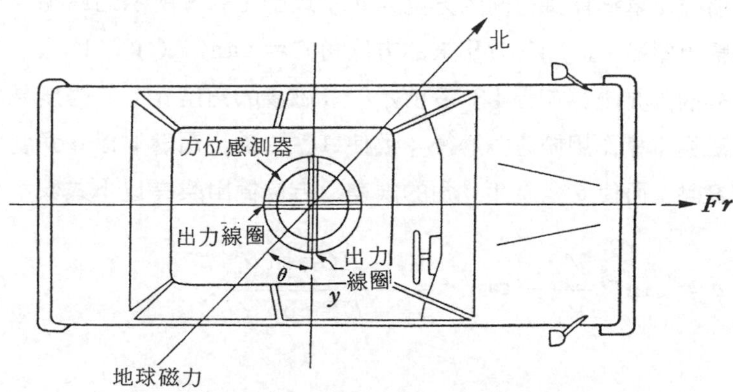

圖 13.7　實車搭載感測器時的方位檢出

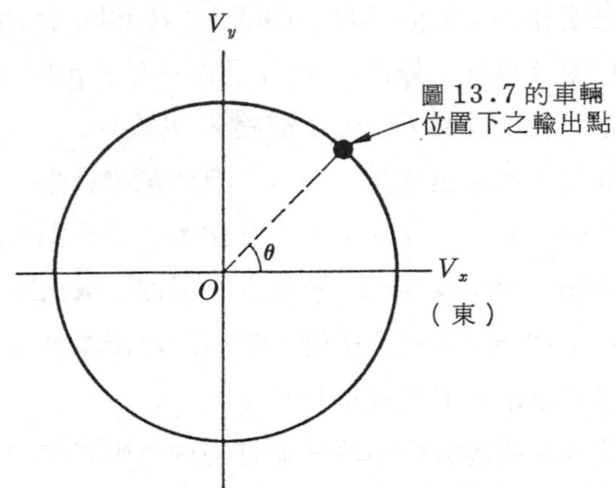

圖 13.8　車子旋回時的出力電壓軌跡

此外 13.2 與 13.3 式平方後相加可得下式：

$$V_x^2 + V_y^2 = (KB)^2 \tag{13.5}$$

13.5 式即表示以 X，Y 的原點 O 為圓心，KB 為半徑的圓方程式，亦即車輛作 360° 旋轉時，V_x，V_y 的掃瞄軌跡如圖 13.8 所示。

13.2-2 方位檢出的誤差

此種以地球磁場作為方位基準的磁場檢出型感測器，除了受地球磁場影響外，尚會受到外界磁場的干擾而產生誤差。

如前所述，車輛前進方向的方位角 θ，以圖 13.8 所示的原點 O 為基準，感測器的輸出電壓 V_x，V_y 算出來的方位角 $\theta = \tan^{-1}(V_y/V_x)$。但是，地球磁場以外的外界磁場如圖 13.9 所示，外磁場的角度 α，其強度為 G，此磁場與地球磁場重疊作用於感測器後，致使 A 點的輸出電壓，以 α 角度，G 的比例偏移至 B 點，而使 θ 角產生 φ 角的誤差，方位檢出誤差以下式表示：

$$\varphi = \tan^{-1}\frac{V_y}{V_x} - \tan^{-1}\frac{V_y - KG\sin\alpha}{V_x - KG\cos\alpha} \tag{13.6}$$

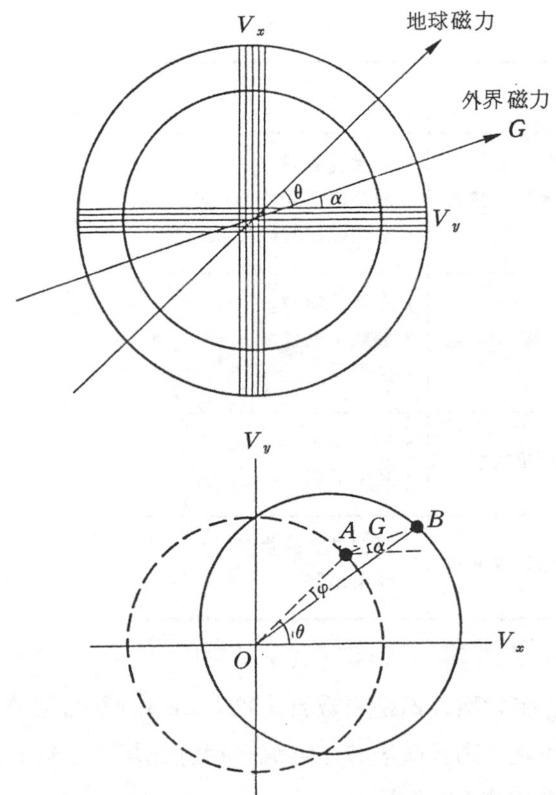

圖 13.9　方位檢出誤差

13.3　磁氣與環境

地球磁場檢出型的方位感測器，實際搭載於車輛時，由於車輛本身配備的電裝品，車體板金磁化及車輛周邊的磁氣環境的影響等，會減低方位感測器的檢出精度，其主要造成不準確的原因分類如表 13.1 所示。

由於車輛配備的電裝品，及車體的磁化，使車輛本身即具有磁力而造成精確度惡化。一般地球磁場所檢測出的磁力約 0.3 高斯（Gauss），因爲其磁場強度很微弱，而致容易有外界磁場干擾產生誤差。亦即是，車體受磁化影響而殘留磁力，或是車輛內配備的電裝品產生的磁場，這些外界磁場強度和地球磁場強度有很顯著的差異時，將會造成本來地球磁場正確檢出的精度。特別是，電氣化電車路線的交叉口，會有很强的磁場通過，而使車子殘留磁力，由此原因所殘留在車上的磁場比地球磁場強度大。圖 13.10 及 13.7 式所示爲電車道

表13.1　方位檢出誤差的諸要因

大分類	小分類	要因
1. 車輛的磁氣	(1)車體殘留磁力	・車體受衝擊 ・鐵路岔口等的強磁場 ・永久磁鐵的吸附及脫落
	(2)車載機器	・熱線式除霧器 ・燈類，馬達類 ・擴音器
2. 車輛周圍的磁氣	(1)地球磁場變化	・鐵橋 ・高架道路
	(2)地球磁場偏位	・高樓林立的街道 ・高架道路

交叉口的磁場强度計算範例。通常電車電線有數百安培（amper）的電流流過，强場强度約有1高斯。電車在起動及爬坡時，電流負荷急遽增加，約有數千安培，此時交叉口的磁場强度約有10高斯。

$$B \doteqdot 2 \cdot I \cdot 10^{-3}\left(\frac{1}{r_1}+\frac{1}{r_2}\cos\theta\right) \qquad (13.7)$$

B：磁場强度（Gauss）

I：電線電流（A）

r_1，r_2：測定點A至電線及鐵軌的距離（m）

$\cos\theta = (6.5 - r_1)/r_2$

由此可知，磁力環境的影響使方位感測器的輸出與正確的輸出值將有差異，是造成精確度惡化的主因。

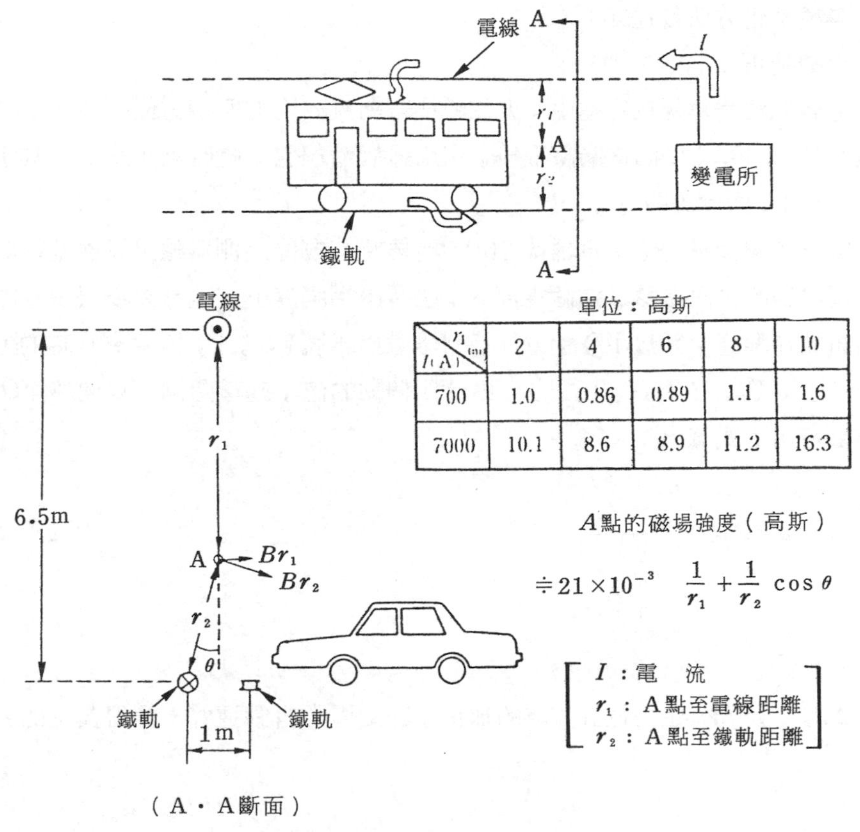

r_1 (m) / I (A)	2	4	6	8	10
700	1.0	0.86	0.89	1.1	1.6
7000	10.1	8.6	8.9	11.2	16.3

（A・A斷面）

圖 13.10　鐵路岔口發生的磁場

13.4　方位檢出的誤差補正和降低

本節就車體受磁化後殘留磁場的補正，和方位感測器受地球磁場變化而影響輸出訊號誤差的降低方法，茲敘述如下：

13.4-1　車體殘留磁場的補正

車體受機械的衝擊而殘留的磁場強度比地球磁場強度小，而當車子經過電車交叉路口時，此時車體殘留的磁場爲地球磁場強度的數倍，這些殘留在車體的磁場有下列兩種補正方法：

(1)　小於地球磁場强度………自動補正

(2)　大於地球磁場强度………一周補正

各種補正方法敘述如下：

一、自動補正

這個方法是車輛在行進中，方位感測器對東西南北四個方位所偵測出來的訊號（V_x，V_y），由電腦讀取後，利用這個輸出值，隨時補正誤差，其原理如圖 13.11 所示說明。

當車體殘留磁場時，車輛做 360° 旋轉時，方位感測器輸出訊號基準圓會向殘留磁場的方向偏移。這個場合下，殘留磁場强度小於地球磁場强度（即是輸出訊號基準圓半徑以下），方位感測器輸出訊號 V_x，V_y 的值爲 0 時的點變成（V_{x1}，V_{x2}，V_{y1}，V_{y2}），由此四個點的值，基準圓圓心 O 偏移至 O' 的偏移量可用下式算出：

$$\Delta V_x = \frac{V_{x1} + V_{x2}}{2} \qquad (13.8)$$

$$\Delta V_y = \frac{V_{y1} + V_{y2}}{2}$$

ΔV_x，及 ΔV_y 在方位計算時的補正，即由電腦自動運算，測得眞正的方位。

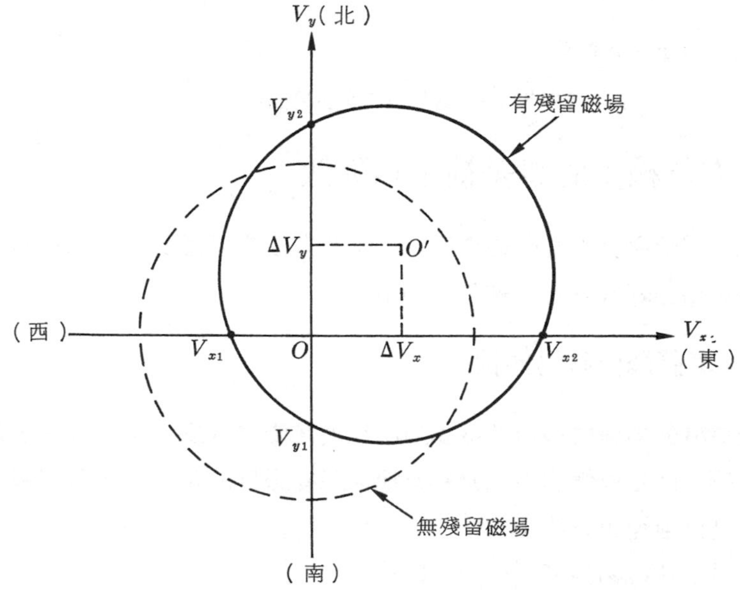

圖 13.11　自動補正方法的原理

二、一周補正

車輛行經電車交叉口時，受到强大的磁化而殘留的磁場强度大於地球磁場强度，使用一周補正的方法作修正。這個場合和前述的方法不同，如圖 13.12 所示，其殘留磁場强度偏移量已大於基準圓半徑。方位感測器的輸出訊號V_x，V_y無法成爲 0，所以，作爲補正用的數據，必須由感測器在各個位置的輸出訊號取樣本判定，如圖 13．12 所示爲判別方法及補正原理的說明。

當車體殘留磁力時，車輛作 360° 旋轉後取得之輸出訊號圓，如圖 13.12 中的實線圓，在東北方的第一象限中，若仍以原點O（車輛沒有殘留磁力的狀態下，方位感測器輸出基準圓圓心）爲方位基準，很顯然地，圖中所示之實圓無法將全部的方位表示出來。所以，車體殘留磁力後的輸出偏移ΔV_x，ΔV_y，即點O'的座標，若檢出後，則方位的偏差即可補正。爲了要使補正的邏輯電路作演算動作，在顯示器上的調節鈕必須押下。車體殘留磁力的情況下，方位感測器的輸出訊號，假設如圖 13．12 中的a點，在這狀態下，一周補正的訊號輸入後（即押下調節鈕），電腦即自動設定四個假想座標軸（V'_x，V''_x，V'_y，V''_y）分別與V_x，V_y兩座標軸平行，且與a點等距離。此時，將車子旋轉360°，則將有 8 個輸出訊號（V'_{x1}，V'_{x2}，V''_{x1}，V''_{x2}，V'_{y1}，V'_{y2}，V''_{y1}，V''_{y2}）與假想軸相交，（在圖 13．12 中V''_{y1}，V''_{y2}兩點不存在）。由此假想軸的

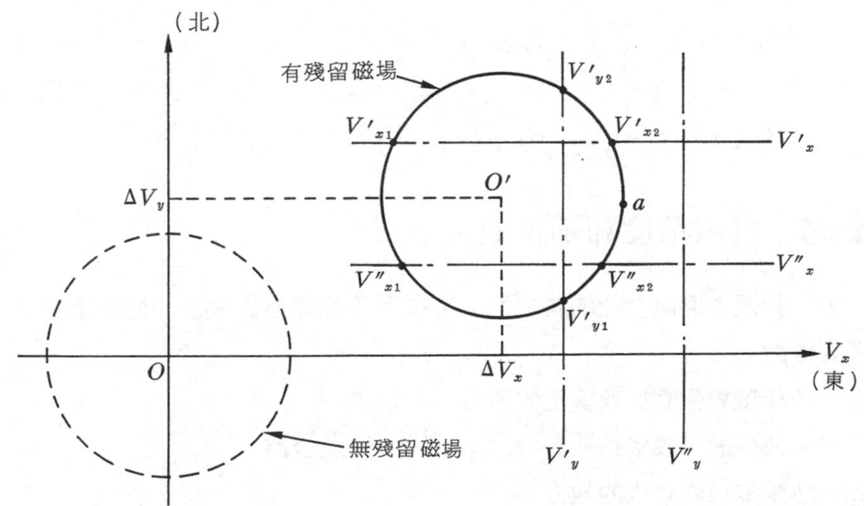

圖 13.12　一周補正方法的原理

交點，則可推算出車體有殘留磁力時的方位感測器輸出訊號基準圓圓心O'與原來圓心O點的移動量，其移動量如下式：

$$\Delta V_x=\frac{V'_{x1}+V'_{x2}}{2}\qquad\left(\text{或}\quad\frac{V''_{x1}+V''_{x2}}{2}\right)$$
$$\Delta V_y=\frac{V'_{y1}+V'_{y2}}{2}\qquad\left(\text{或}\quad\frac{V''_{y1}+V''_{y2}}{2}\right)\qquad(13.9)$$

所以在演算方位時，將ΔV_x及ΔV_y加入補正，即可得出正確的方位。

13.4-2 地球磁場變化的影響及降低方法

車輛行駛的環境變化極大，地球磁場變化的地區亦可能為汽車所行駛的路線，例如，高架道路即是一個很典型例子，因為高架道路大量使用鐵材作為道路結構，而形成地球磁場的遮避所，在這些地方，地球磁場強度不强。亦即是，車輛行經高架道路時，地球磁場強度產生强弱的變化，在此種環境下，方位感測器的精度將受影響。因此，要減少因地球磁場強度的變化而生的誤差，在此裝置中，需設定一個磁場強度變化濾波器。當地球磁場強度變化時，使感測器的輸出訊號平滑化，降低誤差，其運用的公式如下：

$$V_x(t_n)=\frac{1}{4}\sum_{i=n-3}^{n}V_x(t_i)$$
$$V_y(t_n)=\frac{1}{4}\sum_{i=n-3}^{n}V_y(t_i)\qquad(13.10)$$

13.5 實用精度和補正效果

為了評價本導航裝置的實用性，特在下列地球磁場强度不同的環境下，作精度的檢討。

1. 地球磁場强度比較安定的地方：
   (1) 郊外的一般道路　　(2) 高速公路
2. 地球磁場變化大的地方：
   (1) 高樓大廈林立的街道　　(2) 高架道路

(3) 隧 道 (4) 橋梁多的道路

13.5-1 實用精度

在不同地球磁場强度的環境下，做到達精度的測試結果如圖13.13所示。到達精度以下式表示：

$$到達精度=\frac{l_0-l}{l_0}\times 100\%$$

l：出發地到目的地的直線距離

l_0：到達目的地後的剩餘直線距離

由圖13.13所示，本裝置的到達精度可達95%以上，不因目的地的距離長短，及地球磁場環境不同而有很大的差異。

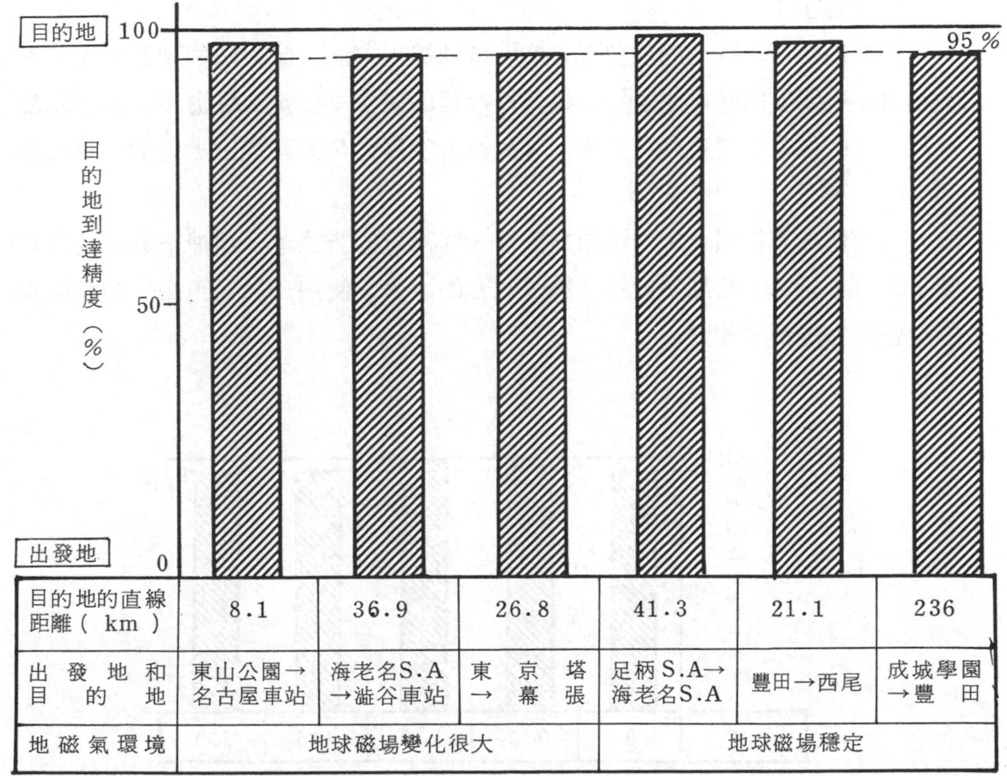

目的地的直線距離（km）	8.1	36.9	26.8	41.3	21.1	236
出發地和目的地	東山公園→名古屋車站	海老名S.A→澁谷車站	東京塔→幕張	足柄S.A→海老名S.A	豐田→西尾	成城學園→豐田
地磁氣環境	地球磁場變化很大			地球磁場穩定		

圖13.13 到達精度的檢討結果（例）

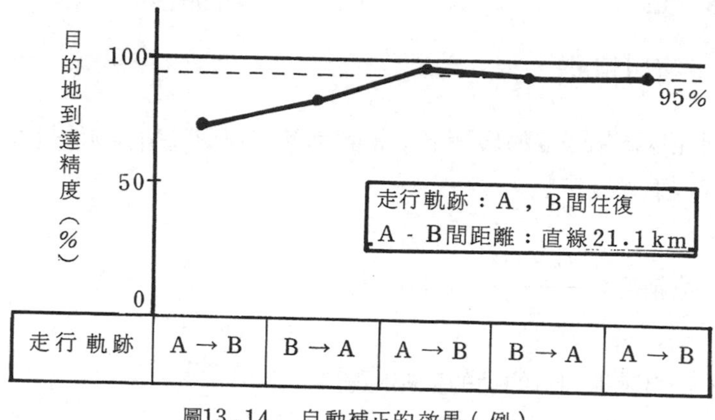

圖13.14　自動補正的效果(例)

13.5-2 補正機能的效果

一、自動補正：

小於地球磁場强度的殘留磁力使用自動補正方法，此方法的到達精度如圖13.14所示，由此結果顯示，以例行行程的走法，行走次數愈多，到達精度愈高。大約做過三次自動補正後，其到達精度幾與車體無殘留磁力的情形相當。

二、一周補正：

大於地球磁場强度的殘留磁力使用一周補正的方法。一周補正到達精度如圖13.15所示，此結果顯示，殘留磁力的大小，使用一周補正後，其精度與無殘留磁力的情形相當。

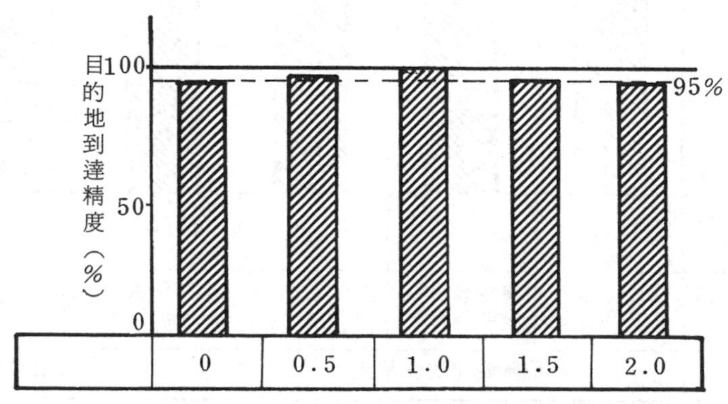

圖13.15　一周補正的效果

關鍵字

- 廻轉儀 gyroscope 。
- 導航 navigation 。
- 指南針 compass 。
- 駕駛監控 drive monitor 。
- 方位 direction 。

參考文獻

1. 河村史郎，川橋憲，東重利，大西健一，“自動車用ナビゲーション裝置の開發”，自動車技術，V01.39，NO.5，1985。
2. 田上勝利，高橋常夫，高橋文孝，“自動車用慣性航法裝置エレクトロ・ジャイロケータ”，自動車技術，V01.36，NO.5，1982。

第14章

濕度感測器

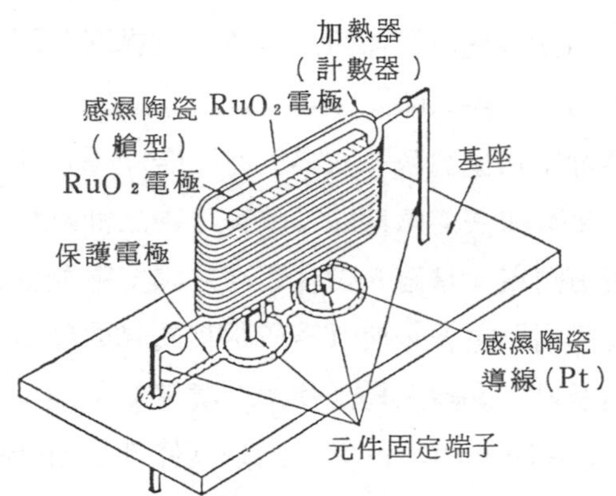

§本章內容重點

介紹濕度感測器之元件工作原理，並說明：

- 發展背景
- 基本特性
- 電阻式濕度感測器
- 電容式濕度感測器
- 陶瓷濕度感測器
- 感測器之老化
- 今後的發展方向

本章將介紹用於偵測濕度之固態(solid state)感測器，並探討其隨濕度參數而改變之電子阻抗特性，進而了解元件物理機構與產品應用種類。

14.1 發展背景

自1977年汽車引擎系統推出電子點火時間控制裝置以來，其原理皆係以很多不同的感測器察覺出目標訊息並輸入微處理器單元，經由預先規劃的程式判定且執行最適當之點火時間。

然而當環境空氣呈現較高的濕度時，若能增加原點火提前(spark advance)角度，則可加長燃燒期間，改善車輛之油耗性，唯要能順利達成此一動作，端視是否有簡單，精確、信賴度高之濕度感測器以為有效工具。

固態濕度感測器主要是使其電子阻抗成為濕度的函數，並設定操作範圍以符合汽車工業需要，關鍵問題是使用環境溫度須能承受－40°C至85°C的反覆熱循環(repeated thermal cycle)條件，且不失校準精確度與重複性，這些要求都是十分繁難而仍需努力克服的。

14.2 基本特性

欲探討感測器基本特性可由實驗方法著手，圖14.1所示為用以量取濕度

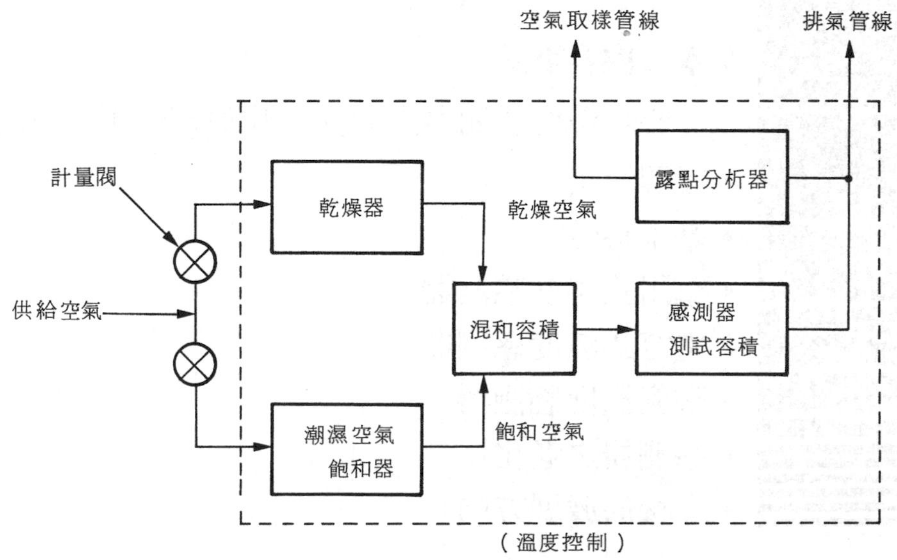

圖14.1 濕度感測器測試裝置組件系統示意圖

感測器性能的測試裝置系統示意圖，其工作方式係使用分流原理（divided - flow principle ），由已知量之飽和潮濕空氣（saturated moist air）與乾燥空氣相混和以提供我們想要的相對濕度（relative humidity）值，且設定的量測參數範圍爲：

- 溫度變化從 25°C至 75°C 。
- 濕度變化從 0.6 g/kg至86 g/kg ，換言之露點溫度（ dewpoint temperature ）於一大氣壓力下的變化爲－20°C至50°C 。

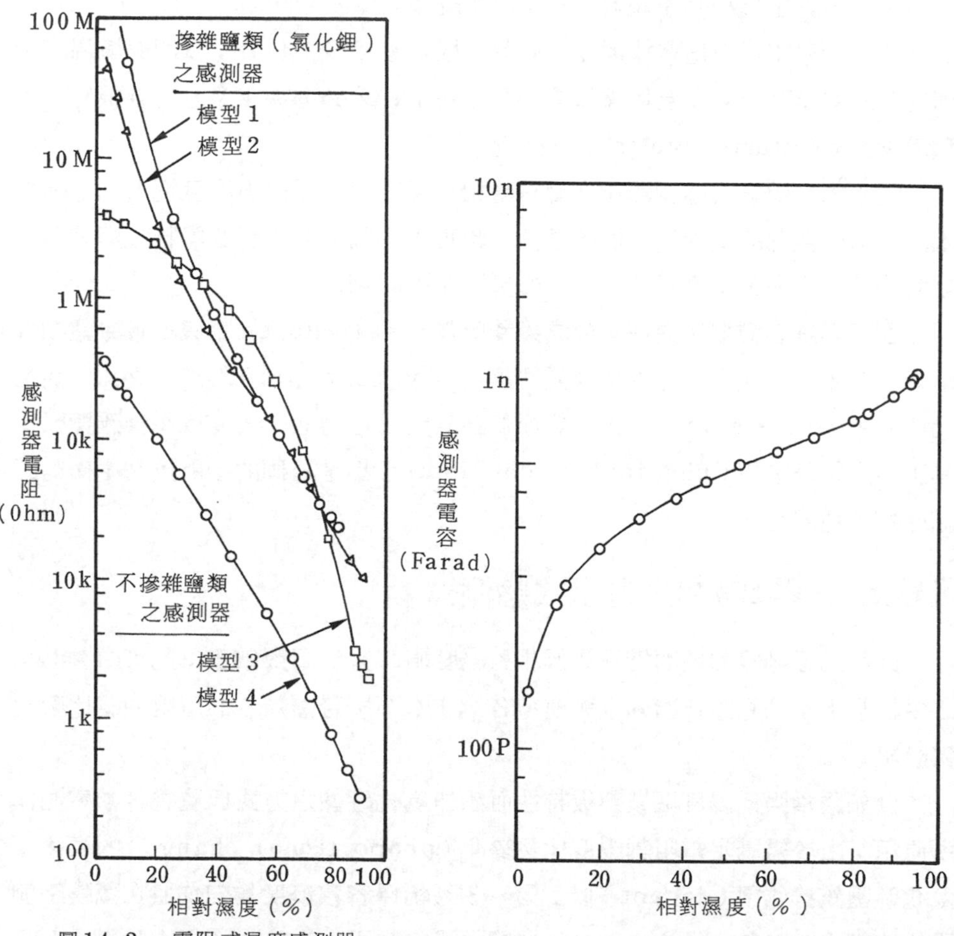

圖 14.2 電阻式濕度感測器特性，環境溫度 25°C 激源電壓 1 V（均方根值），頻率 1 kHz

圖 14.3 電容式濕度感測器特性，環境溫度 28°C 激源電壓 1 V（均方根值），頻率 1 kHz

- 空氣流率變化由5至15 l/min。
- 濕度暫態改變約爲7 sec（63%之時間常數）。

經過自動數位阻抗電橋（impedence bridge）即可同時檢出欲測樣品的電阻與電容值。大致上說，感測器表面由5 mm^2至100 mm^2各種不同之非傳導性金屬氧化膜（nonconducting metal oxide films）製成，依材料成份與構造的差異，使感測器分別顯現其電阻或電容與相對濕度的靈敏關係。

圖14.2所示爲摻雜鹽類（salt-doping）與不摻雜鹽類電阻式濕度感測器特性，因其阻抗相角不超過10°，故系統電容電抗（capacitive reactance）可予忽略；而電容式濕度感測器特性可參見圖14.3，量測環境溫度分別爲25°C，28°C，且數據取得係固定在1kHz頻率與1 V（均方根值）激源電壓（excitation voltage）狀況。

電阻式和電容式感測器兩者都只隨相對濕度而變，但與濕度混合比（等於水蒸汽對乾空氣的質量比）關係甚微，此可由不同溫度下感測器特性與相對濕度間關係幾乎一致，而濕度混合比却呈明顯不同得證。

固態濕度感測器可進一步分成摻雜鹽類（salt-doped）與不摻雜鹽類等兩者，其差異係決定於是否使吸濕性鹽類（hygroscopic）附加在感測器活性元件（active element）上，然而無論電阻或電容式，摻雜或不摻雜鹽類，其工作之物理機構（physical mechanisms）都是相同的，所以文中僅需詳細介紹一種即可。

14.3 摻雜鹽類之電阻式感測器

此型式感測器的明顯特徵是低相對濕度值時呈現高靈敏度，此可由圖14.2中模型1，2（摻雜鹽類）與模型3，4（不摻雜鹽類）的電阻曲線比較獲得驗證。

例如爲增强低濕度區域靈敏特性而添加氯化鋰鹽之方式已廣爲各類感測器所使用，由於需滿足電阻對濕度比例變化（proportional change）的要求，氯化鋰鹽質摻雜劑（dopant）以1%～3%稀釋容積濃度均勻佈植在薄膜感測器的基體（substrate）上，且這些鹽類通常都再埋置於一薄綴合材料（binder material）塗層內。

14.3-1　物理機構

原先我們推論感測器對潮濕的高靈敏度特性是肇因於鹽類溶解（dissolution）於水後解離之電解導電（electrolytic conduction）機構，實際上也的確存在液態水經感測器表面的毛細孔隙（copillary pores）吸入，致使上述電解導電現象有可能發生；然而再深入研究可知當相對濕度值約低於40％時，水氣無法經由毛細凝縮（condensation）成液相。換言之，若毛細孔半徑約低於2 nm（$1 n = 10^{-9}$），毛細孔內水分的表面張力將超過其張力強度，且凝結液體即行自發性蒸發（spontaneous evaporation），直到相對濕度約低於40％後終達臨界點，孔道內只能吸附氣相水蒸汽。

因此摻雜鹽類感測器所顯示低濕度區之高靈敏度性能無法以電解導電理論解釋，這些觀察結果衍生了新的問題：

1. 導電賴以進行的電荷載子（charge carriers）爲何？
2. 電荷載子如何輸送？

14.3-2　電荷載子原理

由實驗探討可知作用於不導電表面的濕度－增强導電（humidity-enhanced conduction）性質完全係因爲存在於外表面上的離子電荷流（ionic charge flow）所致。關於離子電荷之載子的產生過程，首先考慮的方向爲“是否可能因存在於感測器表面的鹽質摻雜劑解離所致？”，跨過上述猜測，此處眞正的關鍵在卽使這些離子帶電荷，不透過液體水做爲介質，根本無法移動，也更談不上對感測器的表面電導性與濕度量測有何貢獻了。

剩餘的可能性爲被吸收之部份水分子分解成H^+，OH^-或H_3O^+等離子種（species），依現有證據均顯示H^3O^+氫離子爲造成表面導電與感濕特性的主要原因，如此又引發出一新的問題：什麼狀況下促使水分子的分解？欲探究此現象，需先明瞭水分子的吸附過程（adsorption of water molecules）。

14.3-3　水分子之吸附與分解

續前所述，鹽質摻雜劑藉各種處理方法（以氯化鋰鹽LiCl爲例）納入感測器表面，其中的陽離子（Li^+）卽爲水分子包圍形成水合物（hydrates），

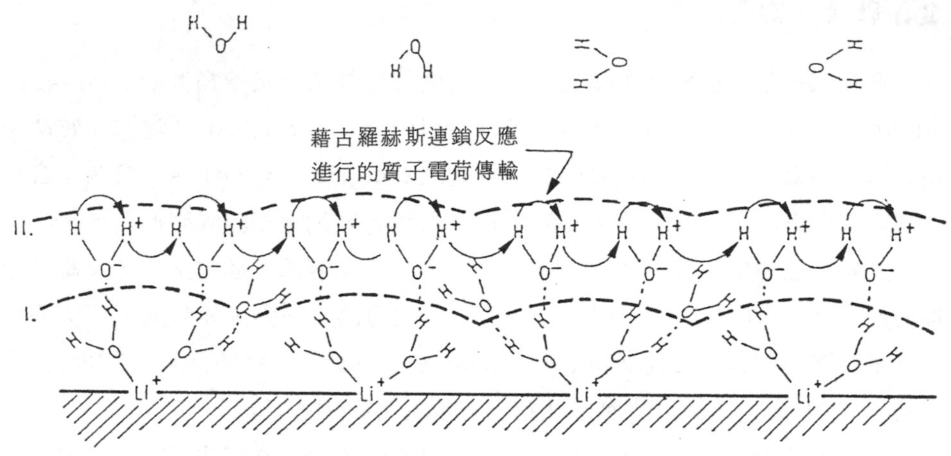

第Ⅰ層：由鋰陽離子之化學吸附方式作用於水分子
第Ⅱ層：再由第一層以物理吸附方式作用於水分子

圖 14.4　固態濕度感測器表面質子電荷電導與水分子吸附之簡單物理模型

至於陰離子（Cl^-）則因引力微弱，無法形成水合物，其微觀示意圖參見圖 14.4。由上提出之簡單物理模型可知：就水分子的吸附與分解影響力而言，表面陽離子位置比陰離子扮演更重要角色。

由於水本身係極性分子（polar molecule），故其帶負電荷之氧原子側直接面對帶電荷之鋰，且彼此以靜電力（electrostatic）相吸引，尤其因爲鋰離子半徑甚小，電荷密度高，故能產生一極强之靜電場來吸引水分子。

初接觸水蒸汽時，各個陽離子以化學吸附（chemisorbed）方式作用於一層水分子，且其不爲後繼的相對濕度變化而有所影響，此化學吸附層可藉提高環境溫度方法而予熱消除。

再持續的與水蒸汽接觸後，直至相對濕度增加到約 15% 或 20%，一單層物理吸附（physisorbed）方式之水分子正式形成，此單層乃至於後繼接上的水分子層均係物理吸附，故能以降低濕度方法而逆向去除（反之亦可增加）。

雖然我們不清楚由陽離子、氫氧根離子（hydroxyls）與水分子所構成之電荷複合體的明確化學排列狀況，但確知其存在於感測器表面的化學吸附層內，且表面靜電場對氧與氫間之物理吸附束縛力有削弱作用，此舉將促使物理吸附之水分子分解。

比如說純水的分解比率約為1×10^{-8}，但離子固體表面所形成之物理吸附層內的水分子，其分解比率則估計為1％，換言之，比純水高10^6倍，此提供每單層吸附水之表面電荷密度約達1×10^{13}離子／cm^2。

水分子解離後產生氫H^3O^+與氫氧根OH^-等兩種離子，其化學式為：

$$2H_2O \rightleftharpoons H_3O^+ + OH^-$$

14.3-4　電荷之輸送機構

純水的電荷輸送機構係藉一質子（proton）附着於一水分子上即形成H_3O^+，隨後又釋放一質子給第二個水分子，如此透過液體介質傳遞下去，稱為古羅赫斯連鎖反應（Grotthuss chain reaction），而實驗證據亦顯示感濕材料表面水分子之物理吸附層亦存在同樣的輸送機構，其表面電導性決定於氫合離子H_3O^+所攜帶的質子電荷，而離子又由水分子分解而產生。

再參見圖14.4可知：H_3O^+為影響摻雜鹽類電子特性的電荷載子，而古氏連鎖反應即代表其電荷輸送機構。

14.4　不摻雜鹽類之電阻式感測器

某些電阻式感測器並不施加鹽類摻雜劑，此可由其於低相對濕度區呈現之較低靈敏度而加以分辨（參見圖14.2的模型3和4特性曲線），但其表面陽離子所造成的靜電場仍具促使被吸附之水分子分解作用，實驗結果亦支持此項論點，凡諸如石英（quartz），$BaTiO_3$，Al_2O_3，Fe_2O_3等離子晶體構造（ionic crystal structure）感濕材料，表面帶電荷之陽離子（Ba^{+2}，Al^{+3}）自能形成靜電場，其物理機構與前述摻雜鹽類式幾乎完全相同，主要的小差異在表面電場強度不同使水分子分解程度（即製造出之氫合離子H_3O^+數目）有所不同，故而影響其靈敏度，其反應過程參見圖14.4，只需把Li^+改成M^{n+}（如Fe^{+3}）即可。

14.5 電容式濕度感測器

1941年發明的電鍍鋁（anodized aluminum）即屬於電容式濕度感測器，其電子特性參見圖14.3，而感濕元件係氧化鋁的蜂巢狀（honeycomb）細孔結構，且經由電鍍程序（anodization process）製成。

蜂巢頂端為一多孔性電極，而未予電鍍處理的鋁質基座即當作底端電極，電極間蜂巢細孔垂直相連，而孔隙開口端與頂部多孔性電極相接觸，由實驗模型探討認為沿細孔內壁表面之電阻為控制感測器應答性（response）的最重要參數。

當相對濕度增加時，細孔表面電阻大幅下降，此過程產生類似減少感測器電極間隔離性（separation）之效果，並進而提升其電容值。

儘管已知細孔表面電阻變化為決定電容式感測器感濕特性的主因，唯無任何物理模型能確切地描述電阻大量的改變是如何發生。

回顧前一節不摻雜鹽類感濕元件的作動方式，或可用以推論電容式感測器之細孔壁面電阻亦依據同樣的原理，尤其是細孔壁表面之成份係由氧化鋁Al_2O_3組成，換言之，可形成離子晶體結構，當然Al^{+3}即為發出靜電效應的陽離子。

若繼續按照前述推論發展，則電容式感濕元件特性自能參考圖14.4的物理反應機構，只須將Li^{+1}換成Al^{+3}，並注意圖14.4之表面係指細孔的內壁面即可。接下來將介紹進步快速的陶瓷濕度感測器。

14.6 陶瓷濕度感測器

陶瓷式濕度感測器大都用於汽車後擋風玻璃自動除霧系統及引擎吸入空氣中濕度含量之測量。圖14.5所示為陶瓷式濕度感測器的構造圖，感測器的主體材料採用氧化鋁（Al_2O_3），感濕體約為3mm的正方形，厚度0.4mm，由金屬氧化物的微粒子以粉末冶金的方式燒結而成，具有多孔性。感濕體的兩面有氧化釕（Ruthenium，Ru）電極，感濕體同時亦燒結一塊陶瓷加熱器而製成濕度感測器的主要元件，感測器外圍以不銹鋼為材質作成保護罩，保護罩上作有許多窗孔，俾使濕度感測器與周圍空氣接觸，進行量測工作。

感濕體的多孔質體能接受周圍空氣所含有的水分子，在微粒子晶體表面吸

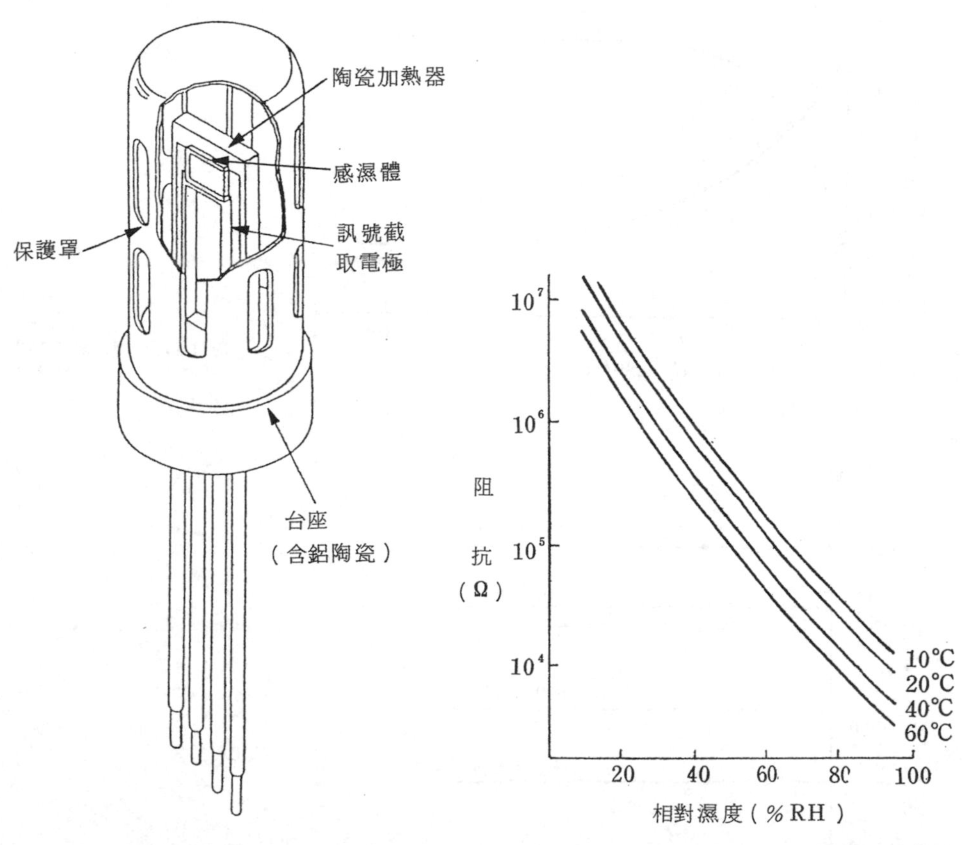

圖 14.5　陶瓷式濕度感測器構造圖　　圖 14.6　濕度感測器的阻抗值・相對濕度特性

附或脫離，使濕度感測器材料因物理變化，其電阻亦受到變化如圖 14.6 所示。利用這個特性即爲濕度感測器的基本原理。依據圖 14.6，在不同的溫度下，電阻變化曲線亦有不同，因此必須用熱阻器（thermistor）量測大氣溫度，以補償因溫度不同所造成的量測誤差，使濕度感測器的精度更好。

圖 14.7 內容爲感測器濕度變化的應答性，由圖所示，其相對濕度由 50% 至 95% 之間的變化約需 30 秒。圖 14.8 與圖 14.9 所示爲電阻與電壓和頻率的獨立性。顯示濕度感測器的電阻值僅受濕度與溫度影響，不受電壓與頻率的影響。

感濕體上安裝之陶瓷加熱器，其主要目的是爲清潔感濕體上的不潔物，因

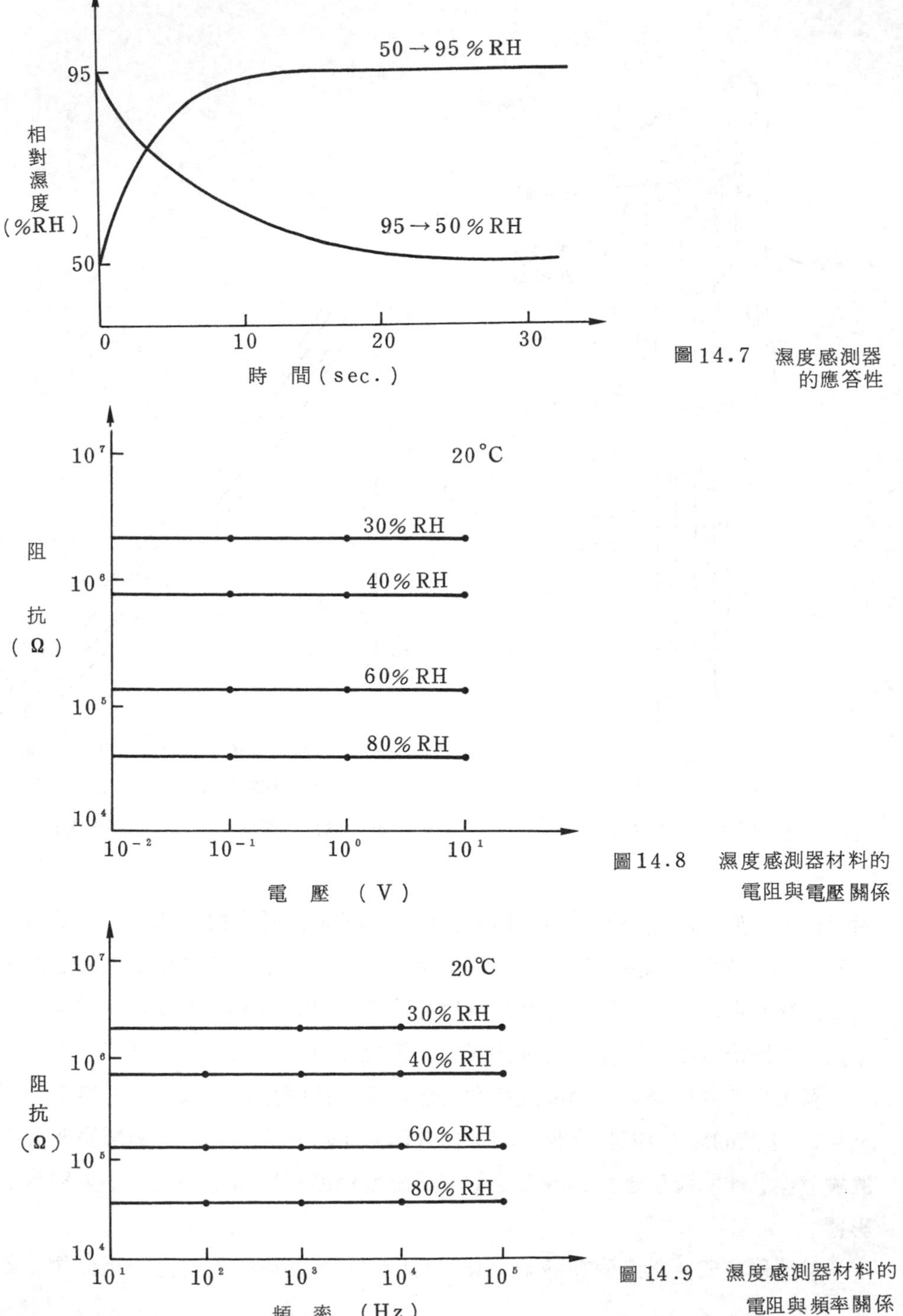

圖14.7 濕度感測器的應答性

圖14.8 濕度感測器材料的電阻與電壓關係

圖14.9 濕度感測器材料的電阻與頻率關係

空氣中含有很多雜質，且感測器本身具有多孔性，很容易附著不潔物。當有不潔物附著於感測器時，陶瓷加熱器即會加熱將不潔物清除，加熱器達 500°C 所需時間約 1 分鐘。圖 14.10 所示爲濕度感測器的加熱體在不同的溫度與濕度下，可連續量測時間，如圖所示，在低濕度、高溫度下，濕度感測器可連續測量的時間減短，也就是說，低濕度，高溫度下執行加熱清潔工作的周期減小，使濕度感測器的量測精度誤差能在 2 %以下。

圖 14.11 所示爲加熱體執行清潔工作的熱時常數，加熱體在常溫下，受不同電壓的電力供需情況下，加熱 1 分鐘後，其所能達到的最高溫度也不同，但其回復到常溫所需的時間則相同，約需 3 分鐘。由圖 14.10 與圖 14.11

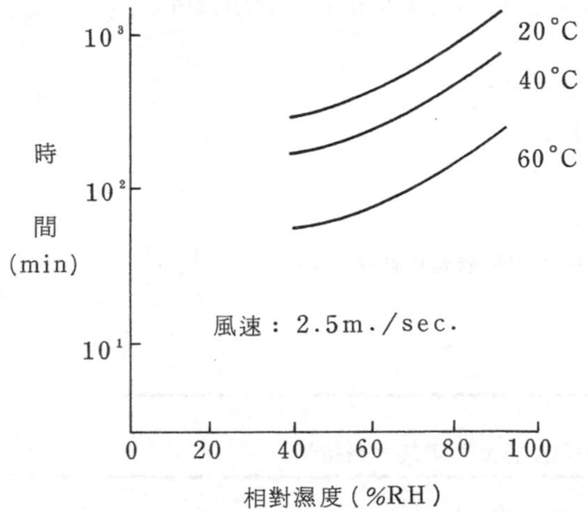

圖 14.10　濕度感測器可連續測定時間

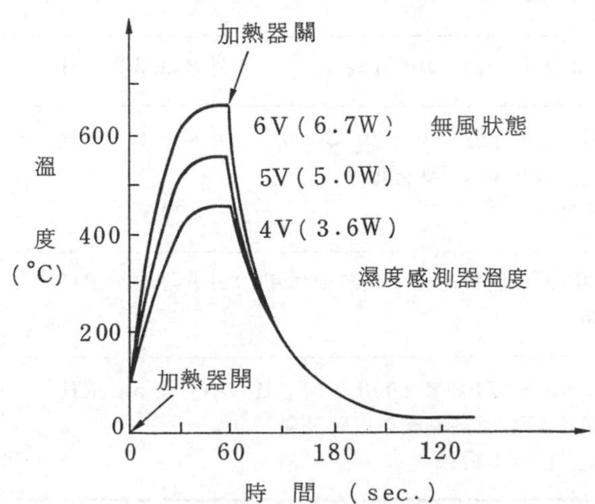

圖 14.11　感測器的熱時常數

同時來看，在20°C的環境溫度，相對濕度爲50%的情況下，加熱器加熱1分鐘後，經過3分鐘即可回復到原來的環境溫度，並需再經過500分鐘，才要再執行加熱清潔工作。

表14.1所示爲濕度感測器應具備特徵。表14.2所示爲NTK公司(日本特殊陶瓷公司)所生產的濕度感測器必須經過的環境試驗條件。可作爲生產濕度感測器的品質檢驗標準。圖14.12所示爲濕度感測器的實體圖，可運用於冷氣空調機的濕度控制系統，及其他有需要控制濕度的各項設備。

表14.1 濕度感測器應具備特徵

1. 5～95%RH的濕度，可連續測量，精度在±3%RH以內。
2. 訊號反應速度快。
3. 作動溫度範圍廣，0～100°C均可。
4. 不受周圍環境氣體流動影響。
5. 磁滯現象影響小。
6. 耐機械衝擊力強。
7. 濕度感測器耐污染能力強(加熱清潔周期長)。
8. 重量輕，體積小。
9. 需具有價格優勢。

表14.2 NTK濕度感測器環境試驗結果

項次	試驗項目	試驗條件	誤差
1.	高溫放置	125°C±5°C放置1000小時	小於±3%RH
2.	熱循環	−25°C，30分鐘 → 20°C，15分鐘 → 85°C，30分鐘 執行40次	小於±3%RH
3.	加熱清潔作用耐久性	600 - 650°C連續使用加熱清潔作用24小時	小於±3%RH
4.	高濕度負荷壽命	50°C，95%RH放置1000小時。負荷使用AC3V，加熱清潔作用每間隔10分鐘，執行1分鐘	小於±5%RH

表 14.2　（續）

5.	結露循環負荷壽命	常溫下100％濕度放置3分鐘後取出放置57分鐘，執行1000次，負荷使用AC3V，加熱清潔作用同4項	小於±5％RH
6.	煙　霧　試　驗	在20ℓ容器中燃燒煙草10支，共執行5次	小於±2％RH
7.	油　　蒸　　氣	在20ℓ容器中放入炸魚用油加熱至180°C，放置4小時，共執行3次	小於±2％RH
8.	塵　　　　埃	以JIS－Z－8901之粉塵7種20mg ±10％／cm^2 加於感測器	小於±2％RH
9.	腐蝕性氣體	H_2S，3 ppn，40°C，95％RH 放置2000小時	小於±5％RH
10.	有機溶劑、氣體的誤動作	溶劑（丙酮，甲苯、酒精等）蒸氣，氣體（丙烷，丁烷，HS等）浸漬	不得有誤動作

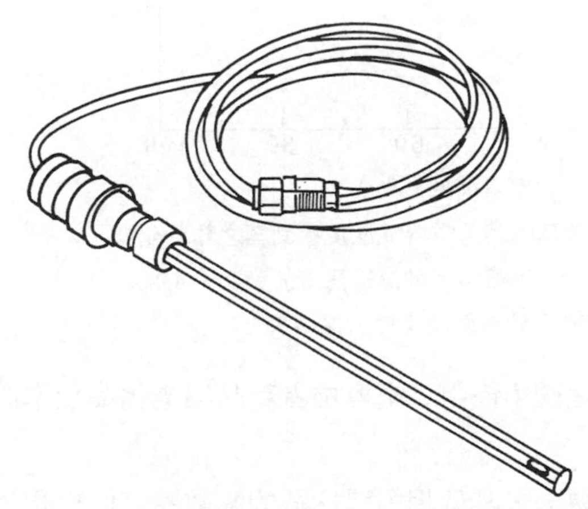

圖 14.12　濕度感測器的外觀示意圖

14.7　感測器之老化

造成汽車濕度感測器發展最大阻礙的因素就是由老化（aging）效應所引起的電子特性改變（尤其是熱老化），比如說圖14．13即爲熱老化作用於感

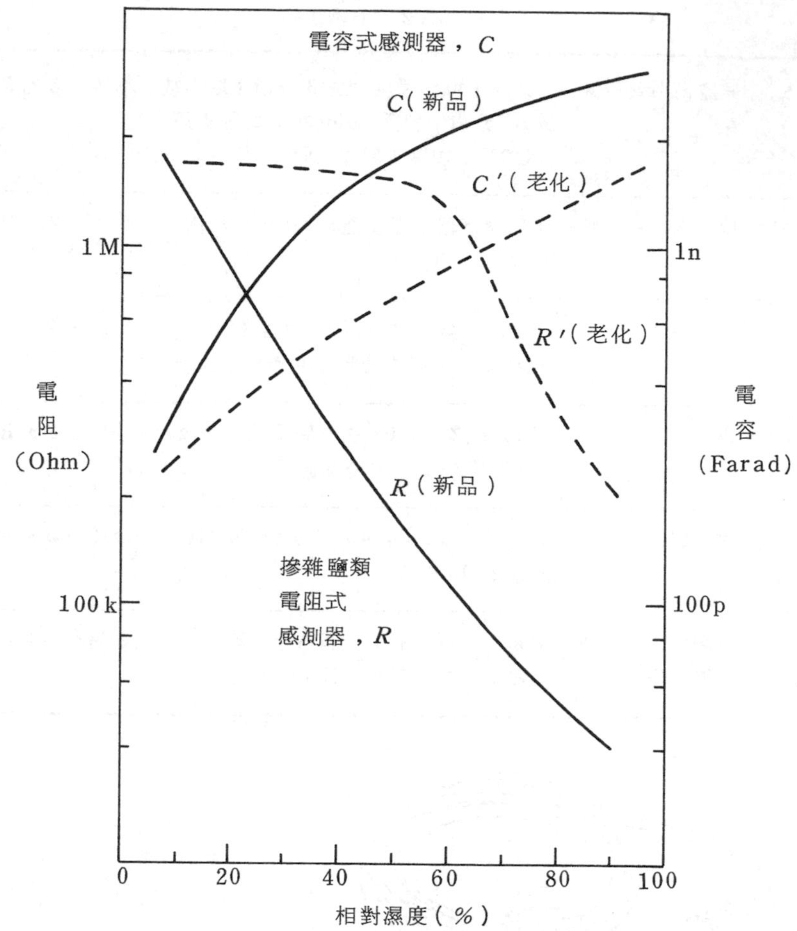

圖 14.13　作用於電阻式，電容式濕度感測器之熱老化效應。老化感測器數據係暴露於數次－40°C～85°C熱循環條件所得結果

測器對其電子特性之影響，注意圖中電阻，電容兩者新品與老化品校準曲線間呈現很大差異。

對電阻式感測器而言，明顯失去其低相對濕度區的靈敏度，而老化的電容式感測器於整個輸出範圍都略削弱其訊號強度。

綜合實驗觀察可知老化行爲主要是增加感濕元件的表面電阻（電容式係指發生於細孔內壁面），由於此逐漸遞增之物理現象意味表面陽離子控制的靜電場強度減低（或稱爲反應性（reactivity）降低），故而其應答性亦隨之顯得遲緩。

以下介紹引致感測器老化幾個因素：

一、污染（contamination）：

車用感測器必須暴露在各種諸如灰塵，汽油機油蒸氣等污染物之惡劣工作環境，而陽離子位置於吸收水分子的同時也經由化學方式吸附污染物，並損害感濕元件的反應性，其中尤以胺類（amine）等極性分子"毒害"更大。老化後的感測器可採用放熱衝擊（glow discharge bombardment）方式清潔，去除污染物，或能恢復原性能曲線。

二、表面陽離子逸失：

此係源於熱老化過程時藉蒸發途徑導致陽離子逸失，或由於加熱退火（annealing）後離子晶體表面轉變成新結構，這些都會降低感測器反應性能。

三、表面陽離子遷移（migration）：

因熱作用加速擴散過程（diffusion processes），此可能造成陽離子從表面遷移，形成反應性較差的表面組織，所以若添加多量的離子摻雜劑，有助於抵抗遷移老化，增强其穩定性。

綜言之，感測器勢必暴露在污染物，極端溫度範圍下工作，故老化現象是一需予克服並持續研究的問題。

14.8 今後的發展方向

感濕元件已成功開發許多種類，目前首重改良其可信度，因而導入微電子技術將可獲致一大進展。

日本Sharp公司將電容式感濕膜裝於矽質場效電晶體（FET）上，亦即在矽晶圓上形成單片（monolithic）濕度感測器，因爲可以應用積體電路技術，所以有大量生產可能性。

圖14.14爲用於空調，加濕器之濕度感測器構造。製作FET，以氧化矽作爲閘（gate）絕緣膜，整個元件濺鍍成氮化矽絕緣膜，因而提高其可靠度。

近來靜岡大學開發了以矽基板爲下部電極，且構造簡單之電容式濕度感測器。

圖14.15所示爲其結構示意圖，聚醯胺酸（polyamic acid）以旋轉被覆方式置於P型矽基板，加熱製成聚亞醯胺（polyimide）感濕薄膜，在膜的

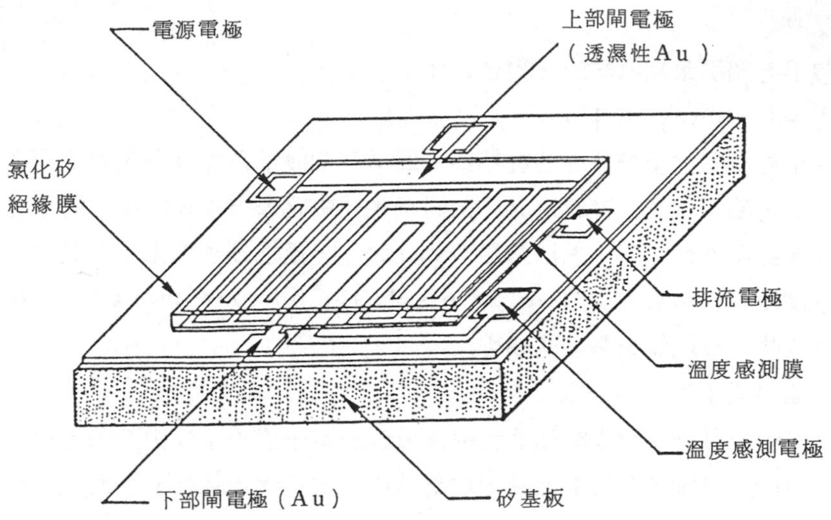

圖14.14　Sharp公司開發的FET型濕度感測器構造模式圖（斜視圖）

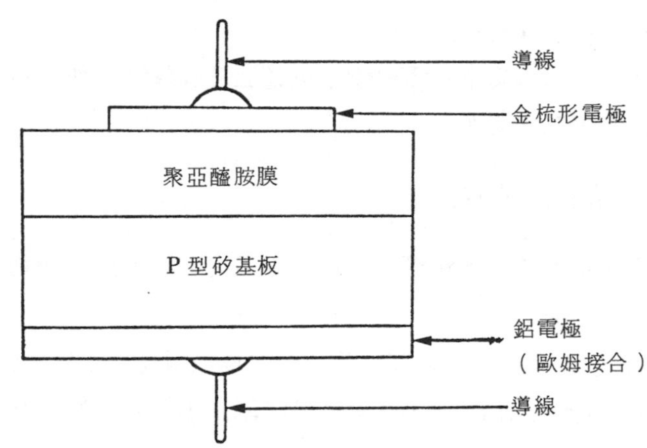

圖14.15　靜岡大學開發以矽基板爲下部電極之濕度感測器

上方眞空蒸鍍金，使成梳型電極，而矽基板下部則眞空蒸鍍鋁，使與歐姆接觸，目前尚正以各種聚亞醯胺進行研究。

另者，利用厚膜技術製造感濕膜以達到大量生產和低成本目標亦爲重點之一，例如富士通General最近即開發一ZrO_2·MgO系的厚膜陶瓷感測器，並加入周邊電路，作爲混成IC產品。

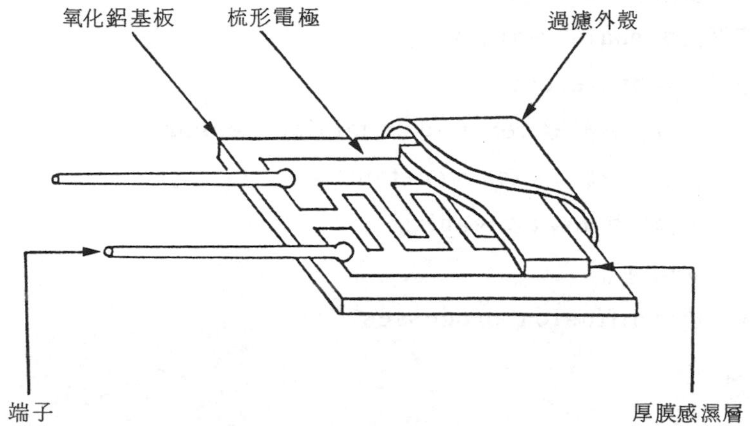

圖 14.16　富士通General 開發厚膜精密陶瓷感測器之構造

製法係先混合氧化鋁與氧化鎂，再與有機結合劑混合，調整粘度，作成網板印刷用厚膜膏，另一方面，事先在基板上形成梳子狀的金屬厚膜導體，印上感濕膜膏後，用鹼性金屬進行安定化處理，其構造見圖 14．16，使用溫度範圍0～60°C，相對濕度量測範圍爲 30～90％。

關鍵字

- 反覆熱循環 repeated thermal cycle 。
- 相對濕度 relative humidity 。
- 阻抗電橋 impedence bridge 。
- 吸濕性鹽類 hygroscopic salt 。
- 活性元件 active element 。
- 摻雜劑 dopant 。
- 綴合材料 binder material 。
- 電解導電 electrolytic conduction 。
- 自發性蒸發 spontaneous evaporation 。
- 電荷載子 charge carriers 。
- 吸附 adsorption 。
- 靜電場 electrostatic field 。
- 化學吸附 chemisorbed 。

- 物理吸附 physisorbed 。
- 連鎖反應 chain reaction 。
- 磁滯現象 hysteresis 。
- 陶瓷式濕度感測器 ceramic humidity sensor 。
- 熱時常數 heat period constant 。
- 加熱潔淨作用 heat cleaning 。
- 老化 aging 。
- 擴散過程 diffusion processes 。

參考文獻

1. William J. Fleming, "A Physical Understanding of Solid State Humidity Sensors", SAE paper 810432。
2. K. Nakajima etal. "Experiments on Effects of Atmospheric Conditions on the Performance of an Automotive Gasoline Engine," SAE paper 690166。
3. 內燃機關 21 卷 7 號。
4. 材料與社會，創刊號 pp33 ～ 35 ，工業技術研究院，工業材料研究所出版。

第15章

汽車感測器專用術語

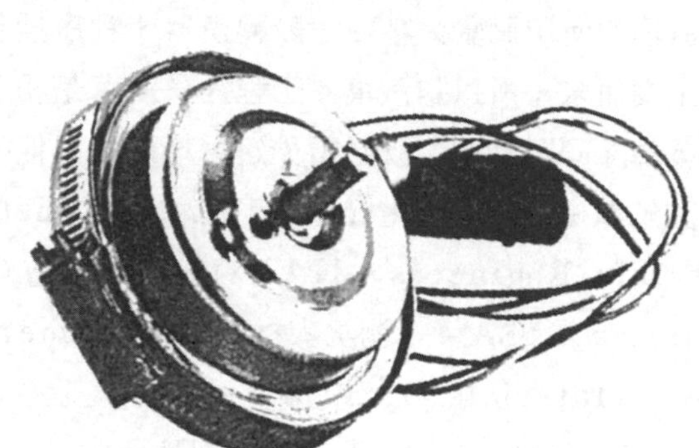

§ **本章內容重點**

介紹用於汽車感測器構造、規格、測試方法法及應用領域的詞彙，以建立有效正確之溝通表達能力。

本章將介紹汽車感測器的專用術語，俾有益於讀者對感測器構造、規格、測試方法，及其應用做一回顧性認識，以備複習前述各類感測器內容時，可收事半功倍之效。

15.1 引　言

汽車感測器的使用詞彙大多由一般轉換器、程序控制（process control）、與太空工業而來，所以對汽車界工程人員還算是相當新的領域；如果欲成功且有效地發揮感測器功能，就必須先建立精確、易懂的標準用語。

文中名詞解釋係依據美國電機電子工程學會（Institute of Electrical and Electronic Engineers, IEEE）、儀器學會（Instrument Society of America, ISA）、測試與材料學會（American Society for Testing and Materials, ASTM）、與汽車工程學會（Society of Automotive Engineers, SAE）資料整理所得。

15.2 名詞定義

中英文對照專門用語	說　　明	資料來源
加速誤差（acceleration error）	於某測試範圍內，沿特定軸向施加與去除一定值加速度，則兩者量測參數輸出讀數之最大差稱爲加速誤差。	ISA
接受試驗（acceptance test）	用以證實產品性能與買主訂定規格要求間符合程度所執行之試驗。	IEEE
精度（accuracy）	誤差對輸出或滿標（full scale）輸出之比，以百分比表示。	ISA
主動式轉換器	自身含有電源裝置，其輸出波形係決定於輸	IEEE

(active transducer)	入波形與控制功率源的一或數個訊號，請參照被動式轉換器。	
致動器 (actuator)	若一轉換器之輸出型式爲力 (force) 或扭力 (torque)，且通常伴隨機械動作發生，此稱爲致動器。	SAE
類比輸出 (analog output)	指轉換器之量測參數係以一連續函數 (continuous function) 波形輸出，請參照數位輸出。	ISA
環境壓力誤差 (ambient pressure error)	於某測試範圍內，調整環境壓力使其在特定值間變動，則任一量測輸出讀數之最大差定爲環境壓力誤差。	ISA
環境條件 (ambient conditions)	周圍介質 (medium) 之狀況條件，如壓力、溫度、濕度……等。	SAE
方位誤差 (attitude error)	改變轉換器設置方位與重力 (gravity) 作用方向間的相對關係所引致之誤差。	ISA
最佳直線 (best straight line)	於一校準曲線中，使所有輸出對量測值包含在兩最接近且平行直線內，取其中間線即爲最佳直線。	ISA
偏差 (bias)	一系統的量測讀數對於已接受之參考平均值存在某正或負偏量 (deviation)，此又稱爲系統誤差，可經由校準程序去除。	ASTM

炸 彈 測 試 (bomb test)	係用以執行洩漏試驗，其方法為使欲測物浸入流體內並予加壓，以了解外殼是否有裂縫遭致流體進入，此通常會引起某些型式的電子干擾。	ASTM
停 頓 電 壓 (breakdown voltage)	若跨越一絕緣(insulation)表面所施予之電壓已破壞其隔離效果而為某電流打通，該值稱為停頓電壓。	IEEE
額定停頓電壓 (breakdown voltage rating)	對於一感測元件特定絕緣材料部份，不致因超過某電流而被導通所能施加的最大直流或正弦交流(sinusoidal AC)電壓負荷。	ISA
額定迸裂壓力 (burst pressure rating)	針對感測元件或轉換器外殼不致破壞所能施予之最大壓力，其中需標明最少測試次數與每次測試的加壓持續時間(time duration)。	ISA
校 準 曲 線 (calibration curve)	將校準數據以圖形說明的一種表達方式。	ISA
校 準 軌 跡 (calibration traceability)	使用一組經過國家標準局(National Bureau of Standards)校準之儀器，按特定實驗程序所取得的轉換器校準關係。	ISA
校準不確定度 (calibration uncertainty)	指校準輸出數據值非源於轉換器本體之最大計算誤差。	ISA

晶　片 (chip)	將一包含所有主動和被動元件之電子電路(electronic circuit)佈植在單一基體上，此稱爲晶片，其必須再經封裝 (package) 過程，附以外接脚 (terminals) 後，並插入電路板之基座才能發揮功用。	SAE
補　　償 (compensation)	(a)提供一電路、特殊材料或其他補助裝置以期消除 (counteract) 已知的系統誤差源。 (b)針對系統的某些特性，爲改善其性能所採取的修正或補助措施，稱此爲補償。	ISA IEEE
汚　染　物 (contaminant)	出現在接觸表面 (contact surface) 的外來物質。	ASTM
連　續　定　額 (continuous rating)	對於某規定不中斷 (uninterrupted) 時間間隔與操作程序條件下所訂之適用標準。	ISA
潛　　變 (creep)	使欲測參數與所有環境條件維持不變狀況下，經過一特定時間間隔後輸出部分所發生的改變現象稱爲潛變。	ISA
阻　　尼 (damping)	於一振動 (vibrating) 或擺動 (oscillating) 系統內之能量散逸 (dissipation)。	SAE
電　介　體 (dielectric)	一種僅需從外界電源供給少許能量即能維持電場 (electric field) 的介質 (medium)。	ASTM

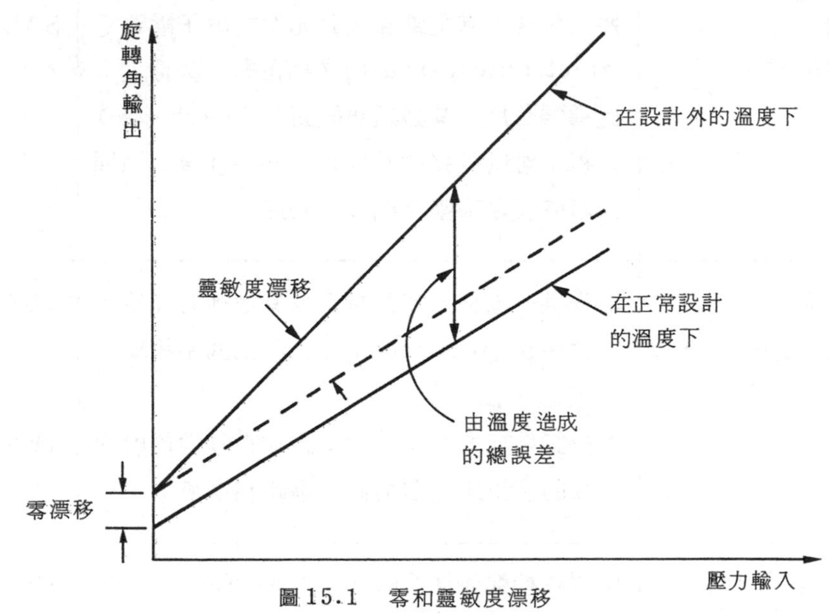

圖 15.1　零和靈敏度漂移

數　位　輸　出 （digital output）	若轉換器輸出型式係使用一連串不連續之數量表示，則稱為數位輸出；相對的以波形（waveform）訊號傳達為類比輸出（analog output）。	ISA
指　向　係　數 （directivity）	於某特定立體角（solid angle）範圍內入射聲或輻射能量方可被感測器所察覺，此角度規格即為指向係數。	ISA
漂　　移 （drift）	經過一段時間間隔後之輸出變化，注意此改變量與欲測物無關。（見圖 15.1）	ISA
渦　電　流 （eddy currents）	若對一導電物施以變動磁通量（magnetic flux），則將使該導體感應出電壓，進而產生電流，此即渦電流。注意上述之變動磁通量係指磁場變化或導體與磁場間存在相對運	IEEE

	動(relative motion)等兩種情況。	
電磁一致(electromagnetic compatibility)	用以表示電子裝置或系統於一設定之電磁環境狀況下是否可發揮預期功能,其間適合程度稱為電磁一致性。	IEEE
電磁干擾(electromagnetic interference)	存在一電磁擾動(electromagnetic disturbance)削弱我們想要接收的輸入訊號,此稱為電磁干擾。	IEEE
誤差(error)	量測參數的輸出指示值與眞值(true value)間之代數差。	ISA
誤差帶(error band)	指轉換器輸出值對特定參考曲線之最大偏差(maximum deviations)所形成的帶寬。	ISA
損壞(failure)	某元件項無法執行其預定功能。	SAE
調頻輸出(frequency modulated output)	若使一頻率型式訊號對於一中心頻率(center frequency)之偏差量為輸出波形,則此稱為調頻輸出,注意該偏差為輸入函數(function of input)。	SAE
頻率輸出(frequency output)	指輸出係以頻率方式表達,又頻率隨量測參數(如角速度,流率)而改變。	ISA
滿標輸出(full-scale out-	感測器於額定工作範圍內所能量出最大和最小值(通常為零)之代數差。	ISA

put)		
尺度因素 (gage factor)	電阻式應變轉換器 (resistive strain transducer) 感測元件長度相對改變量與電阻相對改變量之比值，$\Delta R/\Delta L$。	ISA
錶壓力 (gage pressure)	指絕對壓力與大氣壓力 (atmospheric pressure) 之代數差，$P_g = P_{abs} - P_{atm}$	ASTM
霍爾效應 (Hall effect)	當一載電流導體或半導體 (semi-conductor) 受到足夠強度磁場影響，則將於其橫斷向產生一電位梯度 (電壓) 。	SAE
遲滯 (hysteresis)	使感測器於規格範圍內以先漸增，後遞減方式變化其欲測參數，則任一量測輸出值最大差，(見圖 15.2) 稱為遲滯。	ISA

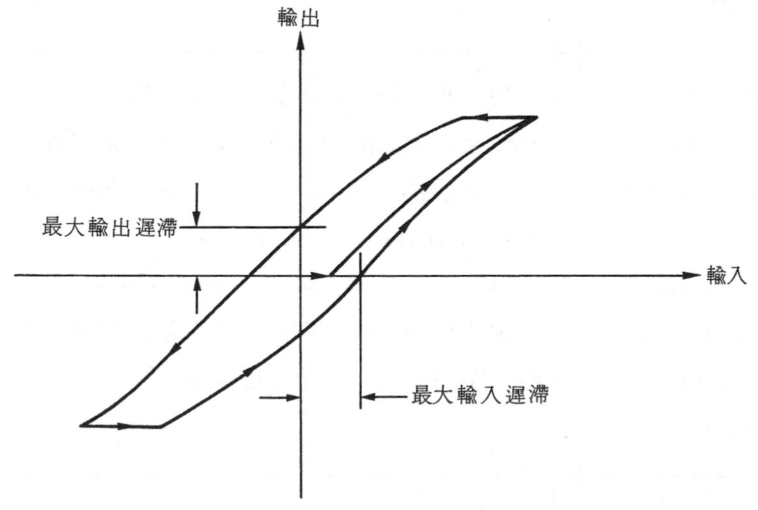

圖 15.2　遲滯效應

儀器響應（instrument response）	指儀器之輸出特性為量測訊號函數，且兩者均以時間軸為基準。	ASTM
儀器標準（instrument standard）	應用特定儀器設備以執行某物品之標準校正，不同型式儀器通常無法更換使用。	ASTM
間歇等級（intermittent rating）	適用於特定時間間距數目之間歇性操作等級，其中各時間間隔均須予詳盡規定。	ISA
急動（jerk）	用以表示加速度對時間之變率，其單位為 $feet/s^3$，cm/s^3。	ISA
洩漏偵測器（leak detector）	指一可偵測出系統洩漏位置（並／或）能量測取得其漏出量之裝置。	ASTM
洩漏率（leakage rate）	液體或氣體發生洩漏現象時之最大允許流率	ISA
最小平方湊合線（least-squares line）	使所有餘數（或偏差量）平方總和得最小值之直線，參見圖15.3（亦即使所有數據點與所取直線的垂直距離之平方和為最小）。	ISA
線性度（linearity）	一函數曲線近似於特定直線之接近程度（closeness）。	IEEE
負載誤差（loading error）	由負載阻抗（impedance）對轉換器輸出影響之效應所產生的誤差。	ISA

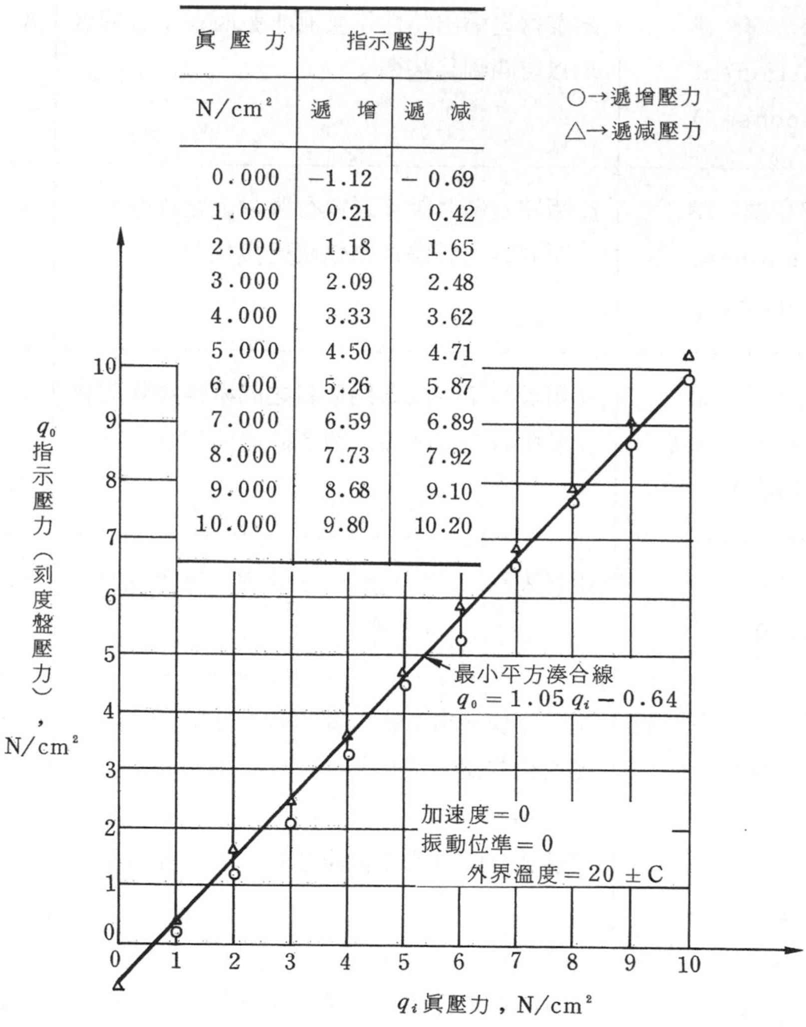

眞壓力	指示壓力	
N/cm²	遞增	遞減
0.000	−1.12	− 0.69
1.000	0.21	0.42
2.000	1.18	1.65
3.000	2.09	2.48
4.000	3.33	3.62
5.000	4.50	4.71
6.000	5.26	5.87
7.000	6.59	6.89
8.000	7.73	7.92
9.000	8.68	9.10
10.000	9.80	10.20

圖 15.3 壓力校準之最小平方湊合線

磁電阻效應 (magneto-resistive effect)	對於導體或半導體施予一磁場以致使其電阻發生變化的現象。	SAE
量測參數 (measurand)	指量測之物理量（physical quantity），特性或條件。	ISA

裝設誤差 (mounting error)	由於轉換器安裝後之機械變形(mechanical deformation)以及接上所有電源，量測參數等狀況下所引致的誤差。	ISA
自然頻率 (natural frequency)	完全組合轉換器內感測元件自由振盪(free oscillations)(非强制)之頻率。	ISA
雜訊 (noise)	指一些摻入有用訊號並混亂其訊息內容的各式擾動。	IEEE
N-型材料 (N-type material)	於純半導體晶體(crystal)加上雜質以使其成為電子的主要電荷載子(carriers)。	SAE
零 (null)	引致最小絕對值輸出的一種條件，或稱為平衡狀況。	ISA
操作壽命 (operational life)	一感測器於特定連續與間歇等級狀況下其性能仍可維持在容許差範圍內所能延續的最短使用時間長度。	ISA
輸出阻抗 (output impedence)	對於外接電路而言，跨越轉換器輸出端的阻抗即稱為輸出阻抗。	ISA
輸出雜訊 (output noise)	若量測參數無任何變動(variations)狀況下一轉換器之直流輸出混入我們不想要的交流分量，通常以均方根(root mean	ISA

	square , rms)，峰，或峰 - 至 - 峰值表示。	
輸 出 調 節 (output regulation)	由於激源(excitation)改變而使輸出發生變化的一種現象。	ISA
過(量)負載 (overload)	不致使額定性能改變超出允許容差範圍所能施加於轉換器的最大量測物理量。	ISA
超 越 量 (overshoot)	指量測參數做一步進變化(step change)，其相對的量測輸出超越其最終穩態輸出值(final steady output value)。	ISA
過 量 電 壓 (overvoltage)	代表一高於某裝置或電路正常額定電壓或最大操作電壓之電壓訊號。	IEEE
被動式轉換器 (passive transducer)	若一轉換器除輸入訊號外別無其他功率輸入，且輸出訊號功率低於其輸入值，此稱為被動式轉換器。	IEEE
壓 電 性 (piezoelectric)	某特定晶體含：(1)當受到機械應力時產生電壓，(2)當施予一電壓即引起機械應力等性質，此稱為壓電性。	ISA
隨 機 誤 差 (random error)	於所有實驗工作內各變數呈現的機會性(chance)變動，其特性係以平均值為準另附加隨機發生的正負偏差量，且此偏差之代數平均隨實驗次數愈多而趨近於零。	ASTM

範　圍（range）	指轉換器之量測參數值所設定的上和下限。	ISA
反應時間（reaction time）	從激源（stimulus）開始發訊至觀察者一收到響應訊息的時間間隔。	IEEE
恢復時間（recovery time）	經歷某狀況（諸如過量負載，激源暫態，輸出短路）後，轉換器性能又可維持在允許容差內所需之時間間隔。	ISA
參考接頭（reference junction）	指一熱偶接頭（thermocouple junction）置於已知溫度條件下，此稱爲參考接頭。	ASTM
參考壓力（reference pressure）	相對於微分壓力轉換器（differential-pressure transducer）使用時之基準壓力值。	ISA
參考壓力誤差（reference pressure error）	由於微分壓力轉換器的參考壓力在其適用範圍內之局部變動所引致的誤差即爲參考壓力誤差。	ISA
參考電壓（reference voltage）	用以當作參考標準的電壓，通常是計算機的標稱滿標值。	IEEE
磁　阻（reluctive）	當交流激源施於二或更多線圈時，若改變其配置狀況即能調整磁阻路徑，進而使量測參數的變動轉化成交流電壓改變之形式以表達。	ISA

重　複　性 (repeatability)	指轉換器於相同實驗條件，沿同一方向，連續地施予同樣的量測參數值等狀況下複製(reproduce)輸出讀數的能力。	ISA
共　振　頻　率 (resonant frequency)	當量測參數以某特定頻率施於轉換器時可得最大輸出振幅，此稱為共振頻率。	ISA
反應時間(應答時間，響應時間) (response time)	從量測參數一開始做步進改變至轉換器輸出達到原最終值特定百分比的(明顯)變化量所需之時間間隔。	ISA
漣　波 (ripple)	轉換器直流輸出內的週期性調變(periodic modulation)現象。	IEEE
上　升　時　間 (rise time)	當量測參數做步進改變後，轉換器從其原最終值的特定"低"百分比值升至"高"百分比所需之時間間隔。	ISA
自　行　產　生 (self-generating)	指無需施予激源情況下仍有輸出訊號，例如：壓電、電磁以及熱電(thermoelectric)等轉換器。	ISA
自　行　生　熱 (self-heating)	導因於轉換器內電能散逸的內部生熱現象。	ISA
感　測　元　件 (sensing element)	轉換器裝置直接反應量測參數(物理量)的部份。	ISA

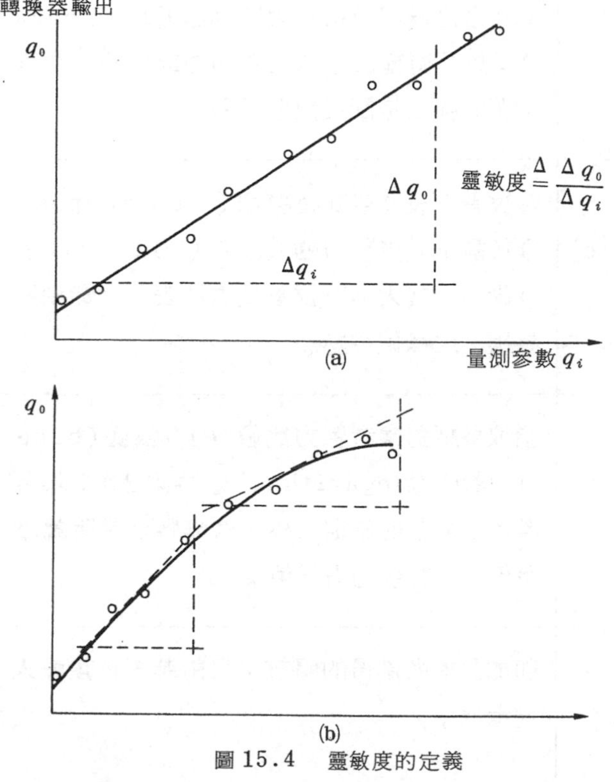

圖 15.4　靈敏度的定義

靈敏度 (sensitivity)	轉換器輸出改變量對量測參數值改變量之比。(參見圖 15.4)	ISA
靈敏度變動 (sensitivity shift)	指由於靈敏度的改變致使轉換器校準曲線斜率亦爲之變化。	ISA
感測器 (sensor)	將一參數(於某測試點)轉化成適於量測型式(藉某項測試裝備完成)的轉換器。	IEEE
伺服 (servo)	爲伺服機構(servomechanisms)的縮寫，代表將轉換元件(transduction elem-	ISA

	ent ）之輸出予以放大與回饋（feed back ），以平衡施於感測元件的力或位移，注意伺服的輸出是回授訊號函數。	
聲　壓 (sound pressure)	當聲音（波）存在時疊加（ superimpose ）於靜止大氣壓力的某波動（ fluctuating ）壓力，其大小可依數種方法表示，如瞬間聲壓，或峰值聲壓。	ASTM
聲壓準位 (sound pressure level)	指取聲壓對參考壓力比值以10為底(base)的對數（ logarithm ），再乘20；除參考壓力須予明確定出外，若無特別說明聲壓多係採用有效均方根值。	IEEE
電源阻抗 (source impedence)	即能源提供部份的阻抗，可由裝置能量輸入端量取。	SAE
跨　距 (span)	指某段範圍上下限的代數差。	ISA
穩定度 (stability)	代表轉換器於使用相當長的一段時間後維持其原有性能特性之能力。	ISA
靜態校準 (static calibration)	於室溫條件，且無任何振動、衝擊或加速狀況下所執行的校準工作。	ISA
貯存壽命 (storage life)	使轉換器放置於特定貯存條件下，且仍可維持其原有性能於允許容差範圍內所能延續的	ISA

	最短時間。	
應　變　計（strain-gage）	使量測參數的變化經過應變程序而轉化成電阻改變。	ISA
基　體（ substrate ）	指構成一裝置部份組件的支持性材料（supporting material ），如積體電路（integrated circuit）之製程卽需將晶片（chip）附著在基體上。	SAE
溫 度 誤 差（ temperature error ）	當轉換器溫度由室溫改變至某極端溫度，則於特定範圍內量測參數值對應輸出之最大改變量稱為溫度誤差。	ISA
溫 度 誤 差 帶（temperature error band）	適用於已知環境溫度限制範圍之輸出誤差帶。	ISA
溫度梯度誤差（ temperature gradient error）	當環境或量測流體溫度於特定區段間以某速率變化，則針對給定量測參數值，所呈現轉換器輸出之暫態偏差卽為溫度梯度誤差。	ISA
溫度操作範圍（ temperature operating range）	指在此環境溫度範圍內，基於溫度誤差、溫度誤差帶、溫度梯度誤差、熱零偏移（thermal zero shift ）以及熱靈敏度偏移等種種考慮，其設定值均維持在允許容差內。	ISA
熱　偶（ thermocouple ）	使一對相異導體兩點接合，若接點溫度不同則由熱電效應可生出一電動勢（ electromotive force ），此稱為熱偶作用。	IEEE

熱電電動勢（thermoelectric emf）	由保持(1)兩相異導體接點之不同溫度，與(2)導體的熱梯度等狀況下，其電位差之代數和即為熱電電動勢。	ASTM
厚膜（thick-film）	膜材型式通常應用導電和絕緣材料、陶瓷基體並藉絲幕（silk-screen）程序完成。厚膜可為導體、電阻、與電容等用途。	SAE
薄膜（thin-film）	一導電或絕緣材料薄膜常係藉噴鍍或蒸發（sputtering or evaporation）方式以沈積，例如於基體上形成導電層，或對元件母材片內植入絕緣層。	SAE

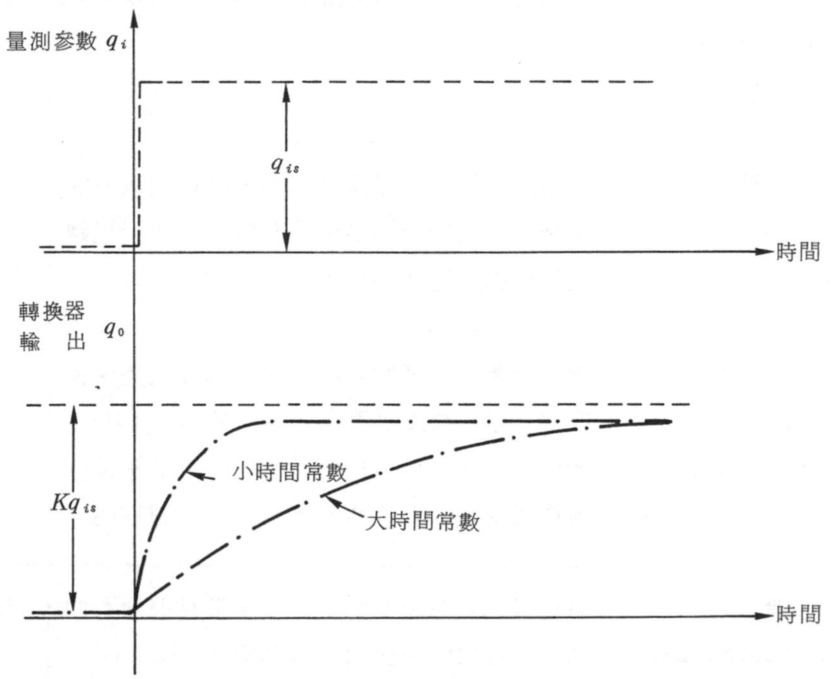

圖 15.5　量測參數階梯變化之時間常數關係

時間常數 (time constant)	若量測參數以階梯變化，則轉換器輸出到達其最終值之（約）63.2%所需的時間長度。一般而言，時間常數愈小，反應速度則快，（參見圖15.5）。	ISA
時間延遲 (time delay)	一訊號在某點顯示至此相同訊號在另一點被偵測到之間隔時間。	IEEE
轉換器 (transducer)	使能量得以由一或更多傳輸系統(transmission system)（或介質）至另一或更多傳輸系統（或介質）間流動的一種裝置。	SAE
轉換函數 (transfer function)	對於一系統或元件以數學、圖形、或表格敍述來表示其輸入和輸出端之訊號（或動作）間關係。	IEEE
暫態遏止網路 (transient suppression networks)	指用以控制貯能裝置放電程序的電容、電阻、電感；它們亦常用來遏止因開關(switching)動作而引起的暫態現象。	IEEE
橫向靈敏度 (transverse sensitivity)	一轉換器對於橫向加速或其他橫向量測參數的靈敏度。	ISA
振動誤差 (vibration error)	當特定振幅與頻率範圍之振動沿一定軸向施於轉換器，則於某區段內量測參數值之輸出最大改變量稱爲振動誤差。	ISA
暖車期間	指開始使激源施於轉換器前，先確定其性能	ISA

(warm-up period)	均維持在允許容差範圍內所需之時間間隔。	
零偏移 (zero shift)	於室溫條件下零量測參數在經歷一段時間後之輸出改變。	ISA

關鍵字

- 美國電機電子工程學會 IEEE。
- 美國儀器學會 ISA。
- 美國測試與材料學會ASTM。
- 美國汽車工程學會 SAE。
- 滿標 full scale。
- 介質medium。
- 偏量 deviation。
- 正弦交流 sinusoidal AC。
- 封裝 package。
- 能量散逸energy dissipation。
- 波形waveform。
- 磁通量magnetic flux。
- 電磁擾動 electromagnetic disturbance。
- 阻抗 impedence。
- 均方根 root mean square。
- 激源 excitation。
- 週期性調變 periodic modulation。
- 伺服機構 servomechanisms。
- 回饋 feed back。
- 疊加 superimpose。
- 絲幕 silk-screen。
- 噴鍍、濺散 sputtering。
- 開關(動作) switching。

參考文獻

1. " Institute of Electrical and Electronic Engineers, standard Dictionary of Electrical and Electronic Terminology " Second Edition, 1977.
2. SAE Information Report J1213 "Glossary of Automotive Electronic Terms" Edition, June 1978.
3. American Society for Testing and Materials, Compilation of ASTM, Standard Definitions," Forth Edition, 1979.
4. Instrument Society of America,"Electrical ISA 37.1 Transducer Nomenclature and Terminology".
5. David A. McNamara and Roy L. Louisignau," A Glossary of Automotive Sensor Nomenclature," SAE paper 820516.

國家圖書館出版品預行編目資料

汽車感測器原理 / 李書橋,林志堅編著.
-- 二版. -- 臺北縣土城市：全華圖
書，民 99.06 印刷
面 ； 公分

ISBN 978-957-21-6511-9(平裝)

1. CST:汽車 2. CST:感測器

447.1 99009971

汽車感測器原理(修訂版)

作者／李書橋、林志堅
發行人／陳本源
執行編輯／蔣德亮
出版者／全華圖書股份有限公司
郵政帳號／0100836-1 號
印刷者／宏懋打字印刷股份有限公司
圖書編號／0155601
二版八刷／2022 年 09 月
定價／新台幣 250 元
ISBN／978-957-21-6511-9 (平裝)
全華圖書／www.chwa.com.tw
全華網路書店 Open Tech／www.opentech.com.tw
若您對本書有任何問題，歡迎來信指導 book@chwa.com.tw

臺北總公司(北區營業處)
地址：23671 新北市土城區忠義路 21 號
電話：(02) 2262-5666
傳真：(02) 6637-3695、6637-3696

南區營業處
地址：80769 高雄市三民區應安街 12 號
電話：(07) 381-1377
傳真：(07) 862-5562

中區營業處
地址：40256 臺中市南區樹義一巷 26 號
電話：(04) 2261-8485
傳真：(04) 3600-9806(高中職)
(04) 3601-8600(大專)

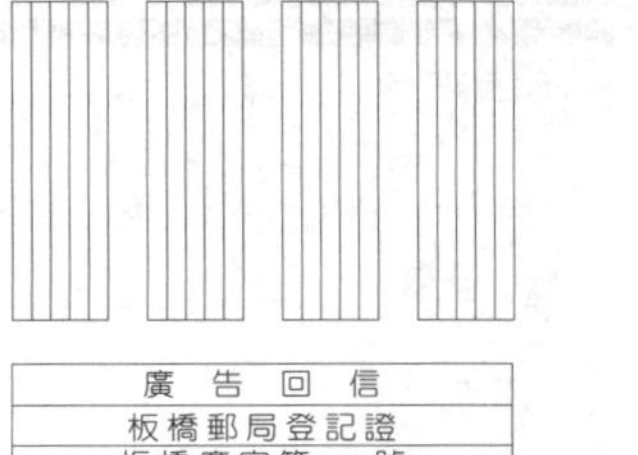

廣　告　回　信
板橋郵局登記證
板橋廣字第540號

行銷企劃部　收

23671 新北市土城區忠義路21號
全華圖書股份有限公司

讀者回函卡

填寫日期：　/　/

姓名：＿＿＿＿ 生日：西元＿＿年＿＿月＿＿日 性別：□男 □女

電話：(　)＿＿＿＿ 傳真：(　)＿＿＿＿ 手機：＿＿＿＿

e-mail：(必填)＿＿＿＿

註：數字零，請用 Φ 表示，數字 1 與英文 L 請另註明並書寫端正，謝謝。

通訊處：□□□□□

學歷：□博士 □碩士 □大學 □專科 □高中・職

職業：□工程師 □教師 □學生 □軍・公 □其他

學校／公司：＿＿＿＿ 科系／部門：＿＿＿＿

・需求書類：

□A. 電子 □B. 電機 □C. 計算機工程 □D. 資訊 □E. 機械 □F. 汽車 □I. 工管 □J. 土木

□K. 化工 □L. 設計 □M. 商管 □N. 日文 □O. 美容 □P. 休閒 □Q. 餐飲 □B. 其他

・本次購買圖書為：＿＿＿＿ 書號：＿＿＿＿

・您對本書的評價：

封面設計：□非常滿意 □滿意 □尚可 □需改善，請說明＿＿＿＿

內容表達：□非常滿意 □滿意 □尚可 □需改善，請說明＿＿＿＿

版面編排：□非常滿意 □滿意 □尚可 □需改善，請說明＿＿＿＿

印刷品質：□非常滿意 □滿意 □尚可 □需改善，請說明＿＿＿＿

書籍定價：□非常滿意 □滿意 □尚可 □需改善，請說明＿＿＿＿

整體評價：請說明＿＿＿＿

・您在何處購買本書？

□書局 □網路書店 □書展 □團購 □其他＿＿＿＿

・您購買本書的原因？(可複選)

□個人需要 □幫公司採購 □親友推薦 □老師指定之課本 □其他＿＿＿＿

・您希望全華以何種方式提供出版訊息及特惠活動？

□電子報 □DM □廣告(媒體名稱＿＿＿＿)

・您是否上過全華網路書店？(www.opentech.com.tw)

□是 □否 您的建議＿＿＿＿

・您希望全華出版那方面書籍？＿＿＿＿

・您希望全華加強那些服務？＿＿＿＿

～感謝您提供寶貴意見，全華將秉持服務的熱忱，出版更多好書，以饗讀者。

全華網路書店 http://www.opentech.com.tw　　客服信箱 service@chwa.com.tw

2011.03 修訂

親愛的讀者：

感謝您對全華圖書的支持與愛護，雖然我們很慎重的處理每一本書，但恐仍有疏漏之處，若您發現本書有任何錯誤，請填寫於勘誤表內寄回，我們將於再版時修正，您的批評與指教是我們進步的原動力，謝謝！

全華圖書　敬上

勘誤表

書號		書名		作者	
頁數	行數	錯誤或不當之詞句		建議修改之詞句	

我有話要說：(其它之批評與建議，如封面、編排、內容、印刷品質等・・・)